遗产保护译丛

主编 伍江

石质文化遗产
监测技术导则

Leitfaden Naturstein-Monitoring

Nachkontrolle und Wartung als
zukunftsweisende Erhaltungsstrategien

［德］米夏尔·奥哈斯（Michael Auras）

［德］珍妮娜·迈因哈特（Jeannine Meinhardt）　主编

［德］罗尔夫·斯内特拉格（Rolf Snethlage）

戴仕炳　徐一娴　施晓平　译

U0334203

同济大学 出版社
TONGJI UNIVERSITY PRESS

中国·上海

石质文化遗产监测技术导则

主编：

米夏尔·奥哈斯博士
石质文物保护研究所，美因茨
Dr. Michael Auras
Institut für Steinkonservierung e.V., Mainz

珍妮娜·迈因哈特博士
萨克森、萨克森-安哈尔特文物诊断和保护研究所，哈勒
Dr. Jeannine Meinhardt
Institut für Diagnostik und Konservierung an Denkmalen
in Sachsen und Sachsen-Anhalt e.V., Halle

罗尔夫·斯内特拉格博士，教授
班贝格
Prof. Dr. Rolf Snethlage
Bamberg

总 序

对于历史文化遗产的珍惜与主动保护是 20 世纪人类文化自觉与文明进步的重要标志。在历史文化遗产保护越来越成为人类广泛道德准则的今天，历史文化遗产保护在当今中国也获得了越来越多的社会共识。

中国数千年连续不断的文明史为我们留下了极为丰富而灿烂的历史文化遗产。然而，在今日快速城市化进程中，大规模的城市建设活动使大量建筑文化遗产遭到毁灭性破坏。幸存的建筑文化遗产也面临着极为严峻的危险。全力保护好已经弥足珍贵的历史文化遗产是我们这一代人刻不容缓的历史责任。为此，我们不仅需要全社会的呼号与抗争，更需要专业界的研究与实践。相对其他学术领域，在建筑历史文化遗产保护领域，目前在中国还比较缺乏较为深入的学术理论研究和方法研究。因此在社会急需的工作实践中就往往显得力不从心。

在这样的背景下，同济大学出版社组织专家对一批在当今世界文化遗产保护领域具有一定学术影响的理论（或方法）研究著作进行翻译，以"遗产保护译丛"的名义集中出版。这一具有远见卓识和颇具魄力的计划对于我国历史文化遗产保护工作无疑是雪中送炭，实在是功德无量。相信译丛的出版对于我国历史文化遗产保护的理论研究、专业教育和工作实践一定会起到积极的推动作用。衷心希望译丛能够尽可能多而全地翻译出版世界各国在遗产保护领域中最有影响的学术成果，使之成为我国历史文化遗产保护工作的重要思想理论源泉。更衷心希望由此能够推动我国专业界的理论研究和方法研究，从而产生更多的具有中国特色的研究成果。毕竟，历史文化遗产具有很强的地域文化特征，历史文化遗产的保护不仅需要普适性的理论，更需要更具地域针对性的方法。

2012 年 12 月

中文版序一

石质文化遗产监测 —— 保护历史建筑的必要前提

所有建筑材料都会随着时间的推移而风化，历史建筑材料中耐久性最好的天然石材亦是如此。天然石材的风化过程十分复杂，既取决于其各自固有的材料特性，又取决于由风化、有害物质污染和实际建筑结构带来的外部营力。

因此，要找到能够在各种情况下持久保护由天然石材建成的建筑物的材料同样是非常复杂的。使用合适的保护剂和科学的方法，能改善天然石材的状况，减缓其进一步风化的速度。专业文献中已有大量描述如何针对特殊石材类型及其风化破坏病害选取合适保护剂的论文或专著，但只有极少数论文涉及长期观察（监测），针对该主题（监测）的系统研究成果更是稀缺。

然而，即使有了精心的策划设计并认真实施了保护措施，风化还是会重新开始并持续发展，因为危害建筑材料耐久性的重要因子全部或至少部分是持续活跃的，特别是温度和湿度的变化、污染物和有害盐类的危害、微生物的定植和机械营力的作用。

为了能够尽早识别并排除有害变化，需要对历史建筑物进行持续观测和监控。类似于卫生保健，很多情况下，早期的发现和对策能够避免，或者说至少能够显著减缓病状加重。系统的定期控制（也称为监测）和伴随的维护工作，对于很多技术设备比如飞机、机动车来说无疑是必需的；对于建筑物，尤其是由天然石材建成的历史建筑更是必不可少的。

在受德国联邦环境基金会资助的一个项目中，我们对一系列针对建筑古迹所实施过的保护措施进行了追踪复查。为此召集了一批石材保护领域经验丰富的科学家和修复专家，成立了一个跨学科项目工作组。项目组完成了三个研究目标：一是开发一个统一的后期跟踪监控系统；二是评估每个建筑古迹的现状；三是交叉评估通用保护材料的长期效果。

技术的迅猛发展，尤其是无损检测技术的进步以及评估、建模方法的改良，使得建筑诊断的可能性不断提高。然而，这些新方法一般只有几年的历史，检测结果很大程度上和先前方法得出的结果没有可比性。但又因为石质文化遗产的监测必须通过数年甚至数十年较长时间的跟踪评估，所以在本项目中，我们必须选择相对简单的检测方法，这些方法技术要求低，且在数十年后依然可以以相同或相似的方式使用。此外，研究的重点也要尽量采用无损或微损检测方法，以尽可能地减少对需要保护的建筑物造成的损害。

实现项目目标的一个必要前提就是要有统一的技术措施，包括使用统一的检测方法、评估方法、评估标准及文档记录系统。本书介绍了现阶段所取得的部分成果，但本书的重点将放在指导如何实施和评估可用于石质文化遗产研究的简单的测量方法。与大多数的实验室测试不同，许多现场的测量还未经标准化。因此，遵守这些导则，能使研究人员获得较为可靠的测量结果——这些结果在不同天然石材种类、建筑古迹的级别、测量者的专业之间具有可比性，且适用于长期监测。为了使读者更好地理解，我们在本书中提供了一些案例研究。

本书对于工作系统的描述十分简短。作为补充资料，请参考《文物保护与既有建筑维护科技工作者协会须知 3-18-14/D》（WTA-Merkblatt 3-18-14/D）。

最后，本书的作者们再次感谢德国联邦环境基金会的资助，也真诚感谢戴仕炳教授及其同仁将本书译成中文。

米夏尔·奥哈斯 （Michael Auras)

2018 年 4 月，于石质文物保护研究所，美因茨

中文版序二

读《石质文化遗产监测技术导则》中文版有感

首先要对在百忙中抽空翻译石质文物保护方面德文书籍的戴仕炳教授等译者表示钦佩和赞扬。除了科技情报检索、学术会议交流外，专著也是十分重要的学习与交流渠道。在我国通晓德文又熟悉文物保护的人才太少，此书的出版尤显珍贵。

目前，全球环境污染与恶化问题突出，各国已普遍关注并着手共同治理。暴露在室外的石质文物劣化的进程亦在加速，已到需要抢救的境地。研究防止其劣化的防护材料不失为重要的保护手段之一。我国文物保护的不少实例中，也在使用德国生产的各种保护材料，因其性能的有效性及可靠性颇具优势。近40年来，欧洲各国尤其是德国、意大利，在石质文物保护理念、实验研究水平及检测技术等方面有巨大的进展，与我国文物保护机构及人员的合作交流也越来越多。从2008年开始，德国在石质文物保护领域选拔了10个单位，将其下的科学家组成团队，联合展开"石质文化遗产受人为环境污染的影响——长期监测风化和保护状况的方法和技术标准研究"课题。课题着重研究在文物上使用保护材料后出现的有待处理的问题。课题团队在选择合适的研究方法、建立标准以评估保护措施是否有效以及如何应用这些保护措施等方面，获得了详细、科学的成果。在此基础上便写成了这本导则。

本书以"技术导则"为题，介绍了多种检测方法，可用于评估保护措施的有效性。此外，书中内容还提及对使用材料的可能性与局限性的评估。在写作之前，他们做了充分的准备，如研究方法的标准化、可行的质量评估体系和档案记录标准格式等。他们将跟踪保护的效果提高到未来的保护策略高度，这带来很多启发。对于当前我国的石质文物保护修复工程，要保证其质量和可持续性，研究过去实施的保护措施是否得当、有效，以及存在什么问题是急需的。因此，需要跟踪以往所做过的文物保护维修项目，即连续不断地对它进行检测、记录它的变化，判断文物是否需要小修小补，或者全面修复。这要求对维修的对象及环境、使用的防护材料与实施工艺有详细的了解，而对实施效果也要进行严格的检测评估。检测的目的是为了之后进一步采取适当的保护措施以延续文物的寿命，而这些措施既要保证质量，又要具有可持续性。

在如何对各种保护修复措施进行评估方面，书中做了详细阐述。主要依据是连续至少 10 年的历史修缮档案记录，并要求施工方有资质保证。评估内容包括：憎水处理后的耐久性，硅酸乙酯固结的耐久性，合成树脂（丙烯酸酯、环氧树脂）在固化、裂隙修复、缺损修补中的耐久性，丙烯酸树脂透固、无机材料修补的长效性，勾缝材料，清洗材料，排盐材料，作为保护层和耐磨层的涂漆与清漆等。同时引用了大量实践案例来验证其有效性、持久性，以及存在的弊病。通过上述研究成果，可以确定哪些是必要的措施，哪些是不必要甚至是有害的措施。病害的早期诊断有助于及早进行预防，避免出现大规模的病害，规避更多精力与财力的浪费。

书中介绍常用的检测方法，并非全是借助高科技实现的方法，一些被提到的简单方便的方法如毛刷、胶带等测试方法也同样有效且实用。此外，超声波、红外热成像仪、钻入阻力仪、卡斯特瓶、偏光显微镜、扫描电镜等检测方法书中亦有提及。我们也经常会用到这些方法，但在实践中却缺乏统一规定的操作标准，往往能看到各个实施报告或论文各说各话。再联想到一些遗产地将监测工作与预防性保护几乎是画等号的想法，虽然用了很多的监测设备，但仍旧缺少对数据、原因和对策的分析与研究，更忽视了对石质文物实施保护后的跟踪、评估，以至于无法总结出哪些测试方法是实用、可靠的，也无法对这些保护措施的有效性、持久性进行细致、科学的评估。而改善的第一步，就是要统一规范测试方法与标准，使其成果有可信度并能够进行有效的比较。

另外，第 5 章的 11 则案例分析，更丰富了本书的内容，提到了更多在实施过程中需要考虑的问题。本书大量实践案例说明：保护材料的使用是石质文物保护必不可少的一种方法；但在实际使用时，还需要在大量实践的基础上，使用有效且实用的研究、检测方法，对以往实施的保护维修工程进行监测——追踪、评估、总结，以指导未来的保护策略。

译者还在书后附上专业术语的中德文对照表，便于读者学习与交流。当然，本书中列出的实践案例发生在德国，我们要着重领会其理念与精神，在保护方法与监测方案、检测技术上，还是要结合我国的实情进行筛选与创新，尤其在预防性保护中，除了化学的方法外，还要考虑综合使用物理的、生物的与环境改善方面的其他方法。

以上是我读完译本的感言，也许有不全面、不准确之处，但有一点可以确定：德国科学家在石质文物保护方面的理念，在保护实践与保护方法上严谨、科学的精神，实在有许多值得我们学习、借鉴的地方。

黄克忠

2016 年 8 月于北京

译者前言

物质文化遗产的真实性体现在材料与精神结合的物质载体，保护工作的最高目标是保存本体。为保存本体，人类一直尝试各种方法，特别是近40年来，大量的高科技手段，如防风化剂应用到本体上，试图永久保护物质文化遗产真身。无论在中国还是在欧美，政府及民间机构均投入了大量的资金进行物质文化遗产保护研究与实践。但是，一直有人提出疑问：这些措施的效果真如我们期待的那样吗？花的这些钱是否值得？所以在30余年前，欧洲开始进行保护措施效果的耐久性监测（monitoring），并将研究成果作为预防性保护（preventive conservation）的基础。本书是德国1990—2010年间保护效果耐久性监测成果的汇编，也是目前能够读到的德文版的唯一一本针对耐久性监测的专著。

需要说明三点。第一，这里所说的monitoring，直译为"监测"，和我国目前理解的文物保护"监测"不是同一概念。欧洲工业标准DIN EN 15898对监测一词的解释为：对文物的材料特性和环境影响因素的长期测量。本书中，监测的任务包括调查、记录、评估文物建筑和文物造型艺术作品上天然石材的状况、状况的变化、变化的结果和保护措施的效果。本书中所指的"监测"和文物建筑的环境监测、结构沉降监测等无关。

第二，Naturstein的德文意义和英文的natural stone对应，我国一部分人将natural stone等同于"石质文物"；但从材料学角度看，这实际上指的是历史天然石材或文化石材（cultural stone）。我们理解的Naturstein是指经过人加工的文化遗产的载体，这类石材既可以是具有重要历史与艺术价值的石雕等艺术品，也可以是历史建筑石砌体，还包括了镌刻在自然崖壁上的题刻，但是不包括自然遗产的石材，所以本书将Naturstein翻译成"石质文化遗产"，而有些段落也翻译成"石质文物"。

第三，中文的"导则"包含引导、规则的意思，一般由国家行政管理职能部门发布，用于规范工程咨询与设计的手段和方法，具有一定的法律效力。但是，在德国，"导则"对应的词是Leitfaden，大多数是由民间组织或一个专业团体或权威个人经过大量研究得出的方法、流程、判别标准等，其内容简洁，行文自由，没有固定格式，也不具备法律效力。但是大多数的专业人员会自觉参照这类导则开展研究工作，或做出状态评估，直到发现更好的方法或技术。德国的部分技术导则在经过大量研究论证后会经过德国标准化协会（DIN，也是民间组织）提炼并推荐成德国或欧洲工业标准。鉴于此，本书仍然采用中文语境中的"导则"这一术语。

本书的大部分内容描述的是适用于监测的测量方法及评价指标等，但是不单在导言，甚至在整本书中均表达出一种思想，将其归纳后体现在五个方面：①由于所有的保护工作均需要经费的支撑，所花经费是否值得是需要评估的；②监测工作流程非常重要；③强调在监测基础上的小修小补，反对大规模的修缮工程；④保护需要适度，避免保护过度；⑤牺牲性保护越来越多地被接受用作砖石遗产的保护技术手段。

本书无论是对文化遗产保护管理者、业主，还是设计师、监理、施工方等均具有参考意义。特别是从事保护修复领域的实践者可在案例分析中得出德国二三十年前采用的保护修复措施哪些是被时间验证为有效的，而哪些又是值得商榷的。

本书的研究对象尽管是天然石材，但是其基本思想与理论、检测技术方法等对我国大量的砖质文化遗产、粉刷等饰面，以及木材等均具有参考价值。

戴仕炳

德国自然科学博士

同济大学建筑与城市规划学院教授

历史建筑保护实验中心主任

2016 年 12 月于上海

2019 年 8 月补充

（原版）导言

　　自 1975 年欧洲文物保护年以来，我们在理解石质文化遗产风化机理及保护处置方案研究与实施方面取得了巨大的进展，奠定了文物保护的自然科学的理论基础。

　　20 世纪 80 年代中期，当时的大众汽车基金会（Stiftung Volkswagenwerk）资助了一项基础研究课题，目的是为处理石材腐蚀与劣化指明新的方向，之后该课题通过德国联邦科研部的推广扩大了研究范围。自 1991 年起德国联邦环境基金会（DBU）并行资助上百个试点项目，为石材保护研究的持续深化作出重要贡献。在示范点上开展的、贯穿保护工程全过程的科学研究，使实用的创新材料与工艺得到补充、扩展和细化，使我们能始终有针对性地、有效且成功地与由于人为的环境破坏导致的石质文化遗产及其他文物材料的劣化作斗争。作为该课题最新的资助者，德国联邦环境基金会将继续致力于文物保护材料科学研究，其主要目标是降低人为的环境破坏对文化遗产的损害。

　　虽然现在多数文物保护工程中都有使用石材固化剂和防腐剂，但从未系统地评估所实施措施的效果，联邦政府直属的机构对此负有不可推卸的责任，它们近来对文物保护相关的研究课题的资助逐年减少。早在 2003 年，罗尔夫·斯内特拉格教授（Dr. Rolf Snethlage）在德国联邦环境基金会组织的暑期培训班中就指出文物保护工程缺乏评估，而评估应作为未来的中心议题。

　　2008 年，经过全面的准备，三个区域性团体[1]成功结盟，展开文物保后监测课题。

　　来自文物保护管理与科研机构的强强联合是开展这个雄心勃勃的科研课题的重要前提条件。在课题的准备和实施进程中，三个团体之间必须协商解决一些重要的基础性任务，比如标准化研究方法、开发可行的质量评估系统和文件记录标准格式等。

---

[1] 总项目被分成了三个子项目，每个项目由来自德国特定地区的专业工作组完成。——（原著）主编注

　　本次示范性合作的成果以导则的形式在 2010 年莱比锡文物展会上展出。值得强调的是，展出的成果不仅包括单个文物本体保后监测技术的细节，还包括不同材料在文物保护使用上的可能性与局限性，以及多种多样的检测方法。因此，在这三个方面取得的成果远远超出当时确定的保后监测和效果评估课题的预期。最后，这两年多来取得的令人惊叹的研究成果也强调了文物保后监测和持续维护的重要性。

　　在此感谢所有课题参与者，他们以自己的专业能力，以咬定青山不放松的工作方式，为实践文物保护开辟了多元而丰富的资源。

卢茨·特普费尔（Lutz Töpfer）

德国联邦环境基金会"环境与文物部"负责人

于奥斯纳布吕克

目　录

1 引言

1.1 石质文化遗产的未来——保后监测和维护策略

罗尔夫·斯内特拉格 （Rolf Snethlage）

尽管我们在大气污染的控制上不断取得进展，但石质文物还是一直遭受到人为的环境污染的严重影响，包括微尘、氮氧化物、臭氧和二氧化硫污染。这些污染物同时也削弱了保护措施的有效性和持久性，因此石质文物所需的保护周期，尤其是建筑立面外墙清洗的时间间隔越来越短。在德国，至今只有受德国联邦环境基金会资助的一个课题，在慕尼黑古绘画陈列馆（Alte Pinakothek）和弗兰肯的席琳斯菲尔斯特宫（Schloss Schillingsfürst）这两个工程案例中，评估了对受环境污染损害的石质文物所实施的保护措施的可持续性。

文物若缺少保护后的评估，保护效果的衰减以及刚出现的小病害就会被忽视；长此以往，需要昂贵的大型修复措施根除病害。这些周而复始的修复工程的特点是高物耗、高成本，浪费资源。此外，缺乏保护后的评估也阻碍了有关保护措施和保护材料的经验积累，导致"文物保护修复是对上一次修复的再修复"。

很遗憾，在文物保护实践中，一如既往地可以看到周期性大修的倾向。在此过程中，建筑和文物将得到全面的整修，但是，在公共资金短缺的压力下，这种昂贵的修复方式在保养周期越来越短的情况下不再适用。因此，未来对所有的保护措施都会有更严格的质量保证与可持续性的要求。

出于这些考虑，不久前，我们仿照荷兰长期以来成功实行的"文物监测"行动，在下萨克森州克洛彭堡（Cloppenburg）的博物馆村建立了一个相似的组织——"文物部"。该组织的建立也得到德国联邦环境基金会的资助。

保证质量和可持续性最好的方法是研究过去实施过的保护措施，分析其如何在自然环境中随岁月变化而自证有效。出于这个原因，下列十家单位——

· 萨克森、萨克森 - 安哈尔特文物诊断和保护研究所（IDK）
· 石质文物保护研究所（IFS）

- 巴伐利亚文物保护局（BLFD）
- 下萨克森文物保护局（NLD）
- 勃兰登堡文物保护局和州考古博物馆（BLDAM）
- 北德文化遗产材料学研究中心（ZMK）
- 德国矿业博物馆（DMT）
- 斯图加特大学材料化验室（MPA）
- 巴登 - 符腾堡文物保护局（LFDBW）
- 萨克森文物保护局（LFDSN）

在"石质文化遗产受人为环境污染的影响——长期监测风化和保护状况的方法和技术标准研究"（后文简称"石质文化遗产监测"）课题中联合起来，共同研究那些文献资料保存良好的文物上出现的有待处理的问题。同时，他们在选择待研究的文物案例时，注意全面地覆盖各种石材类型和不同的保护措施，以得出可靠的结论。被研究的文物均匀分布在整个德国境内（图 1.1.1），更详细的直接参与课题研究的研究所以及相关文物局的介绍请见表 1.1.1。

在文物的保后评估和维护工作中，不仅仅缺少大量可供研究的工程案例，还缺少合适的检测方法、评估标准、应用范围等方面的知识。

为实现这些目标，首先对一系列检测方法进行评估，从而在研究所选文物时对如何选择那些最可靠、最可行的研究方法达成共识。决定一个检测方式是否可靠、可行最重要的标准是：根据标准检测流程，所选的研究方法必须在几十年后依然行之有效，且仍能提供可靠结果而不依赖于检测人员。

在联邦建设局的预算中，几乎没有定期维护和保后监测相关费用的资料。除个别工程案例外，也并不存在周期性大修的工程造价信息。因此，至今无法用数据证明定期检查和小修小补相对于周期性大修具有节约经费的优势。有声望的修复专家提出的必要保护措施及其费用估计等经济因素是该课题的一个重要研究内容。

因此，该课题（其研究结果是本书的基础）的研究目标可归纳为以下四点：①开发用于监测石质文化遗产保护措施的统一的、以尽可能简单的测量方法为基础的方法论；②以个案研究评估形成的广泛数据库为基础，制定常用保护剂和保护措施持久性的通用评价标准；③为文化遗产业主提供一份指南，使他们能获得既经济可行又可持续的文物维护技术方案；④比较定期维护措施与周期性大修的成本，以证明定期保后监测和小修小补的成本优势。

由于课题中将研究大量文物，且其修复措施都由德国联邦环境基金会资助，因此研究结果对基金会来说是重要的信息来源，可显示其资助的措施是否有效以及未来应对哪些保护措施给予重点资助。

　　文物的原真性体现在文物本体，体现在其物质和精神的实体。因此，维持文物原状永远是所有保护措施的首要目标。这项任务只有通过定期的保后监测和维护才能实现。我们希望，《石质文化遗产监测技术导则》能引发巨大的反响，并为我们的艺术和文化古迹的保护作出重要贡献。

　　在此意义上，我们衷心感谢德国联邦环境基金会——现今唯一重视文化遗产保护自然科学与技术研究的出资机构——的资助。

图 1.1.1
所选文物在德国的分布示意

4

表 1.1.1 参与课题的研究所

萨克森、萨克森 - 安哈尔特 文物诊断和保护研究所（IDK） 珍妮娜·迈因哈特，博士 （已离职：史蒂芬·魏泽，硕士，工程师） 萨勒河畔哈勒多姆广场 3 号 邮编 06108 电话：03 45 47 22 57-22 邮箱：meinhardt@idk-info.de IDK – Institut für Diagnostik und Konservierung an Denkmalen in Sachsen und Sachsen-Anhalt e.V. Dr. Jeannine Meinhardt (ausgeschieden: Dipl.-Ing. Stefan Weise) Domplatz 3 06108 Halle an der Saale	北德文化遗产材料学研究中心（ZMK） 安格莉卡·格维斯，博士 汉诺威肖恩霍斯特街 1 号 邮编 30175 ZMK – Norddeutsches Zentrum für Materialkunde von Kulturgut e.V. Dr. Angelika Gervais Scharnhorststraße 1 30175 Hannover 勃兰登堡文物保护局 和州考古博物馆（BLDAM） 贝贝尔·阿诺尔德，博士 温斯道夫温斯道夫广场 4 号 邮编 15838 BLDAM – Brandenburgisches Landesamt für Denkmalpflege und Archäologisches Landesmuseum Dr. Bärbel Arnold Wünsdorfer Platz 4 15838 Wünsdorf 下萨克森文物保护局（NLD） 修复部 埃尔温·施达德保尔，教授，博士 汉诺威肖恩霍斯特街 1 号 邮编 30175 NLD – Niedersächsisches Landesamt für Denkmalpflege Referat Restaurierung Prof. Dr. Erwin Stadlbauer Scharnhorststraße 1 30175 Hannover 萨克森文物保护局（LFDSN） 阿恩特·基塞韦特，博士 德累斯顿施罗斯广场 1 号 邮编 01067 LFDSN – Landesamt für Denkmalpflege Sachsen Dr. Arndt Kiesewetter Schlossplatz 1 01067 Dresden

表 1.1.1（续）

石质文物保护研究所（IFS） 米夏尔·奥哈斯，博士 美因茨格罗斯郎恩巷 29 号 邮编 55116 电话：0 61 31 2 01 65 02 邮箱：auras.ifs.mainz@arcor.de IFS – Institut für Steinkonservierung e.V. Dr. Michael Auras Große Langgasse 29 55116 Mainz	德国矿业博物馆（DMT） 研究领域：文物保护／材料学 史蒂芬·布鲁格霍夫，博士 波鸿赫尔纳街 45 号 邮编 44787 DMT – Deutsches Bergbaumuseum Fachbereich Denkmalschutz/ Materialkunde Dr. Stefan Brüggerhoff Herner Straße 45 44787 Bochum
巴伐利亚文物保护局（BLFD） 中心实验室 斯文·比特纳，博士 （已离职：罗尔夫·斯内特拉格，教授，博士） 慕尼黑霍夫格拉本 4 号 邮编 80539 电话：0 89 2 11 43 24 邮箱：sven.bittner@blfd.bayern.de BLFD – Bayerisches Landesamt für Denkmalpflege Referat Z V – Zentrallabor Dr. Sven Bittner (ausgeschieden: Prof. Dr. Rolf Snethlage) Hofgraben 4 80539 München	斯图加特大学材料化验室（MPA） 建筑和文物保护部 412 室 弗里德里希·格林纳，博士 （已离职：加布里勒·格拉西格 - 舍恩，教授，博士） 斯图加特普法分瓦尔德林 2B 邮编 70569 MPA – Materialprüfanstalt Universität Stuttgart Referat 412 Bautenschutz und Denkmalschutz Dr. Friedrich Grüner (ausgeschieden: Prof. Dr. Gabriele Grassegger-Schön) Pfaffenwaldring 2B 70569 Stuttgart 巴登 - 符腾堡文物保护局（LFDBW） 修复部 奥托·韦尔贝特，硕士，修复师 埃斯林根柏林街 12 号 邮编 73712 LFDBW – Landesamt für Denkmalpflege Baden-Württemberg Referat Restaurierung Diplom Restaurator Otto Wölbert Berliner Straße 12 73712 Esslingen

1.2 天然石材的成因与特点

罗尔夫·斯内特拉格 (Rolf Snethlage)

天然石材分类

地球上目前已知的天然石材种类超过 1 000 种。尽管它们品种繁多，但基本上可归纳为以下三类：岩浆岩、沉积岩、变质岩。

岩浆岩由炽热的液体岩浆凝固而成。岩浆产生于地壳深层或地幔（图 1.2.1）。由于岩浆相较于其周围的固体岩石更轻，它会沿着薄弱区域和缝隙向上迁移，同时不断吸收周围的岩石并将它们完全或部分熔化。若岩浆在地表下方凝固，我们称之为"深成岩"；若岩浆穿过火山或沿着相互漂移的大陆板块渗透到地表外，我们称之为"火山岩"（"喷出岩"或"火成岩"）。

内力和外力使地球地壳的形态不断变化。内力推动岩层向上形成山脉，使之遭受外力（炎热 - 严寒、干旱 - 降水、风、阳光辐射）的强烈侵蚀而风化。岩崩和流水等形式的机械运输将岩屑运送到山谷，然后继续从陆地上被运送到海洋。一开始的大石块破裂成碎石，最终被研磨成细沙和黏土。这些材料堆积起来被称为"沉积物"。

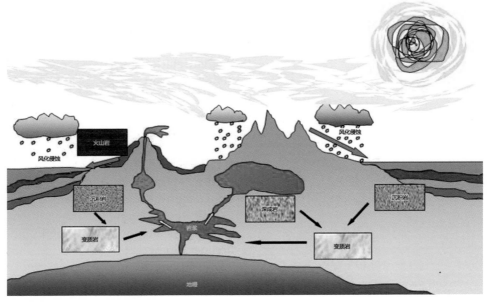

图 1.2.1

岩石循环图

沉积岩：沉积物主要在河流、湖泊和海洋中形成。随着新的沉积物的不断堆积，底层不断加固。同时，经过溶解和结晶过程，沉积物的组成部分不断胶合在一起，沉积物就变成沉积岩。我们将沉积岩分为碎屑沉积岩、生物沉积岩与化学沉积岩。碎屑沉积岩由岩石碎屑或矿物碎屑组成；化学沉积岩大多源自海水中的化合物析出；生物沉积岩则来自活体和死亡生物体的外壳或骨骼，比如珊瑚。通过风力运输，细沙和尘土会形成风成岩，比如上巴伐利亚冰缘区黄土的形成就属于这一类。比较特殊的是由火山喷发的火山灰形成的火山碎屑沉积物。这些灰烬结块形成坚硬的岩石，称为"凝灰岩"。

沉积岩不断叠加一层层新的沉积物，导致地壳深层区域的下沉，同时伴随温度和压力的升高。地表附近原本稳定的矿物组成变得不稳定，转变为新的矿物共生组合。通过其他岩石转换形成的岩石称为"变质岩"。

变质岩来自被转移至较深地层的其他岩石。其特征在于特别的矿物重组（共生次序），通常带有典型的平行纹理。每一种母岩都有一种对应的变质岩，之后将会详细讨论。

若变质岩持续下沉到地壳深层处，温度超过其熔点，就会开始熔化——首先是部分会熔化，最终完全熔化。整个周期是封闭的，可能会产生新的岩浆岩。部分熔化状态下的岩石，称为"混合岩"。这种岩石的外观往往具有视觉吸引力，最近几年已成为非常流行的装饰石材。

如图 1.2.1 所示，地壳运动也会导致沉积岩和岩浆岩直接沉入地壳深处，并在那里变质成为变质岩。当变质岩到达地表附近，会风化成沉积岩。沉积岩也能风化，形成新的沉积岩。因此，这三种岩石——岩浆岩、沉积岩、变质岩相互联系并不断相互转化。这也导致早期生命的痕迹很大程度上已经被破坏，因为带有生命痕迹的岩石已在地质史中经历了至少一次变质或岩浆循环。

岩浆岩的特点

岩浆岩来自硅酸盐熔体，其 SiO_2 含量可高可低：含量高的称为"酸性岩浆"，含量低的称为"碱性岩浆"。称其为酸性或碱性取决于强碱性离子（Na^+，K^+）和弱碱性离子（Ca^{2+}，Mg^{2+}），以及 Fe^{2+}、Fe^{3+} 的含量。碱性岩浆中，SiO_2 与 $MgO + CaO + FeO + Fe_2O_3$ 的比值约为 1，以致橄榄石、辉石和钙含量丰富的斜长石等矿物的形成消耗了岩浆中存在的所有 SiO_2。在酸性石材中，强碱 K_2O 和 Na_2O 最为常见，SiO_2 与 $K_2O + Na_2O$ 的比值远大于 1。因此，当所有强碱在结晶形成钾长石、钠长石和云母之后，SiO_2 还大量富余，于是出现游离的石英矿物（图 1.2.2）。

从图1.2.2可以看出,辉长岩岩浆(也称玄武岩岩浆)温度高达1 200 ℃,其液体稀薄,SiO_2含量少于52%。凝固而成的岩石主要由辉石、富含钙的长石和橄榄石组成,不会出现游离的石英——当然也会有例外。花岗岩岩浆的温度要低得多(只有约700 ℃),且更黏稠,其SiO_2含量大于65%。在坚固的花岗岩或相应的火山流纹岩中的共生矿物有钾长石、白云母、黑云母、钠长石和石英。相比流动的玄武岩岩浆,较低的温度和液体黏稠度使花岗岩岩浆基本上堵在地壳中。因此,大多数火山只喷发玄武岩岩浆(碱性)或中性岩浆。也因此,玄武岩多见而辉长岩稀少,花岗岩多见而流纹岩稀少。

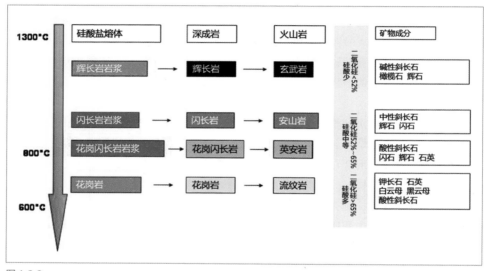

图 1.2.2
主要岩浆岩的相关术语及对应矿物成分

中性的闪长岩和花岗闪长岩岩浆中,SiO_2含量处于52%~65%。它们也不会有多余的SiO_2。其主要的共生矿物主要包括闪石(角闪石)、中性至酸性的斜长石、辉石,通常情况下没有游离的石英。闪长岩和花岗闪长岩相应的喷发岩分别叫"安山岩"和"英安岩"。

由碱性和中性岩浆形成的橄榄石、辉石和闪石呈深色。因此,相应的石材也是深黑色到深灰色(图1.2.3)。由酸性岩浆形成的碱性长石和石英通常呈浅灰色或无色。因此大部分花岗岩呈浅灰色至发白。但是,当铁通过风化从黑云母中分离或被氧化,花岗岩就能呈现黄色甚至是棕色。

　　花岗岩及其同类石材的耐候性通常很强。唯一需要注意的是，在地质学意义上的史前时期，花岗岩中的长石可能已转变成高岭土，黑云母或也有可能已变成绢云母而导致耐候性降低。

　　岩浆岩的孔隙度通常非常小，约占体积的 0.1%~3.0%，平均占 1.0%。因此，岩浆岩不存在冻融问题，从岩浆中结晶且矿物颗粒密集镶嵌的岩石更是如此。只有玄武岩有明显较高的孔隙度，约 15%~25%。其空隙虽大，但相互隔离。因此，该石材仍有较高的强度，抗冻性通常也不错。

花岗岩

花岗闪长岩

闪长岩

玄武岩

图 1.2.3
岩浆岩举例

由于岩浆岩硬度高，很少用于雕刻，在古建筑中也不是主要材料。其主要运用领域在墓碑艺术，也常被用于制作基座、楼梯、柱子。自工业化发展以来，实现了对岩浆岩的机械加工。作为墓碑石材，瑞典的黑色玄武岩和辉长岩（所谓的"瑞典黑"）一直以来很受欢迎。其经过 100 多年的风化，还通常能保持原有的光泽。因此，如何保存花岗岩依然是一个特别的专业研究领域。

变质岩的特点

变质岩是三种天然石材中数量最少的一种。如前文所述，变质岩通过其他母岩在地壳的深层转化形成。因此，每种母岩——无论是沉积岩还是岩浆岩，都有相应的变质岩。表 1.2.1 展示了最重要的成对石材。

同一种母岩在不同地壳深度会形成不同的变质岩（图 1.2.4），因为每一种深度形成的矿物共生次序不同。这种矿物相转换只发生在固液共存态。在熔化开始之前，变质条件的温度能达近 1 000 ℃，压力大于 6 kbar。如果石材极其干燥的话，在这样的条件下也不会熔化。

最著名的变质岩为大理岩和片麻岩，前者来自石灰岩，后者来自岩浆岩（正片麻岩）或者沉积岩（副片麻岩）。经常被用作屋顶或外墙立面材料的黑色泥质板岩为浅变质岩，以易于切割而闻名。许多绿片岩亦是如此，在阿尔卑斯山区常被用作绿色屋顶石板瓦。

表 1.2.1 母岩及其对应的变质岩

变质阶段	母岩				
	陶土	石灰质淤泥／砂	石英砂	花岗岩	玄武岩
开端 100 ℃ ~200 ℃, 0~1 kbar	泥质板岩	石灰岩	砂岩	花岗岩	玄武岩
低 200 ℃ ~300 ℃ ,1~2 kbar	千枚岩				绿片岩
中度 300 ℃ ~400 ℃, 2~4 kbar	绿片岩	大理岩	石英岩		闪岩
高 400 ℃ ~600 ℃, 4~6 kbar	副片麻岩			正片麻岩	
很高 600 ℃ ~1 000 ℃, >6 kbar	麻粒岩				榴辉岩

除了大理岩外，变质岩的保存并不是什么大问题。片麻岩带有平行纹理，具有优势方向，故不适合制成大块石材以供雕塑用。板岩也因其易于切割而常被用作板岩瓦或石料。某些泥质板岩和绿片岩尤其适合做屋面瓦，因为其不但易于切割而且抗冻性能好。在局部地区，页岩也偶尔被用作雕塑石材。但其具有层状特质，且孔隙度低，因此该石材在保存上也面临特殊的挑战。

片麻岩

大理岩

板岩瓦

绿片岩

图 1.2.4

变质岩举例

在保护研究领域主要的变质岩就是大理岩。自古以来，大理岩就广泛用于最为珍贵的雕塑中。其结构均匀，同时颗粒小，很适于制作最精致的雕塑的细节。刚开采出来的大理岩结构十分紧密，其总孔隙度约占体积的 0.1%~0.5%，风化状态下可达 2%~3%。

刚开采的大理岩，其方解石晶体在各个方向上都相互咬合。它们之间平行的边界面有细微的、直径约 10 μm 的孔隙。大理岩的风化现象主要由方解石晶体特殊的物理特性决定。方解石晶体平行于其 c 轴的热膨胀系数 a 为 $+26 \times 10^{-6}$ / K，垂直 c 轴的热膨胀系数 a 为 -6×10^{-6} / K。其受热时沿 c 轴方向膨胀，沿垂直于 c 轴方向收缩。因此，方解石晶体在温度变化时，c 轴方向的结构应力变大，垂直于 c 轴方向的孔隙直径扩张。实验室已测得，任何温度改变都会导致其结构的不可逆形变。若孔隙中比较潮湿，那么形变甚至更大，造成的结构损坏也更为明显。

若大理岩持续受到上述压力，则会导致结构彻底瓦解，然后出现所谓的糖粒状粉化剥落，结构受损至可以用手毫不费力地将表面的方解石颗粒抹下来。若大理岩雕像损坏十分严重，稳定性也就不复存在。当然，结构压力的大小与大理岩内部方解石晶体的走向有关。若 c 轴分布不规则，那么各向异性膨胀的破坏影响较小；反之自然较大。

在超声波速检测的帮助下，能很好地追踪大理岩的结构变化。新开采的大理岩超声波速在 5~6 km/s。特别优质的大理岩品种的超声波速甚至能超过 6 km/s。若有持续发展的结构松动，其超声波速会根据损坏规模下降到 3 km/s 以下。严重损坏的大理岩的超声波速甚至只有 1.0~1.5 km/s，超声波速在这个范围的大理石劣化已经很严重，随时可能崩解。

沉积岩的特点

从文物保护角度来说，首先值得讨论的沉积岩是砂岩和石灰岩。然而在不同地域，其他沉积岩也可能占据重要的地位，比如火山碎屑凝灰岩。

砂岩

砂岩属于碎屑（来自希腊语 κλαστός，破碎的）沉积岩。砂岩这个称谓并非来自其坚实紧密的岩层，而是因为其粒径范围在 0.063~2 mm，该范围的颗粒在沉积学中称为"砂"。砂岩的成分取决于母岩，通常能通过其矿物成分推断出其产地。从产地开始的运输距离越长，沉积岩中容易风化的成分如片状岩石碎片、碳酸盐和长石消失得越多。最终只剩下纯净的石英砂，几乎全部由最能抵抗风化的石英矿物组成。由于沉积条件的差异，很多砂岩具有典型的粗细交替的沉积层理。对于沉积物不同纹理结构的精细度，这里不展开讨论。

各类砂岩的组成可通过石英、长石和岩屑的三组分图表示（图 1.2.5）。

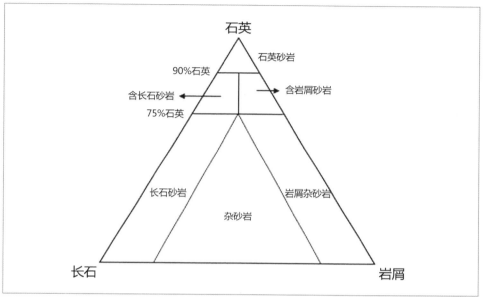

图 1.2.5
砂岩组成及其（对应）名称

石英含量 90% 以上的砂岩称为"石英砂岩"。长石在长石 - 石英占比中超过 25% 的砂岩叫"长石砂岩"。主要由岩屑和长石组成的砂岩为"杂砂岩"（Grauwacken，字面意思为灰色玄武土）。玄武土（Wacke）这个名词由玄岩石（Wackerstein）派生出来。杂砂岩在莱茵地区的板岩山脉十分常见。岩屑由片麻岩、石英脉、花岗岩，以及源自板岩的含黏土矿物的岩屑等组成。其中，含黏土矿物的岩屑对于杂砂岩的耐候性有重要的影响，因为黏土含量高总是意味着耐候性差。

在上述三组分图中，砂岩中十分重要的碳酸盐矿物，如方解石和白云石并未包含在内。但它们和包姆贝格砂岩（Baumberger Sandstein）或雷根斯堡地区的绿砂岩一样，在众多的文物石材中占有重要地位。在这些砂岩中，碳酸盐矿物部分源自碳酸盐岩母岩（砂）；部分在成岩过程中由孔隙溶液结晶形成（胶结物）。因此在命名含碳酸盐的砂岩时，人们自然就引入进一步的解释，比如"含碳酸盐和长石的砂岩"或"含长石的石灰砂岩"。

一般来说，碳酸盐对于砂岩的耐候性是一种威胁，因为碳酸盐与大气中的其他物质无法共存，会自行转化成石膏。尤其在二氧化硫排放量较高的时候，碳酸盐石材中会大量形成石膏，这是一个严重的问题。

几乎所有砂岩或多或少都有鲜艳的颜色（图 1.2.6），主要是类似赭色、红色和绿色的色调。色调主要来自孔隙中的黏土矿物，其通过少量分布的三氧化二铁 - 氢氧化物着色形成，或者来自黏土矿物本身的颜色，比如绿泥石。黏土含量高通常也提高了风化的危险，但它能通过某种结构调整得到平衡，这种现象存在于一种耐风化的红砂岩中。

图 1.2.7 展示了颗粒支撑结构和胶结物支撑结构之间的区别。在颗粒支撑结构中，即使在胶结物被风化的情况下，稳定组分之间的直接接触也能防止石材的瓦解；在胶结物支撑结构中，砂岩的稳定性取决于胶结物类型及其孔隙度。致密的碳酸盐胶结能使砂石具有较高的耐候性，然而，多孔结构的碳酸盐胶结或黏土胶结的砂岩则易风化。

砂岩孔隙度在 5%~25%，平均值为 15%，个别情况下甚至更高。但较大的孔隙度本身并不意味着较高的风化危险。孔隙度大的砂岩通常更能耐冻融和水溶盐腐蚀。比较重要的影响砂岩耐久性的指标是孔隙半径的分布。孔隙半径呈双峰分布，即最高峰对应的孔径在微孔范围内，且第二高峰对应的孔径在粗孔范围内的砂岩尤其脆弱。这类砂岩，即使其含水率低于饱水状态，也容易发生冻融病害，因为当粗孔中的水结冰时，微孔中的水分可进入粗孔的冰晶中，使原粗孔中的冰晶长大。若微孔在总孔隙中占比重足够大，液态水的补给使冰晶量不断增加，直至充满并撑爆粗孔。

石灰岩

石灰岩的外观比砂岩更多样，原因在于其成因多样，可以是无机化学式、碎屑式或生物式的。

无机化学式沉积的石灰岩成因是方解石从过饱和溶液，比如从潟湖中析出。沉积的石灰泥浆浓缩压实，形成晶粒十分细腻的石灰岩层。其孔隙度很低，但还不具有抗冻融能力。这种石材的典型代表是索尔恩霍芬石灰岩（Solnhofer Kalkstein），能加工成地板和墓穴板。另一个化学沉积石灰岩的代表是钙华和石灰华，形成于含碳酸氢盐的水域。

生物石灰岩源自死去的海洋生物，比如贝类、螺类、腕足动物、海胆、有孔虫类的硬质部位，或来自能形成礁石的珊瑚和海绵。被机械粉碎的外壳由洋流运送，并堆积于沿海地区，形成在德国被用作重要建筑石材的贝壳灰岩。被用作铺路石的所谓大块石灰岩则来自能形成石灰的藻类和细菌（叠层石）。

碎屑石灰岩包含石灰岩碎屑或礁石（比如珊瑚和海绵）的岩屑。很多装饰石材都属于礁石碎屑石灰岩。

带泥质板岩的白色正砂岩

带深色植物残留的绿色正砂岩

带不规则分层的黄色正砂岩

图 1.2.6
砂岩举例

带均匀细晶粒结构的红色正砂岩

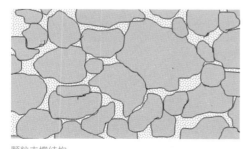

颗粒支撑结构

图 1.2.7
砂岩结构

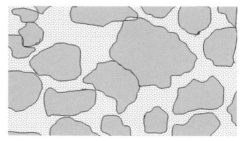

胶结物支撑结构

图 1.2.8 展示了索尔恩霍芬石灰岩颗粒细腻、轻微带状的结构。这种结构十分紧密，可用于石版画的制作。而在特罗伊希林根石灰岩中可以看到海绵的横截面和细小的礁石碎片斑点，包括褐铁矿析出物。

索尔恩霍芬石灰岩

特罗伊希林根石灰岩

贝壳灰岩

鲕粒灰岩

图 1.2.8
石灰岩举例

非生物无机式成因的代表性石灰岩是鲕粒灰岩，其由通过结核作用形成的晶核，以及在海洋环境中沉积发育的方解石小颗粒组成。鲕粒灰岩主要分布在英国和法国。而在德国，从法国进口的萨芬尼尔石灰岩（Savonnierekalk）是除本土的艾尔姆石灰岩（Elmkalk）外的重要石材。世界范围内广泛使用的所谓的红色大理岩（Rotmarmor）或块状大理岩（Knollenmarmor）均为鲕粒灰岩，分布在意大利（维罗纳红色大理岩、红色菊石瘤状灰岩）、奥地利（阿德内特红色大理岩）、德国（鲁波尔丁大理岩）、希腊、土耳其、印度和中国。它们由致密的、颗粒度十分细腻的石灰岩块组成，通常嵌于由石灰和黏土构成的深色基质中。这些石材在环境中的抗风化能力差，因为含黏土的基质风化后，圆形的石灰岩块也就失去了结合力。

对石灰岩有极其重要影响的是方解石基质。方解石基质可以是多孔的，也可以是致密的；可以是粗晶粒的，也可以是细晶粒的。在地球演化的进程中，经常发生基质溶解再重新胶结的过程，因此熟练的岩相学家通常能区分多代基质。晶粒支撑结构比基质支撑结构更加稳定，这对石灰岩亦适用，尤其当基质中存在良好流通的孔隙水分时。

石灰岩的孔隙度变化很大，范围可从最小值 1% 到最大值 35%。因此，总是需要重视石灰岩的孔隙度。用作建材的石灰岩的耐候性通常很不错。这类石灰岩大多密度高，其病害（一般）只有表面风化，但这种风化并不损坏内部结构。

结论

为评估岩石的耐候性和可处置性，矿物组成和结构并非是唯一需要注意的重点。孔隙比例及分布更为重要。若岩石含有黏土矿物，总存在风化的风险。对于碳酸盐类石材，其耐候性与晶粒的粗细、吸水性能等有关。还需注意的是，孔径分布是否使之具有快速吸水能力。具有呈双峰孔径分布的石材其耐冻融及盐溶胀能力总是比较低。若石材中主要的孔隙为微孔隙，那么其吸收防腐剂的量就会很低，防腐效果也会打折扣。

因此，强烈建议在保护石材前全面研究其相应特性，石材的特性决定了石材是否易风化、需要采用哪种保存保护措施。

参考文献

Ehling, A. Hrsg. (2009): Bausandsteine in Deutschland. Band 1: Grundlagen und Überblick. Schweizerbart Stuttgart.

Füchtbauer, H. (1988): Sedimente und Sedimentgesteine. Verlag Schweizerbart Stuttgart.

Grimm, W.D. (1990): Bildatlas wichtiger Denkmalgesteine der Bundesrepublik Deutschland. Arbeitsheft 50. Bayerisches Landesamt für Denkmalpflege München.

Ruedrich, J. (2005): Gefügekontrollierte Verwitterung natürlicher und konservierter Marmore. Dissertation Universität Göttingen.

Siegesmund, S., Auras, M., Snethlage, R. Hrsg. (2005): Stein Zerfall und Konservierung. Verlag Edition Leipzig bei Seemann-Henschel, Leipzig.

Siegesmund, S., Ullemeyer, K., Weiss, T., Tschegg, E.K. (2000): Physical weathering of marbles caused by anisotropic thermal expansion. Int. J. Earth Science 89 p. 170–182. Springer Berlin.

Snethlage, R. (2008): Leitfaden Steinkonservierung. Fraunhofer IRB Verlag Stuttgart.

Siegesmund, S., Snethlage, R., Charola, A.E. eds. (2011): Stone in Architecture. Springer Berlin Heidelberg New York. In press.

2 评估方法及指标

2.1 长期监测的技术体系

贝贝尔·阿诺尔德（Bärbel Arnold）

在欧洲标准化委员会 (Europäischer Normenausschuss)"文物保护"技术委员会 (委员会编号 CEN/TC346) 制定的新标准草案 DIN EN 15898，即"文化遗产保护"主要常见术语及定义标准中，"监测"一词的解释为：对文物的材料特性和环境影响因素的长期测量。欧洲标准化委员会对文物监测的定义可以表明，文物定期监测是一种具有现实意义、不可避免的国际化需求。本书中，监测的任务包括调查、记录、评估文物建筑和文物造型艺术作品上天然石材的状况、状况的变化、变化的结果和相应保护措施的效果。

这样的想法并非新近才出现的。1907 年，萨克森皇家石质文物保护委员会 (Die Königlich–Sächsische Kommission zur Erhaltung von Steindenkmälern) 针对石匠、石材雕塑家、采石场场主、泥水匠和建造局展开访问调查，搜集了他们自 1880 年起关于使用石材保护剂方面的经验，记录了当时处理过的文物状况，并将调查结果整理成册后发表。1888 年建立的普鲁士柏林皇家博物馆实验室（Labor der Königlich Preußischen Museen zu Berlin）的第一任主任弗里德里希·拉特根[1]（Friedrich Rathgen）在 1929 年退休以后，重新研究了调查报告所记录的 160 个文物中的 55 个，评估其现状并与 1907 年石匠和石材雕塑家的陈述作对比 (Rathgen & Koch，1934)。这样一来，拉特根对 1907 年被调查者关于添加石材保护剂及其他试剂效果的预测做出如下修正：氟硅酸盐会加速岩石劣化。大约从 1900 年开始，拉特根就通过试验研究石材固化剂的长效性。首先，他将石材样品（1 650 块不同类型的岩石）放到不同气候的不同地点（Rathgen，1913），然后他又监测了 18 个城市里 1 257 块不同建筑物的石材——其中 111 块石材来自科隆大教堂（Kölner Dom）（Rathgen，1916）。这些石材基本上都被他持续浸泡在不同的浸渍剂中保存，

---

1 Friedrich Wilhelm Rathgen（1862 年 6 月 2 日—1942 年 11 月 19 日），德国化学家，保护科学领域的创始人之一。——译者注

并刻上标记，然后与一块或几块未用试剂处理的石材一起拍照，进行对比。为了确定石材的变化，每三年对这些石材进行一次检查。

在德语区，这些研究是对石材进行全面监测的早期的，似乎也是独一无二的范例。同时，这些研究也是迄今为止唯一的、系统的文物长期监测成果——由此可见展开监测的迫切性。石质文物总是在修复后被"遗忘"，而不再接受专业监测，以致其"病史"的丢失。因此每一次新的修缮都必须从头开始，搜集大量信息，并重新制订一个大规模的保护研究方案。长久以来，"持续维护"的重要性众所周知，但因资金、时间和人员短缺等各种理由而不能实现。首要问题也可能是相关机构的结构问题，因为在观察所需的几十年间，管辖权和组织结构不断变化。

这使建档的必要性显露无遗。有了档案，就不会出现这种断层。档案保留了几代研究者重要的共同记忆，在这些记录中能找到此类的专门信息。出版物也能很好地帮助人们对抗遗忘，然而不是每一个文物都能找到出版途径被记录下来。我们必须持续发展并保有这样的意识：为文物建立长期档案是必要的。用超出自身工作和生命时间的长远目光看待文物监测，才可能带来重要且深远的影响。文物保护中更重要的是尽可能地明确监测意义，总结监测理论，普及实用技术方法。本书应能帮助文物所有者、专家和相关管理当局树立和增强定期监测的必要性的意识，促进定期监测的实施。

根据预防性保护的思想，应了解文物修复结束后仍可能继续产生的病害过程，并与文物修复专家，或者有可能的话与相关自然科学实验室签订长期监测及维护合约。修复专家和自然科学家应了解相关文物的建造和修缮历史，这样就避免了高成本的档案调查过程，或者至少可以减少相关工作量。维护合约很少被终止，大多数情况下合约内容也包含小规模修复。这种做法很值得推崇。但是维护合约一般不包含监测，即不包括通过无损或轻微有损的检测方法，证明并记录随时间流逝产生的、肉眼无法察觉的新病害。

通常情况是，在最后一次修缮工作结束许多年后，文物已再次出现新的严重病害时，人们才开始监测工作。然而理想情况应是在一次修缮措施结束后，立刻开始监测。这样，修缮措施的质检也能同时为长期观测打下基础。

监测应遵守确定的流程。然而，每次检查结束后，也要复查该流程的完整性和适用性。表 2.1.1 就是这样一张流程表。

表 2.1.1　监测工作流程

1	整理、审核档案文件
2	检查文物
3	掌握文物的基础数据和现状、周边条件（环境、施工情况等） 复查过去的修缮、保存措施，比较现有文档，等等
4	确定参照面
5	参照面存档 分类图示参照面的基础数据和现状 描述病害类型及范围 照相存档 其他必要的自然科学研究
6	分析：分级评估自最后一次检查以来的状况变化，复查参照面和研究方法的有效性，确定或复核监测时间间隔
7	做出详细记录
8	与业主或物主协调
9	必要的保存、修复、保养、维护措施

对文物的建造和修缮历史了如指掌，是长期监测的前提。（德国）国家文物局档案馆和其他相关机构能提供大量修缮文档，帮助了解最新历史信息。有时，文物所有者手上也有这样的文档。若最近几年文物未采取任何保护措施，那么就有必要在联邦、州或者教会档案馆查询相关信息。当地的教会书籍以及周年纪念册在建造、修缮措施方面的介绍经常很有说服力。在评价和总结的过程中，分类表很有帮助，比如 VDI 3798（《德国工程师协会导则》中的一部）。

接到监测委托并做好监测计划后，应开始对文物进行详尽的目视勘察，并将其现状与现有文档记录进行比较。在文物观测和分类图示中尤其要注意并分析先前采取过的措施、病害情况以及自然科学研究的采样部位。

若缺少这样的基础，则需要重新建档，记录文物基础数据和监测工作开始时的状况。基于初步观测的结果，选择带有典型病害的参照面进行长期监测。在选择参照面的时候需考虑哪些自然科学研究是必需的。参照面也宜选择在便于实施的部位，比如基本不需要搭脚手架的部位。若修缮前和后已作自然科学分析，则必须保证采样点在参照面中（图 2.1.1）。

材料图示

	大理石	0.69 m²
	砂岩	5.86 m²
	抹灰	2.02 m²
	灰缝饱满	4.66 m
	灰缝脱落	14.32 m
	旧灰浆修补	0.04 m²

取样点、测量点

	超声波测量点 1992 年和 2009 年
	岩石取样点 1992 年
	岩石灌入硬度测量点 1998 年
	岩石灌入硬度测量点 1998 年和 2009 年
	水溶盐采样点 1994 年 /1995 年
	水溶盐采样点 1994 年 /1995 年和 2009 年
	毛细吸水系数测量点 1998 年和 2009 年
	污蚀和裂隙监测点 2010 年

V1-V2 黑变监测点 2010 年 1 月 12 日
R1-R2 裂隙监测点 2010 年 1 月 12 日

勒斯特维茨 - 伊岑普利茨家族坟墓	
勃兰登堡州，库讷斯道夫	
2 号壁龛	
凯瑟琳·冯·勒斯特维茨	
材料、采样点、测量点	
2009 年 5 月 26 日	比例 1：20
施丹豪夫文物修复工作室 柏林芬巴赫街 35 号 邮编：10967	负责人： Andreas Rentmeister Lena Ignatzi-Molz

图 2.1.1
勃兰登堡州 (Brandenburg) 库讷斯道夫 (Kunersdorf) 勒斯特维茨 - 伊岑普利茨 (Lestwitz-Itzenplitz) 家族坟墓建筑，凯瑟琳·冯·勒斯特维茨 (Catharine v. Lestwitz) 2 号壁龛之材料、采样点和测量点的分类图示；根据 1997 年记录的文档可定位测量点，并进行比较测量

　　若无任何分类图示，则至少必须在选出的参照面上作材料图示和病害分类图示。关于分类图示的问题在后面的文章中会具体讨论。

　　参照面上进行的自然科学研究必须具有可比性，尽可能采用准确的参数。所采用的自然科学监测既可以是本书提及的某种方法，也可以是系列分析技术的组合。必须注意的是，应使用无损或者在特殊情况下轻微有损的检测方法。在某些情况下，比如为了观测记录由污染导致的黑变（图 2.1.2）、颜料褪色、彩绘层脱落（图 2.1.3）或者裂隙的扩大（图 2.1.4），采用微距摄影就足够了。

　　确定文物状况观测和监控的时间间隔的根据为：文物已显现出来的，或从其修缮历史中推测出的病害过程的相关信息。

　　每次检查都要建立一份记录，记下与文物初始状况或前次检查中的文物状况的不同之处。这样的记录可以是任何形式的，然而最好能与之前的记录样式保持一致。无论如何，应参考初始文档的结构，为了补充说明清楚，至少要在记录变化的时候附上照片作为示例。根据每次委托任务的监测范围和类别，记录中还需包括新的图示内容，必要时也要包括新的自然科学研究成果。研究过程中的测量点、采样点、根据所采用的研究方法获得的特殊数据，以及所有检测结果都应记录在册，包括保养工作中使用到的保护剂的相关技术资料（也需要记录在档案中）。监测过程中文档的变化一方面要以原始文档为准（要分析监测中发生的变化就离不开初始的资料，因为如果不知道

图 2.1.2
勃兰登堡州库讷斯道夫勒斯特维茨 - 伊岑普利茨家族坟墓建筑，用灰度卡对文物黑变情况进行监测
（Rentmeister 摄于 2009 年）

a

b

c

图 2.1.3

勃兰登堡州布里森（Briesen）乡村教堂

其中,图 a:修缮前(Nollminor 摄于 2004 年) ;
图 b:修缮后(Nollminor 摄于 2007 年) ;图 c:
由于水溶盐污染,相同区域再次出现严重的彩
绘层脱落(Arnold 摄于 2009 年)

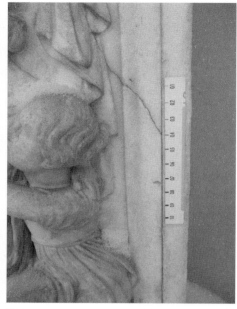

图 2.1.4

勃兰登堡州库讷斯道夫勒斯特维
茨 - 伊岑普利茨家族坟墓建筑，对
裂隙宽度变化的监测（Arnold 摄于
2009 年）

初始状态，就无法得知其后是如何变化的）；另一方面，文档记录的技术深度也应经得起检验，有必要的话允许修正。

监测的文档记录应一式多份，提交给相关责任人——文物所有者和相关当局存档，或用作下一步保护工作的基础资料。

应利用监测结果尽早指出可能发生的任何病害，以便采取合适的、低成本的修复措施。为对历史材料和新材料的耐久性进行更准确的预测，长期目标应是更好地了解石材的风化过程。

参考文献

DIN EN 15898, Normentwurf (2010): Erhaltung des kulturellen Erbes – Allgemeine Begriffe zur Erhaltung des kulturellen Erbes; Deutsche Fassung prEN 15898: 2010, Beuth Verlag, Berlin.

Königlich Sächsische Kommision zur Erhaltung der Kunstdenkmäler (1907), Verlag Gerhard Kühntmann, Dresden.

Rathgen, F.; Koch J. (1934): Verwitterung und Erhaltung von Werksteinen – Beiträge zur Frage der Steinschutzmittel. Verlag Zement und Beton GmbH, Berlin.

Rathgen, F. (1913): Über Versuche mit Steinerhaltungsmitteln, Zeitschrift für Bauwesen 63, Heft 1/3.

Rathgen, F. (1916): Über Versuche mit Steinerhaltungsmitteln (IV. Mitteilung). Zeitschrift für Bauwesen 66, Heft 7/9.

Rathgen, F. (1917): Über Versuche mit Steinerhaltungsmitteln Tonindustrie-Zeitung 41: Nr. 23 (22. 2. 1917), S. 145-146; Nr. 24 (24. 2. 1917), S. 153-154; Nr. 26 (1. 3. 1917), S. 169-170.

VDI-Richtlinie 3798, Blatt 2 (1997): Untersuchung und Behandlung von immissionsgeschädigten Werkstoffen, insbesondere bei kulturhistorischen Objekten – Blatt 1-3. Verein Deutscher Ingenieure, Düsseldorf.

2.2 实用研究方法

■ 概述

米夏尔·奥哈斯（Michael Auras）

接下来将介绍一些研究和检测技术方法，它们在评估文物保护和修复措施之有效性的课题中得到应用。事实上，这些老方法长期以来一直被用于这类检测工作。鉴于技术的迅猛发展，很多高科技手段还存在问题，比如 10 年、20 年后的这些高科技测量数据未必具有可比性，因此我们保留了很多简单的检测方法。而简单的检测方法具有维持较低分析费用的附带优点。所以，我们在此介绍的检测方法一部分是新技术，比如能定量测定石质文物表面粉化剥落的毛刷检测法；一部分是长久以来一直使用的老方法，比如胶带测试法等。此外，还介绍了需要采用昂贵测试（比如红外热成像仪或超声波）完成的分析手段。

为了图示一系列的分析结果,我们常常会使用箱形图作为直观而又可比较的展示方式。这种方法能将重要的静态特征值同时展现。图 2.2.1 就是这样一张图, 对比三个系列的检测数据。图中的矩形表示 50% 的测量数据所在的范围, 矩形中的水平线表示中值, 上下两个加号分别表示最大值和最小值, 垂直线的两个端点则表示 5% 和 95% 分位数的测量值。

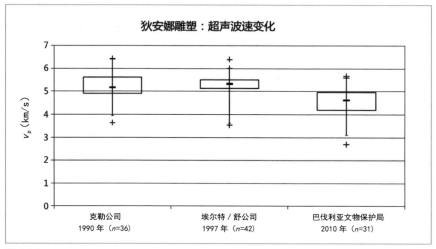

图 2.2.1
箱形图，慕尼黑纽芬堡宫殿花园大理石雕塑狄安娜像粉化剥落情况超声波速检测，不同时间三次超声波速对比（其中 n 为测点数量）

本书还将验证相关研究方法是否适合石质文化遗产监测，同时讨论这些方法的相关操作规程、测量技术原理、方法局限和数据分析方面的问题。

2.2.1 病害分类与图示

多瑞特·居讷（Dorit Gühne）

"石质文化遗产监测"课题下的一个重要研究方法是对不同现象的测绘。所研究的文物现状的可视化图片能帮助我们认识和评估造成病害的原因和过程，也能清楚地说明病因及其变化的内在联系。因此，文物图示和照片记录一样，均属于符合实情的现状记录，它们为所有后续的研究、评估、实施保护措施等打下基础。

在课题进行过程中，我们对实施过保养和修复措施的文物的现存状况进行测绘记录。此外，还建立了监测体系，让我们能有规律地定期观测病害，明确变化过程，更方便地发现新的病害；最重要的是，该体系能让我们正确预判历史的和最新的保护措施的可持续性。

测绘病害前，我们通过基本的档案研究了解文物及其修复历史，并分析现有的测绘图和照片记录，决定测绘范围。然后，我们在现场根据最新观测结果选择首先具有代表性、其次方便未来继续研究的监测范围。测绘必须考虑文物的修复历史，但必须考虑是否适合当前情况和与之相关的特定研究方向。

对任一文物来说，首先我们必须确定：哪些研究主题和现象的测绘是有意义且必需的。在这点上，现场的仔细观测是基础。为保证人们在未来也能够理解图示描述，我们为每个文物都编制了一个病害图示目录，将观测到的现象进行图文记录。为了能在课题中使用"同一种语言"交流，研究人员在现象测绘的描述术语方面严格遵守国际石质文物科学委员会（ISCS）2008 年的规定，根据病害图示目录并结合各自的项目清单和研究问题，编写待测绘文物的病害图例。此外，参与课题的研究人员还在该病害图例的基础上形成"微调版"的 VDI 3798，亦即"图例导则"，也由此实现了文物间简单的可比性。调整后的"图例导则"由于其多层次性为不同文物、石材、问题，以及相对应的检测技术使用前提等提供了各种各样的图示的可能性。这样，在实行不同要求的文物测绘时，就能使用统一的图标符号。因此，历史测绘图需根据最新标准重新绘制。同时，通过数字化重绘，也能发现新的信息，这种形式也使我们能重新制作和保存测绘成果。

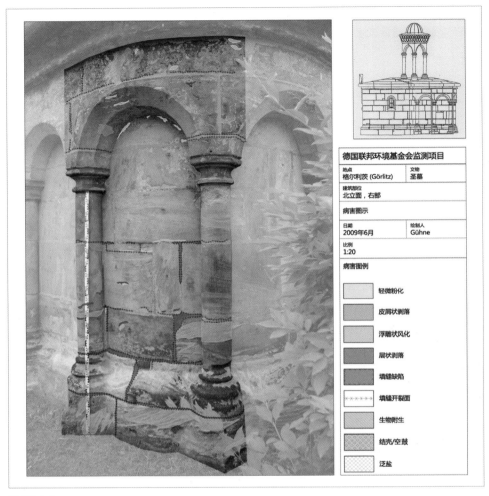

图 2.2.1.1
格尔利茨（Görlitz）圣墓（Heiliges Grab）之病害图示；监测面为北立面的西侧部分

对不同待测绘对象也必须调整测绘精度、所选比例尺、技术原理及其相关内容。所选比例尺应适合该对象，并符合存档记录的目的。例如，细节复杂的雕塑测绘应选用1：5 的比例尺；而对于建筑立面的概况图示，1：50 的比例尺更加合适。数字化分析过程中，比例尺合适的测绘图能记录文物相应的面积和长度数据。若遇到形态复杂的单体，比如雕塑，这样的定量描述只是大致的估算。病害图示示例可见图 2.2.1.1。

　　为使人们更好地理解图示呈现的内容，拍照时应放置标杆、色卡或类似参照物。此外，也应包括必要的待测绘对象的介绍和图片说明，尤其是对于长期的病害观测，加之考虑到相关的文件资料不断增多，这是必不可少的。

　　除了将历史测绘图重新绘制以适应最新标准外，对于不同文物，我们根据相应的研究问题、研究方向和研究技术路线来进行病害图示描述、实施保护措施、确定测量点和采样点、进行石材测绘及其他工作。不过，也应在测绘图示中直观地展示待实施的措施。测绘主题各种各样、各不相同，这就要求我们在图示描述时能够清晰地作出区分，以保证各张图表的可读性。图示中，各种现象的文字总结深度取决于信息量。此外，还需要在图示的文字说明中记录专家的阐释，使事实有理有据。

参考文献

ISCS (2008): Illustrated glossary on stone deterioration patterns. ICOMOS International Council on Monuments and Sites, International Scientific Committee for Stone (ISCS). ICOMOS International Secretariat, Paris.

VDI-Richtlinie 3798, Blatt 3 (1998): Untersuchung und Behandlung von immissionsgeschädigten Werkstoffen, insbesondere bei kulturhistorischen Objekten – Blatt 3: Die graphische Dokumentation. Verein Deutscher Ingenieure, Düsseldorf.

■ 2.2.2 超声波法的操作流程及其结果分析

米夏尔·奥哈斯（Michael Auras）

该方法的基本原理在 2005 年的 DIN EN 14579《石材检测方法——声波传播速度的测定》（„Prüfverfahren für Naturstein-Bestimmung der Geschwindigkeit der Schallausbreitung“）和 1999 年德国无损检测协会（DGzfP）标准 B4《石质建筑材料和建筑构件无损检测法之超声波脉冲法标准》（„Merkblatt für das Ultraschall-Impuls-Verfahren zur zerstörungsfreien Prüfung mineralischer Baustoffe und Bauteile“）中都有描述。

检测方法

让一个电声换能器接触天然石材的表面，并发出超声波脉冲。通过这种方式能产生多种不同频率的超声波，其穿透石材的速度也各不相同。超声波穿透石材后，将被另一个电声换能器接收，并转换成电子信号（这就是脉冲传输法）。然后，测得超声波穿透石材样品所需时间以及换能器发射端与接收端之间的距离，计算每一种超声波的波速。

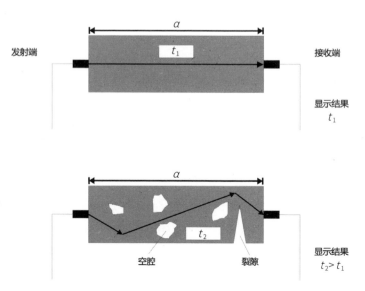

图 2.2.2.1
脉冲传输法（DGzfP，1999）

石材结构越紧密结实，信号在矿物颗粒间就能传播得越好。信号无法穿透如裂隙和空洞这样充满空气的空腔，必须绕过空腔，转而接触颗粒传播。这就延长了信号穿透样品所需的距离，从而延长了其到达接收端的时间，最终导致计算所得的超声波速降低（图 2.2.2.1）。因此，超声波速可以作为检测石材结构是否有缺陷的指标。换能器能发出各种不同的频率的波，频率越高，分辨率也越高，但测量信号则会减弱。根据 DIN EN 14579，若距离较短（≥ 50 mm），则推荐使用高频换能器（82~200 kHz）；若距离较长（≤ 15 m），则推荐使用低频换能器（10~40 kHz）。若距离很短（20~50 mm），测定传感器位置和由此计算出来的测距误差可能会很大。检测中应避免更短的距离，因为哪怕使用高频信号发生器（350 kHz），此距离也已经小于该信号波长所限的分辨率（式 2.2.2.1）。

$$\lambda = v_{\mathrm{p}} / f$$

（式 2.2.2.1）

式中，λ 为波长（mm）；v_{p} 为超声波速（km/s）；f 为频率（MHz）。

使用任意一套发射端、接收端、耦合剂、电缆和电子部件（信号发生器、存储示波器）的组合，都应借助标准件测定该组合特定的过渡时间，并将它从测得的传输时间中扣除。

超声波脉冲的大部分能量垂直射向换能器表面，因此在通常情况下，发射端和接收端安装在待测工件相对的两面（对穿法）。其他安排也是有可能的。

通常在对穿法中会规定测量纵波（p 波）的波速。与其他声波相比，纵波的传播速度最大。因此，我们接收到的首批以供分析的声波信号是属于纵波的。测得的信号会显示在示波器上：若信号显示不规律，则表示每个测得的频率都有大幅减弱；若信号太弱，则应换用低频换能器或加用信号放大器。

除纵波外，特殊检测方法中可能还需分析横波、膨胀波或面波（瑞雷波）。为此，对声波信号的数学分析是必要的（快速傅里叶变换及之后的频率分析）。对任一声波类型都需要特定的样品尺寸和形状。只有测量所有类型的声波后，才有可能建立动态的弹性模量。

耦合

石材表面上换能器的耦合质量对测量信号的质量很重要。特殊的耦合剂，比如来自医用超声波检测的接触凝胶能改善耦合质量，但也会残留在石材表面或内部。若使用潮湿的黏土，则其风干过程会引起强烈变化——岩石会吸收水分，因此有必要利用标准件对其做实时的控制性检测。已证明可行的耦合方法，一是使用带尖锐接触面的换能器，其接触面无耦合剂；二是使用带有平面接头的换能器，接头上涂上一层弹性持久的黏合剂，并覆盖一层聚乙烯薄膜，既能防止黏合剂变干，又能防止其附着于石材表面。若使用可延展耦合剂如弹性持久的黏合剂，则应在测量过程中实时监测过渡时间，因为通过向待测文物方向按压测量头能改变耦合剂的厚度。

湿度

石材的湿度对其超声波速测量有很大影响，因此，降雨后马上测量是没有意义的。应尽可能测定湿度，比如用时域反射仪 TDR 进行无损检测。

分析计算

用穿透石材的通过时间和传输距离计算超声波速（式 2.2.2.2）。

$$v_p = L \, / \, t$$

（式 2.2.2.2）

式中，v_p 为纵波的超声波速（km/s）；L 为传输距离（mm）；t 为声波信号的通过时间，即测得的传输时间减去过渡时间后得到的时间（μs）。

超声波速的测量应精确到 0.01 km/s。DIN 14579 的附录 A 给出了信号间接传输的计算方法。

风化的影响

由于大气的热力作用，天然石材会热胀冷缩。这种循环导致石材内部的微粒间距逐渐扩大。由于这些微小的裂隙，超声波信号无法以最短的路程传播，所测得的超声波通过时间变长，最终计算得出的超声波速减小。结构性改变同时会影响石材的强度，因此，超声波速和石材强度之间存在关联，这种关联是由石材本身特点决定的。

显示测量点各个测量值的图示能使文物特定的病害区域一目了然（图 2.2.2.2）。对特定石材类型作超声波速和风化进程的系统整理是有意义的（见下文）。为比较不同系列的检测结果，可使用箱形图来呈现（图 2.2.2.3、图 2.2.2.4）。

颜色	v_p(km/s)	岩石结构状况
蓝色	≥ 4.00	良好
绿色	3.00～3.99	轻微劣化
黄色	2.00～2.99	中等劣化
红色	< 2.00	严重劣化

图 2.2.2.2
米尔豪森（Mühlhausen），玛利亚大教堂（Marienkirche），神圣罗马帝国皇帝查理四世雕塑的超声波速测量值及其分级评估：其头部位置、双手和法衣上大面积石材修补剂位置较低的测量值表明有松动或裂隙产生

项目成果

　　历史上，一些文物已有超声波速检测的比较数据，但其他更多文物才刚实施首次检测。这些检测数据一方面可用于现状程度评估，另一方面也作为未来对比的基础数据。

　　超声波法非常适用于大理石风化程度测定以及大理石雕塑经丙烯酸树脂固化后的效果检测（图 2.2.2.3）。刚开采的新鲜大理石，超声波速为 5~6 km/s。随岩石结构松散程度增加，超声波速减小。大理石的一大特点是：因热胀冷缩而严重劣化。大理石极其严重劣化的部分，所测超声波速将降到 1.0~1.5 km/s。这样严重劣化的部位不再稳定，并存在完全崩解的危险。在分析超声波速测量结果时需注意：有些大理石种类具有很强的各向异性，会影响超声波速，这是由平行排列的方解石晶体及其各向异性造成的。

　　在其他石材种类中，未发生劣化的和严重劣化部分的超声波速差距较小。再者，石材异质性以及文物湿度、防腐剂的不均匀分布也会和石材风化情况相叠加，从而影响超声波速，导致检测值的离散度很大。

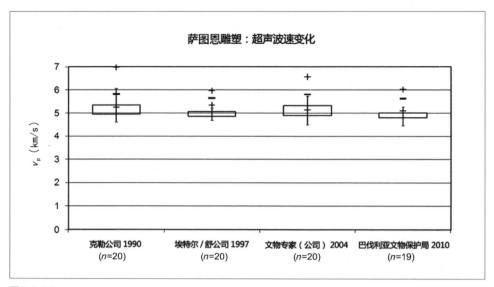

图 2.2.2.3
慕尼黑纽芬堡宫殿花园（Schlosspark Nymphenburg）萨图
恩雕塑：超声波速的前后对比表明大理石雕塑的丙烯酸树脂
固化状况良好（参见 3.4 节）

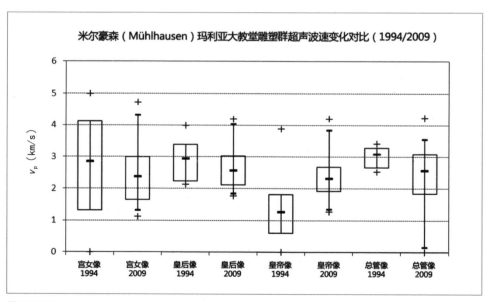

图 2.2.2.4
米尔豪森玛利亚大教堂雕塑群 1994 年和 2009 年的超声波速
对比

第二次检测所得的超声波速数值偶尔会比第一次的数值大。但这种矛盾现象并不总能被解释清楚。图 2.2.2.4 对比了米尔豪森玛利亚大教堂 4 座阳台雕塑 1994 年和 2009 年的超声波速检测值。其中 3 座雕塑符合预期，超声波速呈减小趋势，表明其处于风化过程；但皇帝雕塑却呈现相反的趋势，1994 年所测数值明显小于 2009 年。单个数值的对比可以稍许解释这些矛盾，比如测量时测点太靠近裂隙区域，既可能测到中等的数值，也可能测到很小的数值。1994 年测量结果的其他误差也可能源自缺少适合的图样而无法标出测量位点以准确计算距离。同时 2009 年测量的测点数量也相比 1994 年显著增加。为避免这种不一致，需重视信号质量的目视检查、测量距离的准确记录并保证足够的测量次数。

超声波法的改进

取样的石材芯部超声波速所得的深度曲线适用于测定风化剖面和检测石材固化剂的作用深度。

传输测量法的一种特殊技术即超声波成像技术，能在文物几何形状简单的情况下对测量对象进行简单的分析。例如，在监测格拉赫斯海姆（Gerlachsheim）耶稣受难雕塑群的丙烯酸树脂固化情况时，在对抹大拉的马利亚的雕塑的头部和躯干部重叠的扇形测量曲线进行简单的图表分析后，发现了雕塑的裂隙及劣化区域（图 2.2.2.5）。

评估

很多情况下，超声波速检测已成为追踪风化进程和检查文物保护效果的可行工具（Siegesmund & Ruedrich，2004）。特定文物上不同的劣化部位很容易通过超声波速鉴定出来；但总会出现特例，即超声波速的重新检测值会出现无法解释的增大趋势。可能的原因有湿度的不同、保护材料的老化、测量点位置的变化等。若有条件，应在测量完成后对这些因素进行分析。

就大理石而言，有一部公认的超声波速及结构状况分级标准（见 3.4 节）。大理石因热胀冷缩而导致结构严重松散是其特有的特点，且在健康的大理石和严重劣化的大理石上所得的超声波速差距很大，因此超声波法简直就是为这种石材量身打造的。

一种适用于所有石材的超声波速与结构状况的关联是不存在的。新鲜石材的超声波速各异，随风化而降低的程度也各不相同。大量实验证明，每一种石材的强度和其超声波速的关系都不一样，且往往是非线性的。

因此，建筑检查中必须每一处都根据具体情况作权衡，比如，通过比较相应的病害图片决定超声波速哪些程度的减弱是可以容忍的，以及何时采取保护措施是必要的。

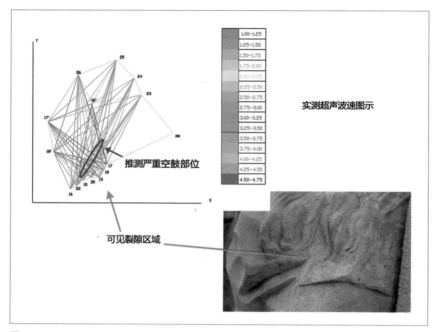

图 2.2.2.5
格拉赫斯海姆耶稣受难雕塑群：超声波速检测显示雕塑躯干
部位存在严重空鼓区域（Grüner，2010）

也因此任何情况下测定的波速都应与新鲜材料的超声波速进行比较。石材种类较多时，
也应查询相关历史文献数据。

　　若测量结果显示，历史石材的超声波速明显减小，我们就应讨论相关保护措施，
或至少应该缩短测量时间间隔。

参考文献

DIN EN 14579 (2005): Prüfverfahren für Naturstein – Bestimmung der Geschwindigkeit der Schallaus-
breitung.

DGzfP (1999): Merkblatt für das Ultraschall-Impuls-Verfahren zur zerstörungsfreien Prüfung mineralischer
Baustoffe und Bauteile. Merkblatt B4, Deutsche Gesellschaft für zerstörungsfreie Prüfung e.V. (Mai
1993, aktualisierte Ausgabe 1999).

Grüner, F. (2010): Objektkennblatt Gerlachsheim. Materialprüfungsanstalt Universität Stuttgart, unveröf-
fentlicht.

Seewald, B. (2010): Acrylharzvolltränkung. Dieser Band.

Siegesmund, S., Weiss, T., Ruedrich, J. (2004): Schadensmonitoring bei Naturwerksteinen mit
Ultraschalldiagnostik. Restauro.

■ 2.2.3 毛刷检测法

卡琳·基什纳（Karin Kirchner）
尤塔·查曼奇希（Jutta Zallmanzig）

为定量测定石材表面粉化剥落的程度，我们尝试使用毛刷检测法：用毛刷在限定的检测区域内刷，然后测定剥落的粉末的重量。因此，我们为平面的石材表面定制了 10 cm×10 cm 的模板，为雕塑定制了 5 cm×5 cm 的模板；我们使用的是较硬的模板材料，比如照相纸（图 2.2.3.1 和图 2.2.3.2）。刷取粉末时使用的毛刷为画笔（"达芬奇"画笔 111 系列 14 号）。

图 2.2.3.1
粉化剥落测量用具

图 2.2.3.2
粉化剥落测量实例

在待测区域内用毛刷横竖方向各刷 10 次，然后将剥落的材料粉末收集起来（比如用粉末铲）。粉末将被装入带盖的密封盒子运输到实验室。这些粉末将在 60 ℃ 条件下烘干并称重。

粉末量以 g/100 cm² 或 g/25 cm² 为单位计算。其中 100 cm² 和 25 cm² 指的是检测面积。

应确定的还有被测文物或建筑部位的方位以及检测区域所处建筑部位的高度。此外，也应在表格中记录图示病害类型（表 2.2.3.1）。

在使用毛刷检测法时需注意：若待测表面生物附生问题严重，那么所测得的石材粉化剥落的粉末量会受生物附生的影响。在分析表格中应注明这种情况。

这里，有两个问题需要讨论，即晶粒层数的换算和面积单位的指定。

表 2.2.3.1 克尼格斯温特尔-奥伯普莱斯（Königswinter-Oberpleis）圣潘克拉提乌斯（St. Pankratius）天主教堂拱券回廊建筑西侧立面之毛刷检测法结果记录

材料	粉末量 （g/100 cm^2）	保护措施	实录的 病害类型	建筑高度（m）
魏贝尔恩凝灰岩	0.07	新凝灰岩，替换材料	无病害	5.0
罗马凝灰岩	0.01	渗透固化 硅酸乙酯薄浆层	无病害	4.8
杂砂岩	0.15	未处理	无病害	3.0
新砂浆	0.02	—	空鼓	5.5
旧砂浆	0.52	—	粉化剥落	3.5

晶粒层数的确定

表 2.2.3.2 根据粉化剥落的粉末量和各石材的表观密度计算毛刷检测法中剥落的表层厚度。根据平均粒径（例如 Grimm，1990）能估算晶粒层的数量。

但是这种分析也出现以下问题：

·若石材表面有严重的生物附生或严重污蚀，晶粒层数的计算就明显是有误差的。
·若是火山岩石材（如凝灰岩和粗面岩），计算平均晶粒度时应注意区分斑晶和基质。表 2.2.3.2 给出了示例。

如表 2.2.3.2 所示，会存在这样的材料，其已风化晶粒层的数量因表观密度的偏差和平均粒径的变化而波动。

因此建议：在使用本方法时，需要针对具体对象测定的数值进行分析，以确定能否提供有意义的数据，应用范例可见图 2.2.3.3。

指定使用的单位

在确定材料粉化剥落的粉末量时，应从方便我们研究的角度使用 g/100 cm^2 的单位。因为若换算成 kg/m^2，会误判病害规模。

表 2.2.3.2 尝试将剥落的粉末量换算成晶粒层数

材料	粉末量 (g/100 cm²)	检测部位 *	表观密度 (g/cm³)	计算所得平均剥落厚度（mm）	平均粒径 *** （mm）	晶粒层数估计
魏贝尔恩凝灰岩	0.07	基质部位	1.7~2.1**	0.004 0.003	0.005~ 0.250	0.8 或 0.02 0.6 或 0.01
罗马凝灰岩	0.01	基质部位	1.4	0.007¹	0.005~ 0.060	1.4 或0.1
杂砂岩	0.15	整块石材	2.6	0.570	0.080	0.06
旧砂浆	0.52	骨料	1.8	0.029	1.000****	0.03

注: * 显微镜检查;
　　** 数据来源: 慕尼黑工业大学石质文化遗产数据库;
　　*** 数据来源: Grimm，1990;
　　**** 数据依据筛分曲线得到。

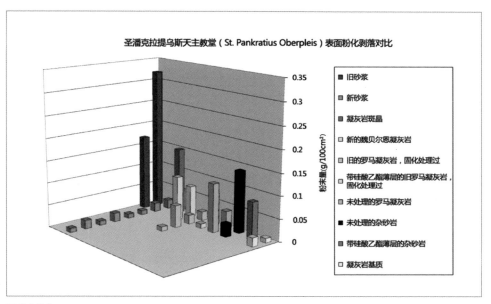

图 2.2.3.3
毛刷检测法应用范例

1 表中灰底处数据疑原文有误。——译者注

■ 2.2.4 剥离阻力的测定

卡琳·基什纳（Karin Kirchner）
尤塔·查曼奇希（JuttaZallmanzig）

此法有时也被称为 Power Strip® 检测法，是一种使用胶带的检测法，借鉴了百格法的测试流程。将胶带粘在石质文物表面，然后揭下胶带，根据胶带上附着的颗粒或表皮，测定石材近表面晶粒的聚合力。

若用一个合适的弹簧秤还能测得所需的拉力。弹簧秤必须带有指针，以便检测人员在拉下胶带的最后一刻读出拉力值。弹簧秤的量程最大 25 N 就足够了，因为根据经验，所有拉力不会超过 20 N（20 N 拉力作用在 20 mm 宽的 Power Strip® 胶带上就为 1 N/mm）。上述方法与 DIN 53494 中的剥离检测法的标准方法基本一致。由于市面上出售的胶带不适用于矿物类建材，我们使用拜尔斯道夫（Beiersdorf）股份有限公司旗下德莎胶带（Tesa）公司制造的 Power Strip® 胶带来做天然石材、砖瓦、抹灰砂浆表面的剥离阻力测试。

胶带测试法的操作流程

首先，轻吹表面，但不擦拭，只是清除松动的颗粒；再在表面均匀地粘贴一张批量生产的 20 mm×50 mm 的 Power Strip® 胶带。为测得揭下胶带所需拉力大小，要用一个定标过的弹簧秤将胶带从下方拉离石材表面。胶带与弹簧秤之间需接上一个大小合适的夹子，使胶带上受到的拉力分布均匀（图 2.2.4.1）。

胶带测试步骤如下：

· 将商用标准 Power Strip® 胶带有黏性的一面粘贴在建材上并压紧；
· 用夹子和弹簧秤均匀地拉动胶带，拉力方向应垂直或平行于石材表面；
· 记录最大拉力值，目测评估 Power Strip® 胶带黏住的颗粒数量，如有需要保留测试胶带存档。

黏附在 Power Strip® 胶带上建材物质的多少代表了建材表面风化的程度。为此，可对 Power Strip® 胶带称重或估计胶带黏力面附着材料颗粒的程度。根据拉力和 Power Strip® 胶带的宽度可计算出另一个特征值即剥离阻力（见下文）。

对于含大量松动附着颗粒的砂化表面，应在同一位置重复测量，若有需要可多次测量。在被污蚀或生物附生的表面必须进行大量拉力测试，才能掌握石材表面的状况。

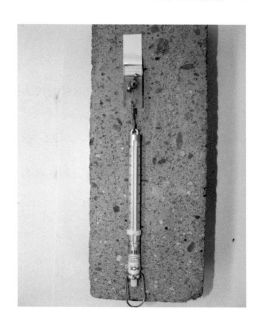

图 2.2.4.1
实验示范：拉力方向平行于表面

　　根据测量次数和每次测得的拉力可画出一条强度曲线。直至测试中再没有材料颗粒被剥离——说明此时建材的聚合力超过了 Power Strip® 胶带的黏力，或者直至拉力大致保持稳定不变时，该位置的这组测量才算结束。

剥离强度 W 计算

　　剥离强度 W 是拉开长为 l、宽为 b 的胶带所需做的功。当拉力方向垂直于表面时，测量原理如图 2.2.4.2 所示。

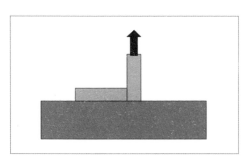

图 2.2.4.2
剥离阻力测试布置图示

　　计算公式为：

$$W = \int F(s)\, \mathrm{d}s\, /\, A$$

（式 2.2.4.1）

式中，$A = b \cdot l$；$l = (s_2 - s_1)$；s 为拉动距离，即将 Power Strip® 胶带从表面拉开所用距离；W 的单位为 N/mm。

实践中会有如下假设：

（1）拉力始终沿着胶带被拉起的方向作用，且拉力保持不变，在此假设下：

$$\int F(s)\, \mathrm{d}s = F(s_2 - s_1)$$

（2）剥离测试中，分离面的宽度为 b，长度为 l，则其面积

$$A = b(s_2 - s_1)$$

因此，剥离阻力为：

$$W = F / b$$

测试记录

测量值宜以表格的形式记录（范例可见表 2.2.4.1），并同时储存测试后 Power Strip® 胶带的照片。

表 2.2.4.1 记录范例

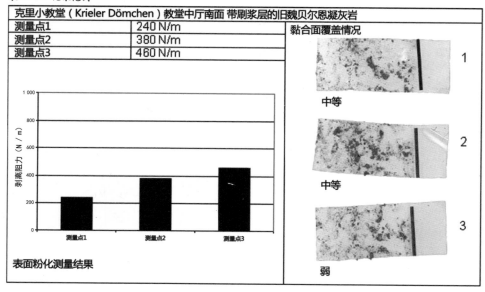

克里小教堂（Krieler Dömchen）教堂中厅南面 带刷浆层的旧魏贝尔恩凝灰岩		
测量点1	240 N/m	黏合面覆盖情况
测量点2	380 N/m	
测量点3	460 N/m	

　　根据不同表面，每一个检测区域要测试 5 次，并对测量值进行统计学分析，计算其平均值、最大值、最小值。如果测量值范围和文物条件允许，即测试区域具有可比性，则可根据所有测量结果计算平均值与标准差（表 2.2.4.2）。

表 2.2.4.2　处理测量结果的常用公式

平均值	标准差	平均值的离散度
$\bar{a} = (1/N) \cdot \sum a_j$	$s = \sqrt{\sum (a_j - \bar{a})^2 / (N-1)}$	$u = (1/\sqrt{N}) \cdot s$

说明

　　若待测表面有尘土、污蚀或生物附生，那么剥离测试就会产生问题。外部环境温度也会影响检测结果，应在 15 ℃~25 ℃条件下进行检测。测试也应在干燥表面进行。在结果分析和解释时，需考虑比较石质文化遗产表面的不同保护处理方式。

检测方法的改进

　　通过借鉴剥离阻力测定方法，斯图加特工业和住房建筑公司（IWB Stuttgart）研究出一种用金属印章测定附着强度的检测方法（Tevesz, 2010）。同时，研究者用不同厂家的双面胶带进行了检测。表 2.2.4.3 列举了这些胶带的具体参数及其适用性评估。

表 2.2.4.3　胶带及其评估（Tevesz，2010）

对比方面	罗曼双面胶带 919	科洛普高性能胶带 9211	3M VHB 胶带 4941
费用	低 30 欧元 /50 m[*]， 1.8 欧分 / 测量	中等 45 欧元 /33 m[**]， 3.8 欧分 / 测量	高 80 欧元 /33 m[**]， 6.7 欧分 / 测量
黏力 N　Mpa	中等 ≈ 100 N ≈ 0.35 Mpa	高 > 150 N > 0.55 Mpa	很高 > 200 N > 0.70 Mpa
强度 N　Mpa	较低　过低 < 80 N < 0.28 Mpa	高 >最大黏力	很高 >最大黏力
测量范围 N　Mpa	0~80 N[***] 0.004~0.280 Mpa	0~90 N[****] 0.004~0.320 Mpa	0~100 N[***] 0.004~0.350 Mpa
可操作性	比较复杂	很好	良好
厚度 mm （合适性）	1.65（很好）	1.10（良好）	1.10（良好）

注：[*] 50 m 约为 1 700 次测量；

　　[**] 33 m 约为 1 200 次测量；

　　[***] 胶带被毁坏（从中间撕裂）；

　　[****] 胶带与印章之间的附着强度比胶带与文物表面之间的附着强度小（胶带黏在文物表面，但可轻松去除）。

44

步骤

- 将胶带裁剪为直径 19 mm 的圆形；
- 将胶带块一面粘贴到待测文物表面；
- 小心地剥除胶带另一面的保护层；
- 将连上电子弹簧秤的金属印章印在胶带上；
- 拉紧（已勾住的节点），拔下印章。

测试准备与实施

准备与实施过程可见图 2.2.4.3—图 2.2.4.6。

图 2.2.4.3
贴在待测表面的胶带块

图 2.2.4.5
拔下的印章与电子弹簧秤

图 2.2.4.4
印在胶带上的印章

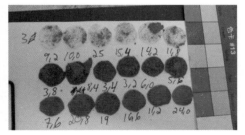

图 2.2.4.6
及时记录测试结果

测试方法的研发说明及经验总结

　　· 若胶带在粘贴时脱落，则无可测强度；

　　· 若胶带虽已粘贴，但在印上印章后，印章与胶带一起脱落，则材料的抗剪强度小于 0.0010 MPa；

　　· 若拔下印章时，弹簧秤未测得拉力，则附着强度小于 0.0035 MPa；

　　· 若弹簧秤测得拉力，则材料的附着强度大于 $\sigma_M = F_M/A_{st}$，σ_M 的单位为 MPa（其中，F_M 为测得拉力，单位为 N；A_{st} 为印章头面积，其值为 283.5 mm^2）。

进一步优化的可能性

　　可制作一个圆柱体，方便剪裁胶带，以提高精确度（附着面均为完美圆形，直径一致）并减少准备时间；还可使用直径较小的挂钩，使得在拉拔强度小于 0.02 MPa 下实现更精确的测量。此外，亦可另测剥离部分材料的重量。

其他说明和有待解决的问题

　　与剥离阻力测试相似，该检测结果受气温影响，高于 25 ℃时则不合适检测。对于评估检测结果的可再现性、精确度和偏差的现有经验还太少。同样，与剥离阻力测试相似，当待测文物表面有尘土、污蚀或生物附生时，该检测的实施还存在不少问题。但与剥离阻力测试不同的是，该检测只能用于表面平坦的文物。

参考文献

DIN EN ISO 2409, Ausgabe 1994-10 Lacke und Anstrichstoffe – Gitterschnittprüfung.

DIN 53494 (1984-05): Galvanische Überzüge; Prüfung von galvanisierten Kunststoffteilen; Bestimmung der Abzugkraft.

Littmann, K., G. Pleyers, G., Bolz, C. (1999): Die Bestimmung der oberflächlichen Abwitterung durch den Power Strip Test. In: 5. Intern. Kolloquium Werkstoffwissenschaften und Bauinstandsetzen MSR 99, TA Esslingen, pp. 537–548. Aedificatio Verlag, Freiburg.

Tevesz, J. (2010): Unveröff. Daten, Universität Stuttgart, Institut für Werkstoffe im Bauwesen.

■ 2.2.5 钻入阻力检测法

珍妮娜·迈因哈特（Jeannine Meinhardt）
史蒂芬·普费弗科恩（Stephan Pfefferkorn）

钻入阻力（即岩石贯入硬度）指的是测量石材对钻头产生的阻力。此研究方法的前提是钻入阻力与石材强度间可能存在某种联系。这是一种轻微有损的检测方法，用于诊断病害和评估因风化过程或保护措施引起的石材强度的改变。市面上出售的用于测定钻入阻力的仪器有三种。

杜拉博贯入阻力仪（DURABO-Gerät）

该仪器由弗劳恩霍夫建筑物理研究所（Fraunhofer-Institut für Bauphysik）研制，它被安装在一个可滑动的支架上，钻机由电池驱动。该检测法的基础是，在保持相同接触压力与钻头转速的情况下钻一个 3 mm 或 5 mm 的钻孔，同时测量对应不同钻入深度的钻入速度。一个标准形状的钻头通过滚轴重砣的重量压入墙体。贯入阻力仪与记录仪同时开始工作，钻头进程由一支与滑动支架相连的铅笔记录。钻头的钻入深度随时间的变化被记录在纸带上（纸带匀速前进），线形图高低变化代表不同钻入深度的钻入阻力。

因各石材强度不同，必须选择不同的贯入压力。贯入压力可设定为 1~2 kg 重物产生的重力。若贯入压力太小，测得的钻入阻力可能过高；若贯入压力太大，测得的钻入阻力可能就会过低。杜拉博贯入阻力仪有两种运行模式：螺旋钻孔与冲击式钻孔。螺旋钻孔适用于较软的石材类型，而冲击式钻孔则能实现更深的钻入深度。适合的钻头类型有硬质合金钻头、PCD 钻头（即多晶金刚石钻头）和金刚石钻头。

使用时需注意：电池的充分充电状态、滑动支架的灵活性以及钻头的磨损状况。

特西斯贯入阻力仪（TERSIS-Gerät）

由 Geotron 电子研制的特西斯贯入阻力仪与杜拉博贯入阻力仪原理相同。所推荐使用的多晶金刚石钻头（直径 3~5 mm）的钻入深度为 30 mm，该公司称其钻入深度最深可达 80 mm。挂在绳索传动装置上的重物重量可于 1~2.5 kg 分段调节，借此能使钻头产生相应大小的稳定压力。与杜拉博贯入阻力仪的纸带记录不同，该仪器能将钻入阻力曲线与钻入进程持续显示并保存在一个计算机内。因为该仪器只有螺旋钻入模式，所以其在较硬石材类型上的使用受到限制；又因钻屑量大，基本不可能实现较深的钻入深度。

新特贯入阻力仪（SINT-Gerät）

由新特科技（SINT Technology）研制的新特贯入阻力仪遵循的是另一种测量原理。该仪器使用钻入力测量系统（DFMS），基于钻入力（单位为 N）的测量来确定钻入阻力的数值；钻入力是在一定边界条件（钻进速度、钻头转速和钻头形状）下，对某种材料钻一个洞所需的力。测量期间，钻进速度与钻头转速保持不变。这些参数是根据不同研究材料所属的硬度分类决定的。测量参数的选择标准如下：对硬度较大的待测石材（例如卡拉大理岩）使用较高的钻头转速（1 200 r/min）和较慢的钻进速度（5 mm/min）；而对较软多孔的石灰岩则使用较低的钻头转速和较快的钻进速度（20 mm/min）。

钻入阻力的检测

不管使用何种检测仪器，都需注意：在绝对检测值上，不同仪器的检测结果不具有可比性。岩石贯入硬度（对不同钻入点或不同石材的检测）只具有相对可比性，且测量过程中必须使用同一种仪器以及同一种设置。为确定材料的固化成效，应对已固化的材料和未固化的材料采用同样的钻入力，才能使检测结果之间具有可比性。然而，若因石材固化剂处理后石材强度大幅上升，则通常可不必要求对固化后材料使用与固化前相同的钻入力。因为与未固化的材料相比，已固化的材料要求较高的钻入力。此时，为使检测结果具有可比性，必须在测量记录中记录钻入力的大小。各贯入阻力仪所适合的最大钻入深度也大不相同。根据经验建议：①杜拉博贯入阻力仪的钻入深度不要超过 30 mm，因为深度较大时，摩擦力会造成较大误差；而特西斯贯入阻力仪在较浅的深度会产生错误的测量值。②钻轴必须垂直于待测材料表面。③对于不均匀的和纹理粗糙的石材应进行多次钻入实验，才能得到具有代表性的结果（平均值）。④选择测点时需注意，垂直于岩石层理的岩石贯入硬度通常要比平行于岩石层理的高，这是由矿物颗粒的排列决定的。

钻孔过程中，钻头的头部会有磨损。多次使用同一个钻头钻孔，显然会使岩石贯入硬度因钻头的磨损而增大。待测材料含有的石英矿物会使磨损不断加剧，而石灰岩和石膏岩则不会产生钻头磨损。

由于钻屑的阻碍，钻入阻力随着钻入深度的加深而增大。钻屑量带来的影响程度又与待测材料类型及其湿度有很大联系，材料湿度越大、钻屑越细，钻屑量的阻碍效果越大，特别是测量石膏和密度大的石灰岩时，必须考虑钻屑的阻碍所导致的误差。

结果分析

结果分析中将记录不同钻入深度所测得的钻入阻力（比如图 2.2.5.1）。钻入阻力的单位用 s/mm 比较合适，因为当石材钻入阻力在较低或至中等大小范围内（例如砂岩），这个数值与石材的硬度或强度存在正相关的关系。

若石材硬度很大，其钻入阻力测试方法本身的不稳定性就会在该分析方法下被放大，结果产生一条难以解释的、很不平稳的曲线。温德勒和萨德勒（Wendler & Sattler，1996）为这种情况制定了另一种分析方法。

若检测使用的是硬质合金钻头，则建议根据钻头磨损程度修正检测结果（Pfefferkorn，1998）。

应用范例

在"石质文化遗产监测"课题的框架下，我们对不同的文物进行钻入阻力检测，以检查固化措施的耐久性。下面将概述一些文物的检测结果。

例1: 施泰因富特（Steinfurt）施泰因富特宫（Schloss Burgsteinfurt），文艺复兴时期飘窗

　　目视即可确定，自1983年最后一次修缮措施（用硅酸乙酯 KSE OH 固化，其中部分使用丙烯酸树脂固化，再用 Wacker 190 进行憎水处理）后又产生了新的病害。保护剂的大量使用使包姆贝格石灰砂岩面层十分坚固。而面层下部石材已经风化起皮。大量的层状剥落与浅表性裂隙表明，表层劣化部分与基材几乎没有黏结。图 2.2.5.1 可见两条钻入阻力的深度曲线，这是分别在两个不同测点测得的结果。曲线 1（绿色）展示了石材由外到里强度逐渐增长，曲线 2（蓝色）是层状剥落部位的钻入阻力曲线。当钻入深度到达 11 mm 以后，可见两条曲线走向基本相似。很明显，石材表层材料性能存在很大区别，单纯从钻入阻力测试结果无法确定面层在上一次保护过程中被过度固化了。

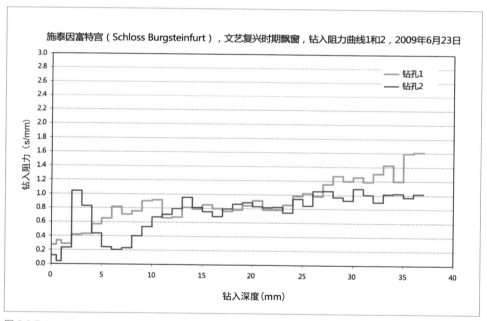

图 2.2.5.1
施泰因富特施泰因富特宫，文艺复兴时期飘窗钻入阻力曲线

例 2：罗森达尔 - 达菲尔特（Rosendahl-Darfeld），达菲尔特宫（SchlossDarfeld）

　　两处研究区域（包姆贝格石灰砂岩）的表面都显示出较轻微的粉化剥落和部分层状剥落。对研究区域钻入阻力的测量显示 1982—1985 年间对文物采用硅酸乙酯 KSE Funcosil OH 固化措施后，文物表层存在过度的固化。其在钻入阻力曲线上表现为在表层 0.5 mm 处，钻入阻力水平明显很低，而之后突然攀升到 1.7 s/mm，再缓慢降落至 1.0 s/mm 水平并在附近波动（图 2.2.5.2）。

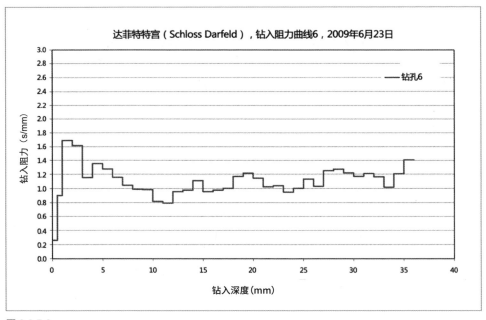

图 2.2.5.2
达菲尔特宫钻入阻力曲线

例 3: 科隆 - 林登塔尔 (Köln-Lindenthal), 克里小教堂

　　克里小教堂的立面在 1992 年及 1993—1998 年间进行预加固, 石材固化剂使用 1 : 1 稀释的硅酸乙酯 Funcosil OH、1 : 1 稀释的硅酸乙酯 Funcosil 300、1 : 1 稀释的硅酸乙酯 KSE VP9 (即约 1 : 1 稀释的硅酸乙酯 KSE)。目视勘查结果可确定, 研究的立面区域在监测过程中状况良好, 这一点也在钻入阻力测量的检测结果中有所反映。通常, 所有修缮过的凝灰岩表面 (魏贝尔恩凝灰岩) 的钻入阻力曲线或多或少呈平稳的变化走向。石材自身的不均匀性会使测量值在一定区域内波动, 然而没有发现过度固化的现象 (图 2.2.5.3)。

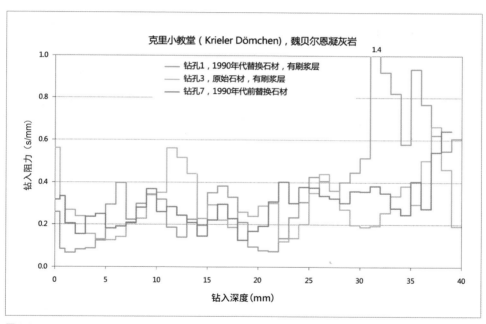

图 2.2.5.3
克里小教堂钻入阻力曲线, 在替换石材和已固化的魏贝尔恩凝灰岩原材料上测量

例 4：克尼格斯温特尔 - 奥伯普莱斯（Königswinter-Oberpleis），圣潘克拉提乌斯教堂

　　1999 年时用有弹性的硅酸乙酯 KSE 对凝灰岩石材（魏贝尔恩凝灰岩和罗马凝灰岩）进行渗透固化，检测中未发现由修缮措施造成石材强度过高的问题（图 2.2.5.4）。

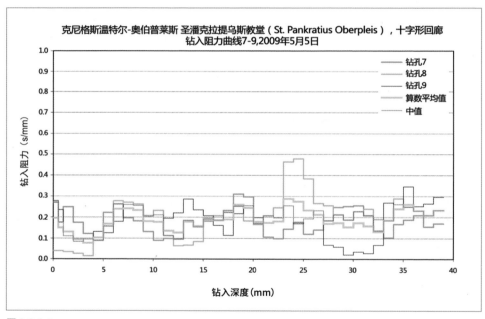

图 2.2.5.4
克尼格斯温特尔 - 奥伯普莱斯，圣潘克拉提乌斯教堂钻入阻力曲线

例 5: 格罗斯耶拿 (Großjena)，石质浮雕长卷 (Steinernes Album)

　　"石质文化遗产监测"课题组在长卷的 12 幅浮雕图（彩色砂岩）中选出了几个监测面。其中一个监测面位于浮雕"克里斯蒂安公爵"上。1997 年和 1999 年时曾在这里用硅酸乙酯 KSE Funcosil 100 和 300 进行固化（注射式）。该测点进行了3 次测量，平均值如黑色曲线所示（图 2.2.5.5）。该案例再次表明，为了得到有代表性的检测结果，要在所选的监测面上进行多次测量。否则，材料的不均匀性会产生错误的强度曲线，从而产生错误的检测结果。钻入阻力图上的曲线走向明确指出，石材表面（约 2~3 mm）是坚固区。之后更深的部分强度均衡，但强度水平相对较低。此检测结果也与文物观察的结果相吻合。因此，石材表面某些区域有坚硬的薄壳，向内则是相对较软的、略有粉化的石材。钻入阻力检测法并不适合给石材强度下定量定论，然而，曲线的走向还是可以大致展现石材强度随深度而变化的特点。

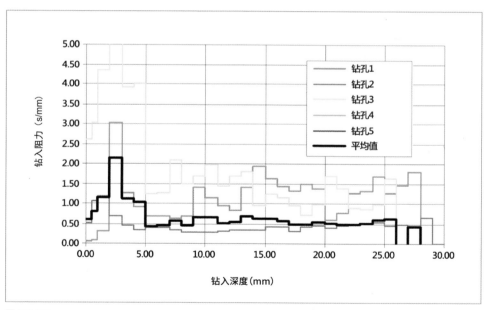

图 2.2.5.5
格罗斯耶拿石质浮雕长卷左侧监测面浮雕"克里斯蒂安公爵"钻入阻力曲线

参考文献

Delgado Rodrigues, J. & Costa, D. (2004): A new method for data correction in drilling resistance. Tests for the effect of drill bit wear. Int. Journal of Restoration of Buildings and Monuments 10, 1–18.

Delgado Rodridues, J., Ferreira Pinto, A., Costa, D. (2002): Tracing of decay profiles and evaluation of stone treatments by means of microdrilling techniques, Int. Journal of Cultural Heritage 3, 117–125.

Leonhardt, H., Lukas, R. und Kießl, K. (1991): Handgeräte zur vereinfachten Vor-Ort-Bestimmung bauphysikalischer Kennwerte von Gesteinsoberflächen, Jahresberichte Steinzerfall – Steinkonservierung 1989, Ernst & Sohn, S. 243 ff.

Lotzmann, S. & Sasse, H. (1999): Drilling resistance as an indicator for effectiveness of stone consolidation. Proc. Int. Symposium on the use of and the need for preservation standards in architectural conservation, Atlanta, 77–89.

Pamplona, M., Kocher, M., Snethlage, R., Aires-Barros, L. (2008): Drilling resistance: state of the art and future developments, Proc. 11th International Congress on Deterioration and Conservation of Stone, Torun, Poland, 449–456.

Pfefferkorn, S. (1998): Untersuchungen zur Abschätzung des Einflusses des Bohrerverschleißes auf das Ergebnis von Bohrwiderstandsmessungen. Intern. Zeitschrift für Bauinstandsetzen, 4. Heft 5, S. 467–478.

Singer, B., Hornschild, I., Snethlage, R. (2000): Strength profiles and correction functions for abrasive stones in Munich, Proc. of the workshop DRILLMORE in Firenze, 35–42.

Tiano, P., Filareto, C., Ponticelli, S., Ferrari, M., Valentini, E. (2000): Drilling force measurement system, a new standardisable method to determine the stone cohesion: prototype design and validation. Int. Journal for Restoration of Buildings and Monuments 6, 115–132.

Wendler, E., & Sattler, L. (1996): Die Bohrwiderstandsmessung als zerstörungsarmes Prüfverfahren zur Bestimmung der Festigkeitsprofiles in Gesteinen und Keramiken. Werkstoffwissenschaften und Bausanierung, Berichtsband zum 4. Int. Kolloquium in Esslingen; Aedificatio Publishers/Fraunhofer IRB Verlag, 1996.

■ 2.2.6 双轴抗折强度

比约恩·塞瓦尔德（Björn Seewald）

测量规范

根据抗折强度检测的实验装置，威特曼和普利姆（Wittmann & Prim，1983）曾研究出一种特殊的检测装置，用于测定材料切片的双轴抗折强度。检测样本为固定直径的圆形切片。在样本上所施加的力不是直线型分布的，而是环形的。

石材切片将被置于一个稍大的环形支架上，通过一个较小一点的荷载环从上向下压直至断裂。两环直径比是固定的，为 1：3。上方荷载环的尺寸应限定为直径 $d>10$ mm，因为如果上环的直径再变小，其所施加的力将会是点状的。

该检测方法的优点在于能通过剪切岩芯的切片产生一条强度曲线，而该曲线能提供石材风化深度或石材固化剂效果方面的信息。

在检测带有纹理的石材时需确认本次检测是垂直还是平行于岩石层理进行的。

实验过程

监测前，样本需置于 20 ℃ 及 65% 相对湿度的标准环境下。所有样本都须统一遵守这些条件，并记录在检测报告中，因为湿度对某些石材的强度有很大影响。其他实验条件也需要记录在检测报告中，饱水状态下测试的系列样本必须作相应标记。

将被切片用作测试样品的岩芯的直径由石材结构决定。粒径介于 0.1~0.3 mm 的颗粒细腻的石材，取样岩芯的直径达 50 mm 即可，此时对应在文物上的钻孔直径为 55 mm。粒径介于 0.5~1.0 mm 的颗粒较粗的石材，取样岩芯的直径需达 80~100 mm。

岩石切片的直径与厚度比必须保持在 1：10。[1] 若岩石切片的直径为 50 mm，则其厚度应为 5 mm；若直径为 80 mm，则厚度应为 8 mm。厚度既不能过厚，也不能过薄。同时必须小心注意使岩石切片的表面完全平整且平行于平面。

岩石切片下表面所接触的支架工件的内部有一个感应式距离传感器，能在施加荷载的同时帮助测量切片破裂时的力。实验中，应保持 1 mm/min 的均匀形变速度施加压力，并记录保持此形变速度所需压力，画出压力 - 形变曲线图。

1　直径与厚度比应为 10：1。——译者注

图 2.2.6.1 清晰地展示了实验装置。从下往上依次是支撑切片的支架工件、下环形支架、岩石切片、上荷载环（在球节上带止动弹簧）、上荷载环固定装置、加固装置、称重传感器。

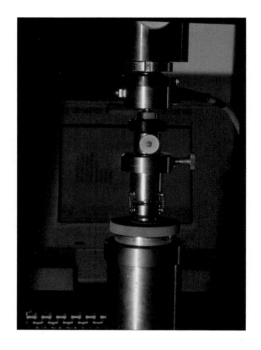

图 2.2.6.1
用于双轴抗折强度检测的环形支架
实验装置（图片来源: Bayerisches
Landesamt für Denkmalpflege）

检测计算

抗折强度 β_{BZF}

用测得的使岩石切片断裂的最大折断力，可通过方程计算出环形支架实验装置上样本的双轴抗折强度 β_{BZF}。计算公式如下：

$$\beta_{BZF}=\frac{3F_{max}}{4\pi d^2}[2(1+v)\ln\frac{a}{b}+\frac{(1-v)(a^2-b^2)}{a^2}\cdot\frac{a^2}{r^2}]$$

（式 2.2.6.1）

式中，β_{BZF} 为双轴抗折强度，单位为 MPa 或 N/mm^2；F_{max} 为荷载环施加的最大压力，单位为 N；d 为岩石切片厚度，单位为 mm；v 为泊松比，石材 $v=0.25$；a 为环形支架半径，单位为 mm；b 为荷载环半径，单位为 mm；r 为岩石切片半径，单位为 mm。

弹性模量 E

因为实验装置可测量形变，所以通过实验亦可计算出弹性模量 E，但它不可与单轴抗折实验测得的弹性模量 E 进行比较。弹性模量 E 是当压力达到 1/3 最大折断力时在形变的线性弹性范围内测得的，计算公式如下：

$$E=1.5\frac{F}{fd^3}(1-v^2)[b^2\ln\frac{a}{b}+\frac{(a^2-b^2)(3+v)}{2(1+v)}]$$

（式 2.2.6.2）

式中，E 为静态弹性模量，单位为 MPa 或 N/mm^2；F 为 1/3 的荷载环最大压力，即 $1/3F_{max}$，单位为 N；f 为 1/3 最大折断力时岩石切片的形变，单位为 mm。

该公式未考虑 2008 年柯祖波（Kozub）提出的修正建议。因为假如在分母中引入常量 π，计算得到弹性模量的值会很小，这样计算得到的极低弹性模量值与单轴抗折实验测得的弹性模量值之间毫无相关性。

抗折强度 β_{BZF} 与弹性模量 E 的关系

使用固化剂处理建筑立面不应导致石材表面强度的过度增加，否则会产生层状剥落的危险。为实现理想的强度曲线，双轴抗折强度 β_{BZF} 和弹性模量 E 应保持同比例上升。以未处理材料的双轴抗折强度 β_{BZF} 与弹性模量 E 之比为参照点，按双轴抗折强度 β_{BZF} 与弹性模量 E 理想的恒定比定义了一个恒定的形变，称之为特殊应变 ε_{spez}。若特殊应变 ε_{spez} 在应变过程中未超过临界点，则很大程度上保证了形变发生在弹性区，故此时形变是可逆的。

$$\varepsilon_{spez}=\frac{\beta_{BZF}}{E}=\frac{\beta_{BZF}}{\sigma_{30\%}}\cdot\varepsilon_{30\%}$$

（式 2.2.6.3）

式中，ε 为应变，单位为 mm；σ 为应力，单位为 N/mm^2。

在评估已处理材料与未处理材料的兼容性时，相较于抗折强度，弹性模量 E 的变化是更重要的参考。弹性模量 E 的增长应小于抗折强度增长：

$$\frac{E_b}{\beta_b}\leq\frac{E_u}{\beta_u}$$

（式 2.2.6.4）

式中，b 表示已处理材料；u 表示未处理材料。

但这些理想条件在实践中往往无法实现。弹性模量 E 通常增长得比抗折强度快。在石质文物保护工程中选用的固化剂越是适宜，其在 E 与 β 的相关性坐标中会越接近表示特殊应变 ε_{spez} 的那条直线。

双轴抗折强度的测定要求提取直径为几厘米的岩芯。因此，该检测方法对文物总有所损伤，也因此必须事先权衡利弊。基本上，对于雕塑不会考虑这种检测方法；而对于建筑立面所用的石砌块，该方法则比较合适，例如在慕尼黑古绘画陈列馆所做的检测。检测时先在石砌块钻孔，检测后修补好因此导致的损伤，在视觉上不会破坏文物建筑立面的总体形象。

双轴抗折强度检测的意义在于，通过检测了解风化过程对石材强度的影响以及固化措施的效果。因此，基于岩芯切片实验绘制深度 - 抗折强度曲线时，应至少包括岩石已固化的和风化了的区域，同时也应测定一块未风化、未处理的岩芯切片的双轴抗折强度，以作对比。其中一块切片应完好地保存，后可用于修补钻孔。

结果分析

测量结果分析过程中，建议取岩芯测量已风化部位的强度变化，并与未处理、未风化部位上测得的参考值比较。若存在历史研究的检测结果，那么对比现在的检测结果和历史数据则更有意义。对比示例可见图 2.2.6.2、图 2.2.6.3 慕尼黑古绘画陈列馆的雷根斯堡绿砂岩一例。

图 2.2.6.2 和图 2.2.6.3 展示了雷根斯堡绿砂岩四种类型中类型 II 不同年份抗折强度的检测结果。图 2.2.6.2 展现了 20 世纪 80 年代以来固化处理部位初始强度的变化：图中实线表示第一次保护措施实施前已风化、未处理石材的强度状况，虚线显示 1990 年实施保护措施后石材的抗折强度显著提升；柱状图则分别表示 2002 年和 2008 年检测时的状况。很显然，1990—2002 年间，石材强度再次接近实施固化措施前的原始状况，甚至差于原始状况。

图 2.2.6.3 说明了 2002 年石材固化剂的再处理是如何改变石材强度的。此例中使用的石材固化剂产品为 Funcosil 300 E 和 Funcosil H（出自 Remmers 建材科技公司）。图中虚线 [2] 再次给出 2002 年石材再处理前的强度状况，以供比较；灰色柱子表示 2002 年再处理后的石材强度状况，可见其强度有所增长；黑色柱子表示 2008 年测得的于 2002 年再处理后的石材强度状况。显然，2002 年的再固化使石材抗折强度在之前减弱的区域有所增强，因而产生了一条较为平衡的强度曲线。然而 6 年之后，2008 年测得的部分区域的石材抗折强度依然再次减弱。

---

2 原文为"直线"，与图 2.2.6.3 不符。——译者注

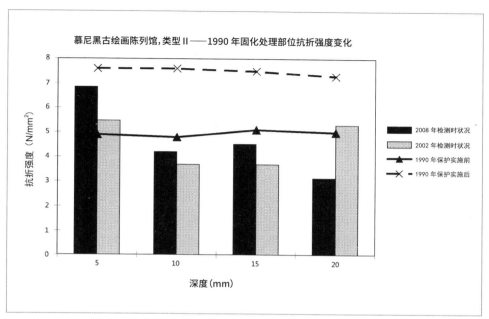

图 2.2.6.2
雷根斯堡绿砂岩，类型 II，1990 年固化处理部位抗折强度变化

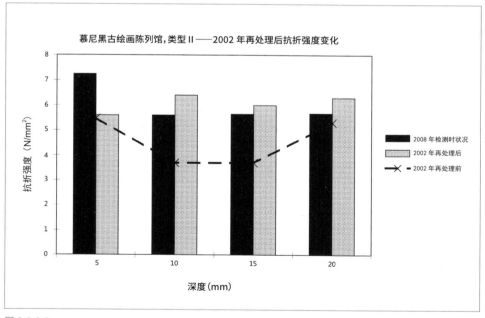

图 2.2.6.3
雷根斯堡绿砂岩，类型 II，2002 年再处理后抗折强度变化

图 2.2.6.3 在 5 mm 深度处还显示了不符合逻辑的偏差，即 2008 年测得的石材抗折强度比 2002 年增加了大约 1~1.5 MPa，产生偏差的原因可能是石材的不均匀性。

与其他检测方法结果的关联

为验证检测结果，建议将双轴抗折强度的检测结果与其他检测方法的结果进行关联。尤其是超声波速检测法与岩石贯入硬度检测法，它们同样也采用深度曲线展示石材强度的检测结果。

抗折强度与超声波速的关联是有事实依据的，这两个参数都与石材密度和强度有关。石材强度越高，超声波速越快。因此，可将双轴抗折强度检测与超声波速检测的结果两相比对，即可互成佐证，以提高检测的可信度。在同一深度上，超声波速检测需在钻取岩芯作抗折强度实验之前实施。

岩石贯入阻力的测量需直接在岩芯取样点附近进行。该检测能得出一条连续的强度曲线，与抗折强度曲线具有可比性。因为岩石贯入阻力测量法的依据是钻入阻力随石材强度的增加而增大。但是由于用金刚石钻头测量岩石钻入阻力，只能到达几厘米的钻入深度，因此未处理或未风化状态岩芯块的钻入阻力需在实验室检测。

存档记录

为实施可能的后续研究，一份认真记录的存档文件是不可或缺的。文档记录的要求是能使其他研究人员也知道建筑测量点在哪里、是何时做的检测以及相关的检测结果有哪些。

在此建议，在合适的图示或照片上明确标注测点及其名称，这些也应记录在检测报告中。

存档文件上必须清楚写明以下七点：

- 测点位于哪栋建筑物，哪个建筑部位，哪个立面；
- 检测区域的名称（照片或图示中必须使用相应名称）；
- 材料类型，即石材类型的确切名称；
- 处理类型，即使用的保护剂以及处理日期；
- 取样日期；
- 检测日期；
- 样本保存或检测时的实验室条件。

以往的研究文件必须保存，以用于与最新检测结果作对比。只有这样才能观测到石材强度随时间的变化过程。

检测方法评估

双轴抗折强度检测法已在实践中被证明可行，因为通过该检测方法能根据岩芯情况绘制一条强度曲线。同时，该方法能用深度 - 抗折强度曲线展现风化过程或保护措施对石质文化遗产石材强度的影响。该方法的检测结果也能与其他检测方法得到的曲线相关联，尤其是岩石贯入硬度与超声波速。然而，"石质文化遗产监测"课题框架下双轴抗折强度检测的结果（慕尼黑古绘画陈列馆和弗莱德斯罗修道院教堂）也体现了该检测法的局限：由于石材固化措施 6 年后效果会退化，因此建议以 6 年左右为周期进行强度复查。这就意味着每次使用该检测方法时，都必须钻取一块岩芯，但是没有一个建筑物经得起这样的定期检测。因此，在决定为测定双轴抗折强度而钻取岩芯前，必须先考虑其他的替代检测方法。

参考文献

Kozub, P. (2008): To the Determination of the Young's Modulus from the Biaxial Flexural Strength. In: J.W. Lukaszewicz& P. Niemcewicz, ed., 11th International Congress on Deterioration and Conservation of Stone, 15-20 Sept. 2008, Torun, Poland, pp. 407–414. Nicolaus Copernicus University Press.

Snethlage, R., Wendler E. (1996): Methoden der Steinkonservierung – Anforderungen und Beurteilungskriterien. In: R. Snethlage, Hrsg., Denkmalpflege und Naturwissenschaft – Natursteinkonservierung I, S. 3–40. Verlag Ernst & Sohn, Berlin.

Snethlage, R. (2008): Leitfaden Steinkonservierung. Fraunhofer IRB Verlag Stuttgart. Wittmann, F., Prim, P. (1983): Mesures de l'effetconsolidant d'un produit de traitement. Materiaux et Construction, 1, S. 235–242. RILEM Paris.

■ 2.2.7 毛细吸水性能检测——卡斯特瓶法和米洛夫斯基瓶法

格哈德·德哈姆（Gerhard D'ham）
珍妮娜·迈因哈特（Jeannine Meinhardt）
罗尔夫·尼迈耶（Rolf Niemeyer）

概要

在"石质文化遗产监测"课题研究的许多文物的现状评估中，有一个重要的指标就是毛细吸水性能，比如检查憎水效果，评估清洁措施的必要性和效果，评估灰缝修补砂浆、替换砂浆和薄浆层效果中都要用到这项指标。其相关参数为毛细吸水系数 ω [kg/($m^2 \cdot \sqrt{h}$)]、渗水系数 B（cm/$\sqrt{h}$）[1] 和饱和吸水率 WAK（体积分数，%），而这些系数在数学上相互有联系，只能根据相关标准（DIN EN 1925，DIN EN 15801）在实验室通过固定形状的对象样品测得精确值。但是，通常不允许进行破坏性的取样，例如即使是为了监测也不允许在小型文物和保护文物对象上钻芯取样。然而，我们有一系列研究方法，能够无损检测毛细吸水性能的相关特征值。这些方法分别是：

· 卡斯特瓶检测法；
· 米洛夫斯基瓶检测法；
· 普雷亚斯（Pleyers）双腔试管法；
· 弗兰克（Franke）试验板法；
· 提亚诺（Tiano）海绵接触法；
· 水滴吸收检测法。

在德国联邦环境基金会（DBU）"石质文化遗产监测"课题的框架下，主要采用卡斯特瓶检测法并辅以米洛夫斯基瓶检测法。我们将在下文描述和讨论这两套测量仪器的使用步骤以及测量数据的分析方法。

卡斯特瓶法测毛细吸水性能

实施步骤

所需器材有卡斯特瓶、黏合剂、秒表、装软水的洗瓶和游标卡尺。

1　译本沿用了原文中毛细吸水系数和渗水系数的单位表达形式，即带根号的形式。该形式较常用于实际工作中。——译者注

　　卡斯特瓶由一个玻璃量筒（圆形玻璃罩）和一个玻璃刻度管组成：玻璃量筒一面开口且边缘平整，能用黏合剂黏在文物表面；在测量时能从刻度管上的刻度读出所吸收的液体量，单位为 ml（图 2.2.7.1）。通常，玻璃罩的内径为 26 mm。为提高测量精度，建议使用内径约 45 mm 的玻璃罩（可从吹玻璃工厂定制）。可使用弹性持久的黏合剂（例如卫浴洁具密封胶 plastic-fermit 或车身密封胶 Terrostat IX）将玻璃罩固定在待测表面。黏合剂需要被捏成一个细圈，黏在卡斯特瓶的玻璃罩边缘（图 2.2.7.2），然后将玻璃管压黏在待测面上。

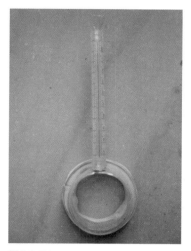

图 2.2.7.1
卡斯特瓶

图 2.2.7.2
黏合剂细圈黏在玻璃罩上

　　将卡斯特瓶压黏在文物表面时，黏合剂可能被压出玻璃罩边缘，此时可用一把小刮勺将多余的黏合剂沿着玻璃罩边缘刮掉，使黏合剂与玻璃罩边缘齐平，以尽早观测到玻璃罩周围的渗湿圈和不规则的渗水。

　　将卡斯特瓶黏在待测表面后，迅速用洗瓶向带刻度的试管中灌软水至 0 ml 刻度线，并启动秒表计时。然后，每隔一段时间以 ml 为单位记录所吸收的水量和相应的时间（几分几秒）。建议检测初期可较频繁地读数，整个检测时间至少 60 min。若材料吸水性能极高，检测时间亦可缩短。有可能的话，应记录 7 至 14 对检测值（时间、吸水量）。需注意记录玻璃罩黏合剂边缘出现潮湿圈的时间点和可能在黏合剂密封处出现侧漏的时间点。还应至少在监测结束时，使用游标卡尺测量玻璃罩附近潮湿圈的直径并做记录。此外，为提高测量的精确度，检测结束后，小心地取下玻璃罩，从相互垂直的两个方向测出黏合剂细圈的直径。这样，就能计算出受黏合剂细圈形状影响的实际吸水面积。

检测数据计算

有两个程序能计算检测数据，且都建立在电子制表软件 Microsoft Excel® 中。一个是许多年来一直使用的由温德勒和普费弗科恩制作的 Calkarow 3.2[2]，另一个是由尼迈耶制作的新算法。

这两个程序都基于液体符合毛细规律，在多孔岩石结构中均匀、非定向扩散的假设。由此产生渗湿体积，其理想的几何形状是被四分之一环面包围的圆柱体。

$$V_0 = \pi r^2 x + \frac{\pi^2 r x^2}{2} + \frac{2\pi x^3}{3}$$

（式 2.2.7.1）

式中，r 为玻璃罩半径，单位为 cm；x 为渗水深度，单位为 cm。

用渗水深度通过如下计算可得渗水系数（B）：

$$B = \frac{x}{\sqrt{t}}$$

（式 2.2.7.2）

式中，t 为时间，单位为 h。

渗水系数 B、毛细吸水系数 ω 和饱和吸水率 WAK 之间的关系如下：

$$WAK = \frac{\omega}{BO} \times 100\%$$

（式 2.2.7.3）

式中，O 为水的密度，其值为 0.998 g/cm³，20℃ 时近似可取 1 g/cm³。

Calkarow 3.2[3] 程序

该程序的可见文件部分（图 2.2.7.3）描述了各项数据及检测结果。此外，还有不可见（隐藏）的部分，即数字运算部分。需要输入的数据除了测点位置信息、玻璃罩吸水面积、时间及其相应的吸水量外，还包括渗水系数 B 的估算值。这里建议先将渗水系数的下限设为 0.01、上限设为 25.00。该程序还会将输入的 B 值范围自动分为 10 段。对每一段 B 值增量都会在程序内部计算出一条理想曲线，并与实际曲线作

---

2 对卡斯特瓶法测量数据进行优化的一种算法。——译者注

3 Copyright by Dr. Eberhard Wendler, Mühlangerstraße 50/I, 81247 München und Prof. Dr.-Ing. Stephan Pfefferkorn, Südhöhe 7, 01217 Dresden

卡斯特瓶法测定建材渗水及吸水性能数据分析法
（3.2版，温德勒）

概况：

样品代号：	K36
测量时间：	16.12.2008
项　目：	Ehem.Stiftskirche St.Biasii in Fredelsloh.Gemeinde Moringen.Landkreis Northeim
岩石类型：	杂砂岩，红-棕色
描　述：	未处理，实验面外部

原始数据及分析方法：

内径（cm）	4.30
吸水面积（cm²）	14.52

B-值估算

下限（cm/√h）：	3.70
上限（cm/√h）：	4.70
步进值：	0.10

序号	时间 (min,sec)	体积 （ml）	备注
1	0,0	0.00	
2	3,0	6.60	
3	6,0	11.50	
4	9,0	16.60	
5	12,0	21.50	
6	15,0	26.40	
7	18,0	31.00	
8			
9			
10			
11			
12			
13			
14			
15			

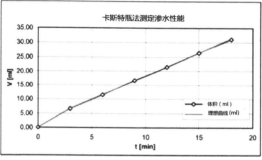

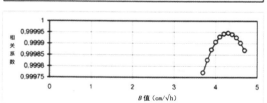

优化后毛细吸水系数 ω：11.18[l/（m²·√h）][4]
对应的渗水系数 B：4.30[cm/√h]
吸水率：26.00[%]

图 2.2.7.3
Calkarow 3.2 版评估表

4　由于测量时的读数为体积，此法计算得到的毛细吸水系数单位为 l/（m²·√h）。——译者注

对比，之后给出拟合程度最高的理想曲线，并将其与实际曲线一同在评估表上方展示。评估表下方的结论区将给出相应的 ω 值、B 值和 WAK 值。评估表上也能观察到校正系数的走向。借助该程序图表，能通过改变渗水系数的上下限来限制 B 值的有效范围，从而更准确地测得特征值。

　　用 Calkarow 程序计算所得的饱和吸水率与渗水系数可能不真实，因此也需要进一步引入尼迈耶程序来估算毛细吸水系数。

尼迈耶 ω 值估算程序[5]

　　此程序中，毛细吸水系数 ω 并非通过纯数学计算得到，而是通过对比测量值曲线与计算生成的曲线簇，来目视估算 ω 值。曲线簇是基于实际吸水面积、尽可能接近实际的饱和吸水率 WAK 以及毛细吸水系数 ω 可取的值域绘制的。

　　通过改变 ω 值的区间，试着使曲线簇或其中一部分曲线尽可能地接近测量值曲线，从而使曲线簇在理想情况下与测量值曲线重叠或十分接近。两者越一致，基于计算所得曲线的 ω 值就越符合建材的真实 ω 值。

　　因此该程序需要输入饱和吸水率 WAK 值和预估的 ω 值的区间。待输入的由材料及其状况决定的 ω 值应尽可能地切合实际（立足于对文物样本的检测或文献数据）。评估表下方有 5 条不同颜色的曲线组成的曲线簇，通过改变 ω 的值域能使其中一条曲线与测量值曲线相交。此曲线的 ω 值也将显示在图 2.2.7.4 下方线图的图例中。在这种充分近似的状态下，能确定检测结果就是这条曲线对应的 ω 值。从线图中得出的这一 ω 值也将最终记录在"结果"表中。除了饱和吸水率 WAK 和由此计算出的毛细吸水系数 ω 的值外，还会记录由这两项数据计算所得的渗水系数 B 的值。

5　Copyright by Dipl. Lab.-Chem. Rolf Niemeyer, Niedersächsisches Landesamt für Denkmalpflege, Scharnhorststr. 1,30175 Hannover, als freeware auf www.naturstein-monitoring.de

利用卡斯特瓶法测多孔材料毛细吸水系数

概况：

日期：	16,12,2008		测点代号：	K36
地点：	Fredelsloh.Gemeinde Moringen.Landkreis Northeim			
项目：	ehemalige Stiftskirche St.Blasii und Marien			
测点：	innerhalb der Musterfläche an der Nordfassade des Ves			
描述：	杂砂岩，未处理			

数据输入.

管内径：　4.3　cm
吸水率：　15.5　%
毛细吸水系数范围　[kg/（m²·√h）]从　7.5　到　10.0

测量原始数据

Mr.i.	时间	容积
Nr.	min.sec	[ml]
		K36
1	0,0	0,00
2	3,0	6,60
3	6,0	11,50
4	9,0	16,60
5	12,0	21,50
6	15,0	26,40
7	18,0	31,00
8		
9		
10		
11		
12		
13		
14		
15		

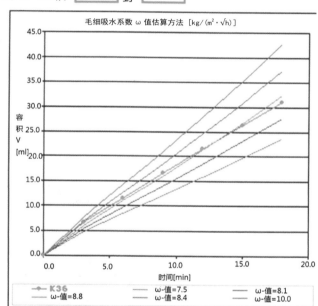

结果

吸水率 *WAK*	15.5	%
毛细吸水系数 ω	8.8	kg/（m²·√h）
渗水系数 *B*	5.7	cm/√h

图 2.2.7.4
尼迈耶评估表

米洛夫斯基瓶法测毛细吸收液体性能

检测原理与步骤

　　米洛夫斯基的毛细吸水饱和检测管是一个刻度管，其上端对气体和液体保持密封，下端开口并呈90°弯曲。先在检测管中用洗瓶灌满水，然后再在开口处塞入一个圆形的、充分浸透的小海绵球作为引导阀门。之后，海绵球会接触待测文物表面。若文物表面吸收了海绵球中的液体，就能在检测管中产生真空度。压力差会使空气通过海绵进入管内，造成管内定时有气泡上升，而管内的液体面就会相应下降。由此，从检测管的刻度上就可以读出不同时间文物所吸收的液体量，正如卡斯特瓶的空气 - 液体界面处的读数。由于毛细吸水效应，从检测开始时，就会在海绵球附近出现湿痕。从湿痕的直径可以判断吸水程度和吸水方向。

　　在操作检测管时，尤其要注意以下细节：

- 海绵球应伸出检测管口 1~2 mm。
- 为将检测管固定在文物石材上，可选用开发人米洛夫斯基提供的橡胶制成的固定装置（图 2.2.7.5）。替代方案也可以是橡皮带或类似物。若文物石材表面十分脆弱，也可用灵活的实验夹和实验架将检测管固定在文物石材上。

图 2.2.7.5
米洛夫斯基瓶在文物上的固定方案

建议将检测间隔设为 5 min，检测总时间约为 45 min，若待测材料吸水性差亦可延长检测时间。除定时记录相应的吸水量以外，也应有间隔地记录湿痕的直径。

液态试剂可采用去离子水或有机溶剂，但是应相应使用不同规格的检测管。尤其对于吸水性很差的材料宜采用有机溶剂（例如馏程为 100 ℃ ~140 ℃ 的溶剂油）的附加检测，以便于阐明材料表面究竟是憎水但保留了开孔，还是完全密封了不吸收液体。

检测的分析计算

与卡斯特检测分析一样，应用圆柱加环绕它的四分之一环面计算渗湿的石材体积。渗水深度 x 由湿痕直径通过公式 x＝（湿痕直径 – 海绵球直径 /2）计算得到[6]。若将渗湿体积（V_0）与吸收的液体体积（V_f）联系起来，就能根据两者的体积比计算饱和

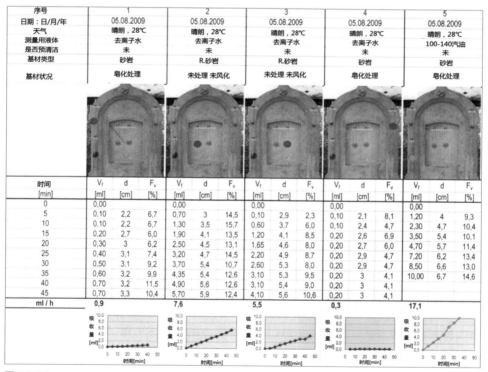

序号	1			2			3			4			5		
日期：日/月/年	05.08.2009			05.08.2009			05.08.2009			05.08.2009			05.08.2009		
天气	晴朗，28℃			晴朗，28℃			晴朗，28℃			晴朗，28℃			晴朗，28℃		
测量用液体	去离子水			去离子水			去离子水			去离子水			100-140汽油		
是否预清洁	未			未			未			未			未		
基材类型	砂岩			R.砂岩			R.砂岩			砂岩			砂岩		
基材状况	皂化处理			未处理 未风化			未处理 未风化			皂化处理			皂化处理		
时间 [min]	V_f [ml]	d [cm]	F_v [%]	V_f [ml]	d [cm]	F_v [%]	V_f [ml]	d [cm]	F_v [%]	V_f [ml]	d [cm]	F_v [%]	V_f [ml]	d [cm]	F_v [%]
0	0,00			0,00			0,00			0,00					
5	0,10	2,2	6,7	0,70	3	14,5	0,10	2,9	2,3	0,10	2,1	8,1	1,20	4	9,3
10	0,10	2,2	6,7	1,30	3,5	15,7	0,60	3,7	6,0	0,10	2,4	4,7	2,30	4,7	10,4
15	0,20	2,7	6,0	1,90	4,1	8,5	1,20	4,1	8,5	0,20	2,6	6,9	3,50	5,4	10,1
20	0,30	3	6,2	2,50	4,5	13,1	1,65	4,6	8,0	0,20	2,7	6,0	4,70	5,7	11,4
25	0,40	3,1	7,4	3,20	4,7	14,5	2,20	4,9	8,7	0,20	2,9	4,7	7,20	6,2	13,4
30	0,50	3,1	9,2	3,70	5,4	10,7	2,65	5,3	8,0	0,20	3	4,7	8,50	6,6	13,0
35	0,60	3,2	9,9	4,35	5,4	12,6	3,10	5,3	9,5	0,20	3	4,1	10,00	6,7	14,6
40	0,70	3,2	11,5	4,90	5,6	12,6	3,10	5,4	9,0	0,20	3	4,1			
45	0,70	3,3	10,4	5,70	5,9	12,4	4,10	5,6	10,6	0,20	3	4,1			
ml / h	0,9			7,6			5,5			0,3			17,1		

图 2.2.7.6
米洛夫斯基瓶法检测分析范例

6　公式应为 x＝（湿痕直径 – 海绵球直径）/2。——译者注

液体吸收率 $F_v=V_f\times100\%/V_0$。然而，在阳光照射或使用易挥发溶剂的条件下，湿痕边缘会因蒸发而损失液体量，从而导致错误的检测结果。相对来说，液体吸收量少但潮湿圈较大会算出很低的饱和液体吸收率，这暗示着液体的扩散方向主要平行于文物材料表面。

检测对象所吸收的液体量通常与吸收时间成正比（与卡斯特检测法不同）。因此可计算每小时液体吸收值（ml/h）。但该计算方法在延迟吸收的情况下并未考虑实验开始到吸收开始之间的时间。

根据米洛夫斯基瓶法（范例可见图 2.2.7.6）计算所得的毛细吸水速度（ml/h）与卡斯特瓶法计算所得的 ω 值之间没有直接的可比性。在此不建议将米洛夫斯基瓶的检测结果转换成 ω 值，因为该实验的吸收面积实在太小（海绵球直径仅约 1.25 cm）。

不同吸水性能检测方法的适用性讨论

使用卡斯特瓶法时，吸收面积会受到水柱的静液压的影响，而米洛夫斯基瓶的设置并不受此影响，相反，其真空度可通过相对的气压达到平衡。

卡斯特瓶法灌水时会打湿吸收面，对文物表面的湿润性有积极作用；米洛夫斯基瓶法则不会如此，液体开始吸收的时间会延迟。

为使卡斯特瓶黏附在文物表面而使用的胶通常会在测定的文物表面留有痕迹，可替代的黏合剂材料可以是黏土、环十二烷或增稠乳胶，但今还没有通用的使用建议；而米洛夫斯基瓶法通常没有任何残留。

常用于固定卡斯特瓶的黏合剂的黏性受温度影响明显，因此，在较冷的季节里，检测室外文物不推荐使用卡斯特瓶法（卡斯特瓶会有掉落的危险）。

卡斯特瓶几乎不可能固定在严重粉化或层状剥落的文物材料表面；相反，此情况下通常能用米洛夫斯基瓶进行检测。

米洛夫斯基瓶还能用于测定有机溶剂或文物固化剂的吸收速度；而卡斯特瓶法中的黏合剂经常因被有机溶剂溶解而导致实验失败。

米洛夫斯基瓶法还尤其适用于雕塑或其他检测面不规则的小型文物。该方法在检测时，检测管与文物的接触面较小，所以在这方面较卡斯特瓶更具优势。卡斯特瓶在各文物表面无法长时间固定（会掉落），长时间的检测并不适用，因此只能测得较短时间内的值；而米洛夫斯基瓶因其固定性好，通常能实现较长时间的检测。

卡斯特瓶法检测中关于吸水参数的计算或估计，只能通过上述两个基于 Excel 软件的评估程序得到近似值，完全无法达到在实验室检测的精度，决定性的影响因素是液体扩散方向的不确定性以及石材渗湿部分实际形状的不确定性。作为两种计算程序基础的理想模型是液体在深度和宽度上均匀扩散，而实际的渗湿形状可能有很大偏差。

　　使用这些检测试管进行无损检测，使我们能在检测经费有限的条件下完成大量测量，收集数据，从而在统计学上保证更好的研究结果。

　　目前还没有人对各种无损检测方法（包括普雷亚斯双腔试管法、米洛夫斯基瓶法和试验板法）相较于取样送实验室的有损检测方法的检测效力做过全面的比较研究。

参考文献

DIN EN 1925 (1999): Prüfverfahren von Naturstein – Bestimmung des Wasseraufnahmekoeffizienten infolge Kapillarwirkung.

DIN EN 15801 (2010): Erhaltung des kulturellen Erbes – Prüfverfahren – Bestimmung der Wasserabsorption durch Kapillarität.

Franke, l.; Bentrup, H.: Die Schlagregensicherheit hydrophobierten Mauerwerks; Teil 1 in – Bautenschutz + Bausanierung 6 (1991) S. 98–101; Teil 2 in – Bautenschutz + Bausanierung 7(1991) S. 117–121.

Pleyers, G.: Zerstörungsfreie Prüfung der Flüssigkeitsaufnahme von Baustoffen – das Prüfröhrchen nach Pleyers, in: 5. Internationales Kolloquium Werkstoffwissenschaften und Bauinstandsetzen,1999, S. 471–484.

Wendler, E. et al.: Der Wassereindringprüfer nach Karsten – Anwendung und Interpretation der Meßwerte. – Bautenschutz + Bausanierung 12 (1989) S. 110–115.

Vandevoorde, D. et al.: Contact sponge method: Performance of a promising tool for measuring the initial water absorption, in: Journal of Cultural Heritage, 10 (2009), S. 41–47.

检测管来源

卡斯特瓶：	来源很多，例如亚琛 Ludwig Mohren KG 或勒宁根 Remmers Baustofftechnik GmbH 若需更大直径的玻璃罩，可请玻璃吹制工厂定制
米洛夫斯基瓶：	唯一制造商：理夏德·米洛夫斯基（Ryszard Mirowski），波兰，托伦，ryszardmirowski@poczta.onet.pl

■ 2.2.8 石质文化遗产监测领域的红外热成像法

克里斯托夫·弗兰岑（Christoph Franzen）

托马斯·罗特（Thomas Löther）

珍妮娜·迈因哈特（Jeannine Mainhardt）

方法原理

红外热成像仪能用红外相机测得文物表面的温度并生成描绘温度分布的热谱图，是一种与文物无接触、无损的成像检测法，在使用中分为被动式热成像和主动式热成像。被动式热成像记录文物表面光学特性（发射率）的区别和现有温度梯度下的温度差别。若在检测中有附加额外的能量输入——加热或冷却，这个过程即被称为主动式热成像。

二维高分辨率的红外相机能测得物体发出的电磁辐射，并通过软件的颜色代码转换成像。所测得的总辐射量取决于测量物发出的辐射、反射的辐射以及传输过程中的辐射增减（图 2.2.8.1）。若是室内检测或短距离检测，则可忽略影响测量结果的其他参数。由于检测装置与测量物的距离较短，正常环境下红外光谱的大部分红外辐射几乎不受影响，所以不需要考虑测距中信号减弱的问题。待测物与接收器之间所发出的辐射可以忽略不计。但是，采用主动式热成像时，通过红外热源照射产生的反射辐射的影响则不可忽略。只有当测量时热源被覆盖或被切断后再进行测量，才能避免这些相互作用。室外检测时，会存在来自环境辐射的干扰影响。因此，应只在荫蔽处，或者最好在黑暗中进行相应检测。

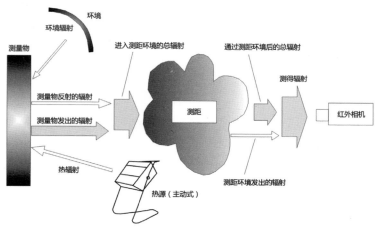

图 2.2.8.1

对总辐射量测量有影响而需要被注意的外界因素（InfraTec，2004）

对空洞缺陷部位通过红外热成像法进行无损检测的理论基础源自热传导理论。在静止的基础状态，物体和其所处的环境温度相等。物体表面可测得其平均温度。若某一部分的温度改变，会导致热流传导直至再次到达温度平衡状态。这个平衡补偿过程首先取决于介质的热导率。若表面下方有空洞，加热后会导致表面温度的差异。空洞部位的空气具有较强的隔热作用，因此空洞上的表面部分受到加热后升温较快、冷却较慢。而（无空洞时）与表面紧密相连的部位能更快地传导表面所吸收的热量，因此其表面温度也会相应较低。

应用范围

无损检测中使用红外热成像仪的目的是在待测结构中检验并定量描述缺陷情况和不均匀性。待测结构由于其周围材料不同，热导特性不同，在主动式热成像检测中，首先会使用直接热源，以此测得文物表面附近看不见的缺陷（例如松动处、涂上抹灰砂浆后的墙体结构、砂浆和墙体之间的湿痕，以及空鼓部位）。表面发射率也是检测粗糙度的指标。

图 2.2.8.2 展示了主动式热成像可能的实验布置，包括红外相机以及用于加热石材表面的红外加热器。此外，检测还需要计算机系统来形成实时的热谱图。检测所需空间的大小取决于所研究的问题及待测物体的大小。

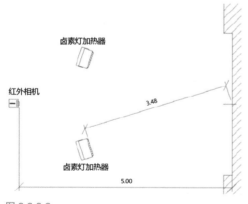 

图 2.2.8.2
实验装置（红外相机和热源）图示（左）；
两个红外加热器能使墙面均匀受热（实验室拍摄）（右）

若文物表面极其脆弱，则需注意：加热脉冲产生的温度差不能超过其一年中通常的温度波动。极端温度可能导致颜料剥落、黏合剂分解和结构剪切应力。

应用范例之空鼓缺陷检测

"石质文化遗产监测"课题框架下，我们对四个不同文物进行了主动式和被动式红外热成像研究。下文将总结检测结果，并分析该检测方法是否适用于监测石质文物表面。

例 1：原比肯费尔德修道院教堂（Birkenfeld, Klosterkirche）

我们在原比肯费尔德修道院教堂进行主动式和被动式红外热成像检测，同时成功再现了 1994 年的部分检测项目，这也证明该方法适用于石质文化遗产监测。被动式热成像与拍摄记录的检测结果只能十分有限地分析大面积平坦墙面上的石材劣化，例如层状剥离；三维构件的（复杂）形状是导致分析困难的一大原因。主动式红外成像法能在含有复杂砌块的多个立面实施检测，但由于热活化的必要性，使检测面积被限制。层状剥离病害由于其显著的热活性而可被识别，并能在无接触条件下被成像记录。将主动式热成像与现有的病害图示作比较（图 2.2.8.3），可看到一致的孔洞状风化部位。

 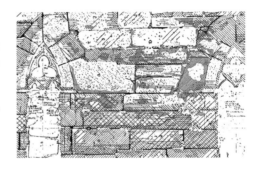

图 2.2.8.3
原比肯费尔德修道院教堂主动式红外热成像检测
左：冷却热成像照片；
右：部分病害图示，加入红外热检测结果（Franzen & Löther，2010a）

若需要利用热成像得到相对清晰的病害分类仍会遇到一些挑战，这些挑战是在热成像转化过程中因不同文物和拍摄角度而造成的。因此，有必要修正红外照片并将检测结果记录到测绘图上。

例 2：格尔恩豪森皇帝行宫（Gelnhausen, Kaiserpfalz）

同样，我们在格尔恩豪森的皇帝行宫也进行了无接触的主动式和被动式红外热成像检测，并检测到砂岩的孔洞状风化病害。共振回声探测棒的导向性检测能证明该检测结果。对比病害图示与红外照片，能得到相吻合的结果，但也存在有偏差的部分。对该文物的检测结果也清楚地反映出在立体文物表面，比如在弧面、不平整的柱子上制作平面的病害图示是一大挑战。

然而，现代热成像技术的投入使用对于研究石质文化遗产表面的病害缺陷仍有明显的积极作用。图2.2.8.4展现了5号柱的主动式红外热成像检测结果。热成像图上几处显眼的部位，即存在病害之处；这些病害形成的原因就是表面与核心部位的脱离（层状剥落）。根据热成像所揭示的信息可进一步制作层状剥离病害图示，并与现状测绘图作对比。

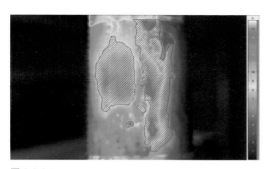

图 2.2.8.4

格尔恩豪森皇帝行宫主殿 5 号柱

左：显示病害的红外照片；

右：红外热成像检测结果图示在照片上（Franzen & Löther，2010b）

通过在格尔恩豪森皇帝行宫不同建筑部位的多次重复检测，我们可总结出一点：若要对比病害图示与热成像照片，并将热成像检测结果标识在病害图示上，就必须使用同一个视角检测。我们在布置检测装置时一定要注意这一点。

例 3：格尔利茨圣墓 (Görlitz, Heiliges Grab)

我们在格尔利茨的圣墓进行了被动式红外热成像检测（阳光光照条件下）。根据课题要求，我们对圣墓进行了标准化的病害测绘。在该小范围的近距离检测中，发现有相关的病害与热成像图中异常部位明显一致（图2.2.8.5）。由此可推论，南墙特定区域有零星分散的缺陷点存在层状剥离的病害——正是由于在这些缺陷点存在墙体表面与内部的剥离才造成了这些部位的异常升温。

此范例亦再次证明：无接触的红外热成像技术能对石质文物表面传统的病害勘察起到很好的补充作用。

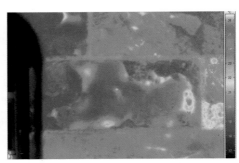

图 2.2.8.5

格尔利茨圣墓南立面

左：一部分病害图示（Gühne，2009）；

右：相应的热成像图片

例 4：马格德堡圣母修道院（Magdeburg, Kloster Unser Lieben Frauen）

  在上一次的修缮中，圣母修道院拱卷回廊 13 号柱拱座石的层状剥落部位得到嵌边、填补，这些在拱座石上所做的工作是本次检测的对象。为对病害图示和共振回声探测棒检测到的空鼓缺陷加以补充，我们进行了主动式红外热成像检测（Röllig，2009）。但为刺激热活性，在对此文物的检测过程中，我们使用了 2×1 000 W 的卤素灯，而不是通常情况下使用的红外辐射器（相位激发器）。

  图 2.2.8.6 展示了检测区域的照片和用在最高温度范围的 0.25 Hz 卤素灯加热器照射 20 次后的检测结果。热量活跃区域代表该位置存在内部与表面剥离。

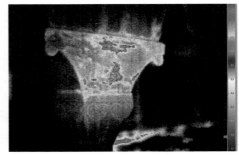

图 2.2.8.6

马格德堡圣母修道院拱券回廊 13 号柱拱座石

左：检测区域照片；

右：拱座石在 0.25 Hz 卤素灯加热器 80 s 形成的热成像照片

（注意黑白背景下的彩色部位，具体可参见 Röllig，2009）

参考文献

Franzen, C. (2010): Görlitz, Heiliges Grab, IR-Thermographieuntersuchungen, Institut für Diagnostik und Konservierung an Denkmalen in Sachsen und Sachsen-Anhalt e.V., Dresden, Bericht IDK DD 16/2010.

Franzen, C., Löther, T. (2010a): Birkenfeld, Klosterkirche, IR-Thermographiemessungen, Institut für Diagnostik und Konservierung an Denkmalen in Sachsen und Sachsen-Anhalt e.V., Dresden, Bericht IDK D 20/2010.

Franzen, C., Löther, T. (2010b): Gelnhausen, Kaiserpfalz, IR-Thermographieuntersuchungen an geschädigten Sandsteinoberflächen, Institut für Diagnostik und Konservierung an Denkmalen in Sachsen und Sachsen-Anhalt e.V., Dresden, Bericht IDK DD 19/2010.

Franzen, C., Löther, T., Meinhardt-Degen, Weise (2008): Berührungslose Hohlstellendetektion an Wandmalereien. In: Grassegger, G., Patitz, G., Wölbert, O. (Hrsg.): Natursteinsanierung Stuttgart 2008, Fraunhofer IRB-Verlag, S. 43–50.

Gühne, D. (2009): Schadenskartierung Heiliges Grab, Görlitz. Landesamt für Denkmalpflege Sachsen, Dresden.

InfraTec (2004) Einführung in die Theorie und Praxis der Infrarot-Thermografie. Fa. InfraTec, Skript zum Schulungskurs, 63 S.

Röllig, M. (2009): Kurzauswertung BBR-Monitoring Magdeburg vom 11.06.2009, Bundesanstalt für Materialforschung Berlin, BAM VIII.4.

■ 2.2.9 共振回声探测棒测空鼓缺陷

罗尔夫·斯内特拉格 (Rolf Snethlage)

　　共振回声探测棒是一个可伸缩杆，其顶端有一个直径 20 mm 的实心不锈钢球。检测时，手持伸缩杆，用不锈钢球轻触待测表面，产生的振动能导致空鼓部位中空气层的共振，由此能通过声音更好地感知到空鼓。其作用原理与用手指或实心金属物敲打以检测空洞的原理相同，但是使用金属球轻触脆弱的表面，不会造成损伤。

　　图 2.2.9.1 展示了用空鼓探测棒探测文物表面的场景。将钢球固定在伸缩杆上的优点是能探测超越臂长的待测区域。

图 2.2.9.1
用共振回声探测棒轻触石材表面以
检测空鼓部位

　　用金属球多次探测空鼓部位与实心部位的边界线，然后将此边界线记录到符合石材大小的测量图中。所有对空鼓部位的测绘揭示了保护修复中的隐藏问题，这些在确定保护方案时必须得到重视。

■ 2.2.10 显微镜研究法

恩诺·施泰因德贝尔格（Enno Steindlberger）

显微镜研究的目的是判断肉眼看不到或不能充分认识到的材料特性及其成分组合。

在石质文物的自然科学研究进程中所涉及的材料指的是天然石材、砂浆和人造石材。根据不同的检测项目清单会有不同的检测过程和不同的样本尺寸、取样深度和样本处理方法。例如，对于石质文物，研究内容有石材类型、砂浆类型、风化深度、使用的防腐材料、水溶盐聚积、孔隙面积与石材结构的改变。

显微镜研究有三种类型：透明薄片的透射光显微镜（偏振光显微镜）研究、扫描电子显微镜（SEM）观察，以及在观察石材的颜色时借助反光显微镜分析其抛光切片。

切片显微技术

测定石材或砂浆类型

测定天然石材的种类和砂浆类型需要获取具有代表性的大的样品。切片应制成符合要求的尺寸（正常切片、大切片）。

石材和砂浆分类宜参照已有的专业文献描述（例如 Adams 等，1986; Pichler & Schmitt-Riegraf, 1987）。

通常，根据光学特性和晶粒形状、解理、排列等情况能确定石材的矿物成分。作为补充或者有疑问的情况下，推荐使用化学分析或 X 射线分析。

根据区域评估法、计数法或计算机辅助分析法，能定量确定石材矿物成分的比例或孔隙大小。将薄切片染色，能帮助我们更好地区分空洞区和孔隙区。

显微观察经常要回答这个问题：石质材料之间的黏合质量，例如天然石材与灰缝之间的黏合等是否满足要求。显微观察石材时，让人感兴趣的内容是空洞和裂隙、各种材料的原生和次生变化或反应；观察砂浆时，通常关注添加剂（例如引气剂）的作用、分层、成分变化或者与不同涂层、颜料层的结合。

（因风化或添加材料造成的）材料变化

　　天然石材或砂浆、人造石材表面的可见风化通常已深入内部，但一般情况下表层粉化、裂隙等的严重程度会随深度加深而逐步递减。

　　为区分健康的与劣化的石材结构，当我们从表层向深处研究石材结构变化时，必须探测至健康的未劣化材料。

　　显微分析中，石材总体结构的宏观观察很重要，但高分辨率的细微观察亦很重要，尤其是要看到晶粒的连接和风化过程、矿物相转换和重建或其他特征。

　　为评估使用过的防腐剂的效果，需要研究的内容包括防腐剂黏合度、渗入深度、不同的孔洞填补等。

　　对于光学显微研究，这里建议使用三种不同的放大等级（根据设备类型而相应调整）：①宏观观察（比如按实物尺寸），选用 2.5 或 6.3 倍；②中度放大，选用 10 倍；③细节观察，选用 26、50 或 63 倍。

　　比较结构特征时，应选用同一种放大比例。

　　研究结果的文字描述很重要，只有图片几乎没有说服力。为能从专业技术上评估图片，简短的图片解释不可或缺，包括图片大小和相应的比例尺说明、拍摄照片时光学仪器的设置说明（单偏光，交叉的偏光）。

　　下文列举了显微研究中所需的说明信息，包括样本鉴定、样本准备处理和最终的显微研究：

- 研究地点、项目名称、样本和切片编号；
- 材质和样本类型（石材、砂浆、岩芯、岩片等）；
- 需要研究的问题（结构松动、材料证明等）；
- 取样方向／切片位置（随意、垂直于表面等）；
- 树脂类型（透明／染色）；
- 放大比例（说明图像边长或插入毫米刻度）；
- 偏振镜（平行／交叉尼科尔棱镜）；
- 研究结果（显微描述）。

扫描电子显微技术

　　扫描电子显微技术相较于光学显微技术最大的区别就是有更高的分辨率。它能改善形态研究，但在光学特性上却没有什么不同。使用能谱仪分析（能量分散的 X 射线荧光分析），通常能对单个矿物晶粒进行化学成分分析，从而可能识别矿物类型。由于扫描电子显微技术具有高分辨率，能检测和描绘石材结构最细微的变化，以及鉴定微小矿物类型。

若要研究湿度对某些物质的影响(矿物的膨胀、水溶盐的溶解)则需要采用 ESEM(环境扫描电子显微镜) 。

参考文献

Adams, A. E., MacKenzie, W. S., & Guilford, C. (1986): Atlas der Sedimentgesteine in Dünnschliffen. Enke-Verlag, Stuttgart.

Pichler, H. & Schmitt-Riegraf, C. (1987): Gesteinsbildende Minerale im Dünnschliff. Enke-Verlag, Stuttgart.

■ 2.2.11 有害水溶盐研究

米夏尔·奥哈斯（Michael Auras）

有害水溶盐污染通常发生在许多历史建筑物中，其相关病害机理极其复杂，在本节中无法详细描述。在网站 www.salzwiki.de[1] 上可查阅大量文献，其内容包括不同水溶盐矿物相、病害机制、结晶和溶解过程、水溶盐在墙体中的运移、水溶盐研究方法等细节。

为定量分析水溶盐，需要采用不同化学研究方法，并在专业的实验室进行实验。其中，经常被使用的研究方法为离子色谱和原子吸收分析，使用较少的为光度测量或原子发射分析，偶尔也会用到其他系列研究方法。

用 X 射线衍射法分析石质文物表面的泛盐问题，能测定实验时处于结晶状态的水溶盐矿物相；而通过偏光显微镜、扫描电子显微结合能谱仪分析或微量化学检测分析，也能定量测得水溶盐的成分。

在历史建筑研究实践中，为了降低化学分析的经济成本，可通过检测含水样本的电导率和使用分析水质的测试试纸来半定量地分析水溶盐含量。齐亚（Zier，2002）已讨论过这些方法的局限性。我们通常只测定三种阴离子：硫酸根、硝酸根和氯离子，它们能够提供关键的信息。但也可能因为没有测定相关的阳离子而得出错误的结论。比如对于多孔天然石材类型来说，当存在易溶于水的水合物水溶盐例如硫酸钠时，这种硫酸盐的危害程度相比最常见的、相对难溶于水的石膏硫酸钙要高很多。

通常情况下，我们推荐使用"两步法"。第一步，采用简单的半定量方法估测水溶盐含量，比如电导率测量或测试试纸测量法可测量大量的样品，使实验开支控制在可预见的范围内。第二步，基于半定量检测结果，再有目的地选出用于定量分析水溶盐的样本。此外必须同时测定主要的阴离子和阳离子量。最常见的阴离子有硫酸根、硝酸根和氯离子。常见的阳离子主要有钙、镁、钠、钾和铵离子。有时也有其他离子出现。

许多书上都描述了水溶盐污染的评价指标及其病害风险评估（Zier，2002 中的一览表）。本人推荐参考使用《文物保护与既有建筑维护科技工作者协会须知 3-13-01》（WTA-Merkblatt 3-13-01）制定的评估表（表 2.2.11.1）。但对于硫酸盐污染必须进一步分辨阳离子类型。

1　查阅英文文献可访问 www.saltwiki.net/index.php/Home。——译者注

表 2.2.11.1 根据有害水溶盐阴离子浓度评估危害（参考 WTA 须知 3-13-01）

评级	浓度（mmol/kg）	硫酸盐 质量分数（%）	氯盐 质量分数（%）	硝酸盐 质量分数（%）
无污染 0 级	≤ 2.5	≤ 0.02	≤ 0.01	≤ 0.02
少量污染 I 级	≤ 8.0	≤ 0.10	≤ 0.03	≤ 0.05
中等污染 II 级	≤ 25.0	≤ 0.20	≤ 0.10	≤ 0.20
大量污染 III 级	≤ 80.0	≤ 0.80	≤ 0.30	≤ 0.50
严重污染 IV 级	>80.0	>0.80	>0.30	>0.50

课题案例研究

我们对很多文物都进行了水溶盐污染研究。在 3.8 节会详细介绍两个案例。

评价

水溶盐分析是历史建筑诊断不可或缺的部分。所用的研究方法已得到验证，并被广泛使用。必须谨慎对待半定量法的检测结果，至少在抽样采用定量法验证后才能确定能否用这个评估指标。

在后文 3.8 节库讷斯道夫案例中能看到，通过石质文化遗产监测能追踪石材多年的干燥过程，并通过检测局部的水溶盐富集情况等方法排查潜在的病害点。这使我们能在石质文化遗产产生新的病害之前，及时采取应对措施。

参考文献

WTA-Merkblatt 3-13-01 (2001): Zerstörungsfreies Entsalzen von Natursteinen und anderen porösen Baustoffen mittels Kompressen. Wissenschaftlich-technische Arbeitsgemeinschaft für Bauwerkserhaltung und Denkmalpflege e.V., München.

Zier, H.-W. (2002): Untersuchungen zur Salzbelastung – Analysenmethoden, Bewertung, Grenzwerte. In: Salze im historischen Natursteinmauerwerk. Institut für Steinkonservierung e.V., Mainz, IFS-Bericht 14, S. 31–39.

■ 2.2.12 石材表面的微生物监测

托马斯·瓦沙伊德（Thomas Warscheid）

石材表面的微生物侵害不仅是化学损害过程，也是物理损害过程，若任其发展下去，中长期看来，就会造成岩石母体的不稳定。生物引起的化学影响只能间接测定（即实验室检测微生物群酸化、金属氧化或有机物分解的潜能），而生物黏液物质（微生物薄膜）造成的物理影响能通过可测量的色彩变化、毛细吸水性能变化和石材强度变化直接定量测定。

微生物薄膜几乎只能通过显微方法（即光学显微镜和荧光显微镜）测得，其具体影响必须根据特定物质的测量（即色彩测量、毛细吸水性能测量、钻入阻力测量和回弹硬度）来定量检测。对石质文化遗产表面的微生物损害过程的评估依然是根据微生物物质转化活性 [例如三磷酸腺苷（ATP）的测定、呼吸作用测定] 来确定的。应通过伴随实施的生物量检测（例如蛋白质含量）来确定细菌数量（即藻类、真菌、特殊聚集介质上的细菌）。检测中得到的微生物群的成分特征即单独培养的微生物类型，可用生物化学与分子生物鉴定法 [微生物自动分析系统（Biolog）和随机扩增多态性 DNA（Rapd）] 来分析，这能帮助我们评估其潜在的损害过程。

在石质文化遗产微生物学领域多年经验的基础上，可参阅跨学科数据（其中包括光照条件、石材类型、风化状态、水溶盐污染、修缮措施），将微生物影响评估分为三个等级：无害、中度有害、直接有害。

这种跨学科鉴定的基本检测流程是查阅文物病史、证实重要损害过程、处理可能由微生物导致的损害；检测方法包括肉眼观察、显微分析、现场无损 ATP 检测以及取样后的微生物群成分分析；微生物群样本的实验室分析方法有 Biolog 的生物化学分析和Rapd 的分子生物分析。而生物病害影响的最终鉴定和分级评估只能通过跨学科数据来实现。

对于已处理和未处理文物，都能使用这种最低限度的微生物检测方法。此法能告诉我们必须采取的措施，或评估针对微生物对石材风化的影响而做的干预措施。措施的评估结果分为以下不同等级：无效、短期改善病害情况、微生物群成分的积极／消极改变、可持续控制的生物危害。

目前，短时间内还无法实现一种能具体定量并进行分级评估的微生物检测方法。但已经收集到了石质遗产表面微生物菌落"正常"定植及生物化学物质"常见"活性的经验数据。

■ 2.2.13 粗糙度检测

史蒂芬·西蒙（Stefan Simon）

粗糙度检测是一种使用广泛的研究方法，用于评估风化进程或检测石质文化遗产，尤其是光面大理石石质文物表面的清洁效果（Grimm，1983；Weber，1985）。

即使肉眼看上去平整光滑的石材表面，若用显微镜观察，也总是能看到其粗糙性。也就是说，对于每一个表面都能确定一个粗糙度。测定粗糙度最简单的技术就是电动触针法——一种检测表面的二维测量方法，其推动装置以恒定的速度推动触针系统平行于待测表面运动。市面上有销售特定的检测仪器即马尔粗糙度仪（Perthometer）。该仪器通常由一个支架组成，支架上连着一根很细的针，与留声机类似。触针沿着表面滑动，同时会记录下高度变化的曲线。

记录所得的曲线其实是通过电动触针法得到的实际表面的包络轮廓。这条曲线实际上包含了三个最重要的形态特征值：形态偏差、表面波纹度和表面粗糙度（DIN 4760）。测得曲线后，通常最先引起注意的是随着曲线长度快速变化的表面粗糙度，它通过不规则的波峰和波谷被展示出来。若将这种不规则波动去除（对曲线进行降噪处理），并载入一条拟合曲线[1]，就能识别出波纹度曲线。其特征是它的平均曲线不会持续上升或下降。如果再将波纹度曲线去除，就能清晰显示出形态偏差，也就是待测表面的形态的结构，这也能用肉眼观察到。为从测量技术上区分这些数值，必须通过合适的过滤技术区分表面粗糙度、表面波纹度和形态偏差。此时，就需要通过极限波长来确定：哪些波长属于表面粗糙度范围，哪些波长属于表面波纹度范围。根据 DIN 4777 制作的曲线过滤器能将测得曲线中的波长分为长波和短波，长波部分即属表面波纹度范围，短波部分则属表面粗糙度范围。单个检测距离 I_e 是整个滑动距离 I 的一部分，它小于或最多等于极限波长。检测总距离 I_m 是滑动距离 I 被测量的那部分；根据标准，它包括 5 段前后相连的单个检测距离 I_e。在单个检测距离 I_e 中可测得粗糙度参数，其定义和测定是根据 DIN EN ISO 4287、4288 来进行描述的。因通常需要测定 5 段单个检测距离，检测结果可取几个单个检测距离的平均值。5 段单个检测距离是标准规定的测量段数，如有其他情况则必须写明该检测中单个检测距离的数量。评价粗糙度的基准线是通过过滤器得到的曲线的长波部分的平均线，是通过一段单个检测距离曲线的中心线。换言之，粗糙度曲线是测得曲线相对于中心线的偏差。在描述粗糙度曲线时，称中心线为零度线 m。曲线深度 P_t 则是两条根据理想几何曲线形状而定的等距边界线之间的距离，这两条边界线在相关检测距离内尽可能地将测得曲

1　一条可参照的标准曲线。——译者注

线包含在内。平均粗糙度 R_a 是粗糙度曲线上所有数值的算术平均值（图 2.2.13.1）；平均粗糙度 R_q 是粗糙度曲线上所有数值的平方平均值。

$$R_a = \frac{1}{l} \int_0^i |y(x)|\mathrm{d}x$$

（式 2.2.13.1）

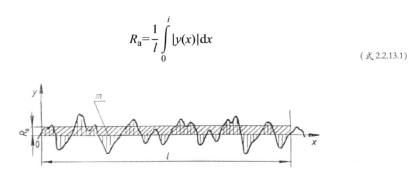

图 2.2.13.1
平均粗糙度 R_a（μm）——粗糙度曲线上所有数值与零度线 m
距离的算数平均值

单段检测距离的粗糙深度 Z_i 是曲线上最高点和最低点的垂直距离 R_y。平均粗糙深度 R_z 是接连几段单个检测距离上单段粗糙深度 Z_i 的平均值。最大粗糙深度 R_{max} 是检测总距离中最大的单段粗糙深度。R_z 是 5 个最高波峰和 5 个最低波谷的振幅的算术平均值，而波峰和波谷是由中心线确定的。如果单个检测距离 I_e 中波峰和波谷少于 5 个，那么此时根据国际标准就无法测定 R_z。R_c 则指的是所有振幅的算术平均值。

检测样本上将选取平坦部位约 50 mm 的长度用于检测（也可能取样并固定在马尔粗糙度仪的试验台上）。在每个样本上，将检测 5 段 2.5 mm 长的单个检测距离。一般使用平均粗糙深度 R_z 和最大粗糙深度 R_{max} 来评估检测结果。

现场检测中，可通过定期重复测量来追踪记录抛光表面在持续风化过程中粗糙度的加剧。

参考文献

DIN 4760 (1982): Gestaltabweichungen; Begriffe, Ordnungssystem.

DIN EN ISO 4287 (2010): Geometrische Produktspezifikation (GPS) – Oberflächenbeschaffenheit: Tastschnittverfahren – Benennungen, Definitionen und Kenngrößen der Oberflächenbeschaffenheit.

DIN EN ISO 4288 (1998): Geometrische Produktspezifikation (GPS) – Oberflächenbeschaffenheit: Tastschnittverfahren – Regeln und Verfahren zur Prüfung der Oberflächenbeschaffenheit.

Grimm, W.-D. (1983): Rauhigkeitsmessungen zur Kennzeichnung des Verwitterungsfortschrittes an Naturwerkstein-Oberflächen. – Werkstoffwissenschaften und Bausanierung, 1. Intern. Koll. 09/83 F.H. Wittmann (Hrsg.), Edition Lack Chemie, Techn. Akad. Esslingen, S. 321–324.

Weber, J. (1985): Natural and Artificial Weathering of Austrian Building Stones Due to Air Pollution. – Proc. of the 5th International Congress on Deterioration and Conservation of Stone, Lausanne, 25.–27.09. S. 527–535.

■ 2.2.14 分光色度计——色值测定

贝贝尔 · 阿诺尔德 （Bärbel Arnold）

珍妮娜 · 迈因哈特 （Jeannine Mainhardt）

分光色度计是通过有色材料在可见光范围内（380~730 nm）的反射光谱定量测定其色值的仪器。这是一种用于石材表面分析的光学方法。测定色值的基础是标准的 L*a*b* 色度空间（CIE-Lab 色度空间），可用三维坐标系表示。a* 轴表示色彩中的绿色和红色部分，其中负值表示绿色，正值表示红色。b* 轴表示色彩中的蓝色和黄色部分，其中负值表示蓝色，正值表示黄色。a* 轴和 b* 轴的刻度范围分别为 −150~+100 和 −100~+150，其中有些值没有相对应的肉眼可感知的颜色。在建立这种色度空间时，由于色彩的可感知性，在直角坐标系中得到的色体的形状是不规则的。L* 轴表示颜色的亮度，数值范围为 0~100（图 2.2.14.1）。

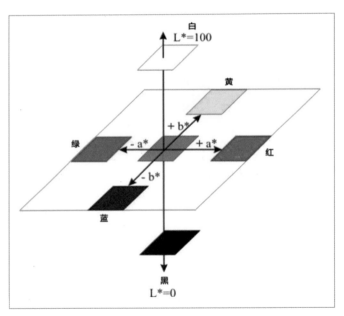

图 2.2.14.1

CIE-Lab 色度空间的三维模型

首先，用可见光照射待测样本。在照射过程中，样本材料会以特定的方式吸收或反射可见光，因此看上去有颜色。用色度计可测得有色材料特定的反射光，反射光形成的反射曲线展现了反射光强度及其波长的相关性。对比数据库，每一种有色材料都可以被分类整理。由于使用的是标准的 L*a*b* 色度空间，检测到的色差是等距的，且检测过程不受制于测量器材类型。该检测方法尤其适用于区分彩色的有色材料。因为黑白在可见光谱范围内是没有色彩的，故而不能用该方法测定。通过计算亮度坐标 L*，能定量测定文物表面的灰变和黑变。检测须定期重复进行，可在现场进行无取样、无损检测。该方法只是用作大规模的快速"筛选"之法，以检测所用有色材料的变化和污蚀概况。

案例研究：德累斯顿茨温格宫（Dresdner Zwinger）

色彩均匀的文物表面尤其适合使用分光色度计进行监测。为观测德累斯顿茨温格宫露天雕塑群上透明硅树脂涂层的变化，我们在该监测项目中使用了便携式无线分光色度计和氙灯闪光灯（柯尼卡美能达公司生产的 CM-700d 分光色度计）（图 2.2.14.2）。监测区的精确照片存档使得多年后的今天仍能进行对比分析。研究中，我们在茨温格宫雕塑群每一个参考测量点附近都进行了 4 次检测。检测结果报告显示，4 次检测中每一条光谱曲线几乎都是一致的。

图 2.2.14.2
德累斯顿茨温格宫：使用分光色度计检测易北砂岩雕塑上透明硅树脂涂层的色彩变化

灰度值测量

为测定文物表面污蚀情况，可在待测表面区域使用一种简单的监测方法：定期用灰度卡和微距摄影做记录（图 2.2.14.3）。通过对比照片，能估计文物表面污蚀变化速度，并推动引进所需的保护措施。

图 2.2.14.3
库讷斯道夫伊岑普利茨家族坟墓建筑：莱因哈特村砂岩，修缮 10 年后，用灰度卡检测清洁效果和再次污蚀情况

评估

分光色度计很适合用作监测仪器，用于检测均匀表面，比如颜料涂层，或者非常均匀的天然石材，比如大理石。石材表面的污蚀和色变都能用此法以展开长期追踪和定量分析。

分光色度计在其他类型石材表面上的使用有局限性，因为大多数石材在很小尺度内矿物成分就有变化，从而表现出不同的颜色光谱。因此，无法排除由于检测面材料本身的色彩变化而产生的错误解读。

在实验室中，我们研究了湿度对色谱的影响。将同一批样本放置在不同空气湿度中，并检测相同的测点。结果显示：色谱基本保持不变，能观察到的仅是亮度轴上存在统一的位移。基于这点，我们推荐在检测前先将待测表面放置于干燥环境中至少 2 天，并确定在检测时环境条件不会造成待测表面出现冷凝现象。

2.2.15 其他简单快速的检测方法

米夏尔·奥哈斯（Michael Auras）

除上文已描述的检测方法外，建筑勘察中还会用到一系列简单的、非定量的检测方法。这一系列方法将在下文根据研究方向简要列举（表 2.2.15.1）。某些情况下，检测结果的评估依据仅仅是检测员的经验，部分结果的可重复性十分有限。其他建议和检测方法可参考其他文献，例如 WTA 须知 3-4-90（1990）、阿伦特（Arendt）1994 年所著相关文献和 WTA 须知 2-10-06（2006）。

表 2.2.15.1 简单检测方法

检测方法	试验结果	参考文献
强度		
反弹锤、摆锤	以弹性形变作为检测石材表面区域强度的标准	DIN EN 12504-2
表面材料颗粒的黏合度		
丝绒布法、黑布擦拭法	以黑布上的残留物评估涂色层的粉末剥落	DIN EN ISO 4628-7
胶带测试法：撕下胶带后附着的石材颗粒 粉化测量仪, Helmen 法	颜料涂层附着 评估撕下胶带后附着的石材颗粒量 撕下胶带后其透光性	DIN EN ISO 4628-6；对比本书提及的剥离阻力法（见 2.2.4 节）
百格法	网格状切割后涂层的附着情况	DIN EN ISO 2409
裂隙评估		
裂隙宽度尺	用对比尺测裂隙宽度	—
裂隙放大镜	观测裂隙宽度	—
石膏饼	一次性检测裂隙宽度变化	—
变形仪	可反复读取裂隙宽度变化，无法读取裂缝开裂方向	—
裂隙监测仪	可反复读取裂隙宽度变化及其开裂方向	—

表 2.2.15.1（续）

数显裂隙监测仪	定期测定裂隙宽度变化，无法读取裂缝开裂方向	—
毛细吸水性能		
滴水法	检测湿润性、吸水性能、砂浆灰缝的密封性，以及横截面的憎水深度	—
水雾喷洒法	检测湿润性，吸水性能，探测裂隙	—
水溶盐危害		
水溶液电导率法	评估水溶盐危害	ÖNORM B3355-1（奥地利标准）；Zier，2002
测试试纸	半定量测定水溶液的离子含量	Zier，2002
化学测试		
盐酸测试	通过稀释的盐酸（10%）滴定测碳酸盐	—
碳化测试	在表面喷洒酚酞试剂（检测 pH 值变化）证明砂浆和混凝土的碳化程度	DIN EN 14630
打火机加热法	通过加热时的气味样本验证颜料涂层中是否含有合成材料	—
湿度测定		
烘干法	通过加热干燥测量减少的重量	DIN EN ISO 12570
简单湿度计	测定建材的电阻（取决于湿度和水溶盐含量），通常仅用于比较测量，不适用于湿度的精确测定	—
其他		
内窥镜检测法	评估砌体构造	—
加固材料探测器／金属探测器	定位加固钢筋、锚栓和铁夹等	—

参考文献

Arendt, C. (1994): Technische Untersuchungen in der Altbausanierung, Verlag Rudolf Müller, Köln.

DIN EN 12504-2 (2001): Prüfung von Beton in Bauwerken – Teil 2: Zerstörungsfreie Prüfung; Bestimmung der Rückprallzahl.

DIN EN ISO 12570 (2000): Wärme- und feuchtetechnisches Verhalten von Baustoffen und Bauprodukten – Bestimmung des Feuchtegehaltes durch Trocknen bei erhöhter Temperatur.

DIN EN 14630 (2007): Produkte und Systeme für den Schutz und die Instandsetzung von Betontragwerken – Prüfverfahren – Bestimmung der Karbonatisierungstiefe im Festbeton mit der Phenolphthalein-Prüfung.

DIN EN ISO 2409 (2007): Beschichtungsstoffe – Gitterschnittprüfung.

DIN EN ISO 4628-6 (2007): Beschichtungsstoffe – Beurteilung von Beschichtungsschäden – Bewertung der Menge und der Größe von Schäden und der Intensität von gleichmäßigen Veränderungen im Aussehen – Teil 6: Bewertung des Kreidungsgrades nach dem Klebebandverfahren.

DIN EN ISO 4628-7 (2004): Beschichtungsstoffe – Beurteilung von Beschichtungsschäden – Bewertung der Menge und Größe von Schäden und der Intensität von gleichmäßigen Veränderungen im Aussehen – Teil 7: Bewertung des Kreidungsgrades nach dem Samtverfahren.

ÖNORM B3355-1 (1995): Trockenlegung von feuchtem Mauerwerk – Bauwerksdiagnostik und Planungsgrundlagen.

WTA-Merkblatt 3-4-90 (1990): Kenndatenermittlung und Qualitätssicherung bei der Restaurierung von Natursteinbauwerken. Wissenschaftlich-Technische Arbeitsgemeinschaft für Bauwerkserhaltung und Denkmalpflege, München.

WTA-Merkblatt 2-10-06 (2006): Opferputze. Wissenschaftlich-Technische Arbeitsgemeinschaft für Bauwerkserhaltung und Denkmalpflege, München.

Zier, H.-W. (2002): Untersuchung der Salzbelastung – Analysenmethoden, Bewertung, Grenzwerte. Institut für Steinkonservierung e.V., Mainz. IFS-Bericht Nr. 14, S. 31–39.

3 保护与修复措施的长效性

概述

米夏尔·奥哈斯（Michael Auras）

在"石质文化遗产监测"课题范围内，许多经验丰富的修复师和科学家使用不同组合的检测技术，对约 30 处石质文化遗产先前的保护与修复措施实施了保后监测。下文将结合具体文物，对各种保护和修复方法进行评估。

部分发表在第 5 章内的文物数据信息很大程度上为此打下了基础。数据信息以简洁的表格形式总结了文物名称、石材类型、该次修复前的状况、修复措施以及相关研究中最重要结果的数据说明。此外，还有研究报告和测量数据，研究团队可在课题官网（www.naturstein-monitoring.de[1]）上内部交流这些内容。在网站首页上，除了项目概况描述外，还有为所有研究过的文物所撰写的简短的文物数据说明，可供公众浏览。

挑选文物进行保后监测的条件是该文物存在对最近一次修缮措施的有效文档记录，且该修缮措施实施时间至少是 10 年前。在文档记录中，所使用的方法和材料必须得到证明，保护修缮过的部位必须被标识清楚。这些要求使得选出来的都是在其最近一次修缮前后得到文物局关注的文物。很多情况下，前期、包括一些后期的评估工作，都完全或部分在德国联邦环境基金会（DBU）课题、1985—1998 年德国联邦研究与技术部、教育与研究部（BMFT/BMBF）的全国石材劣化与保护课题或其他类似课题范围内实施。

文物选择的另一个条件是修复措施由当时技术条件下有资质的专业公司实施。该要求能防止不合格的施工质量给研究结果带来负面影响。根据现存的施工记录和文件，所有被选文物的修复措施都具备较高的施工质量。

对所有修复措施的分级评估都各由一名作者完成，但该作者无法熟悉所有文物，因此很大程度上只能基于课题合作伙伴的研究结果，这样的评估可能会有弱点。为解决这个问题，我们举办了六次大多为期两天的课题会议，所有个人结果都在全体大会上进行讨论，通常能使悬而未决的问题得到立即解决。

每一处石质文化遗产都实施过几种保护或修复措施。因此，每一种措施所能被评估的案例数量各不相同，这也反过来影响了评估的有效性。但若案例数量达标，所观察的保护和修复措施的持久性就能呈现全面的、较有说服力的结果。

1　网页已无法访问。——译者注

3.1 憎水处理保存石质文化遗产——耐久性评估

珍妮娜·迈因哈特（Jeannine Meinhardt）

水，在矿物建材风化过程中扮演了重要角色。经过憎水处理，毛细吸水量将显著下降，且不会对材料的水汽输送产生太大影响。通过用浸渍材料充分润湿建材表面能达到这种效果，浸渍材料将通过毛细吸力被吸收，并经过反应给毛细孔壁覆上了一层防水膜。很多研究案例表明，随着时间推移，憎水处理的效果会减弱，但其中机理还并不清楚（De Witte 等，1997； Wendler & Sattler，1989）。

憎水处理带来的最大危险是外表面的孔隙度和透（水）汽性大大降低，使处理区域内部可能经过灰缝或裂隙渗入的湿气被锁住。这反过来会加速风化或导致因霜冻、积盐和胶凝材料的转变引起的层状剥落。即使孔隙度和透（水）汽性未显著降低，防水保护膜也会阻碍液态水由内运送到外（WTA-Merkblatt E-3-17，2010）。

在"石质文化遗产监测"课题的框架内，我们研究了一些过去做过憎水处理的文物，其中有些还做了固化处理。评估文物憎水处理效果最常用的方法是卡斯特瓶法。若雕塑检测面积较小，也可附加使用米洛夫斯基瓶法。用这两种方法都能进行多次无损测量，也保证了对保护措施有效性的全面评估。相关检测方法在本书 2.2.7 节有详细描述。

1. 憎水处理要求

为评估浸渍剂的功效，一般应遵守并实施以下多种标准：

- 与矿物表面结合良好；
- 充分渗透；
- 可耐受建筑立面的高温（参见 Sasse 等，1993）；
- 水蒸气扩散阻力未明显上升。

其引起的材料孔隙度变化不应导致耐冻融性变差，若石材处理后其孔隙的最大孔径处于微孔范围，则其更不耐冻融。

采用憎水方法处理吸水性能极低 [毛细吸水系数 < 1 kg/（m^2·$\sqrt{h}$）] 的石材也没有意义。根据经验，石材的毛细吸水系数与所需的渗入深度之间的关系如图 3.1.1 所示。

　　要在定期无损监测范围内复查憎水处理的效果，主要看的是毛细吸水能力，因此仅此项结果的表述就是评估的基础。

　　根据《石材保护导则》（Snethlage，2008）以及斯内特拉格和温德勒（Snethlage & Wendler，1996）的要求，成功的憎水处理应不会存在饱和吸水率的变化。为有效降低建材的毛细吸水性能，毛细吸水系数有必要小于 0.1 kg/（m² · √h）。

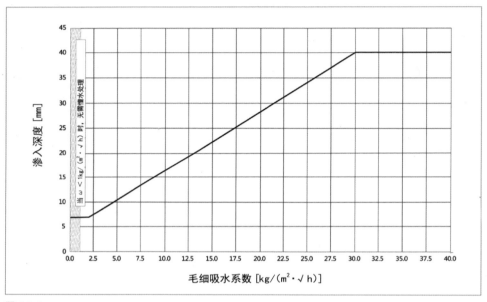

图 3.1.1
不同材料毛细吸水系数所需的憎水剂渗入深度（根据 WTA 须知 E-3-17）

　　否则，孔隙结构将吸收更大量的水分，使石材长期处于潮湿状态并积累水溶盐。该要求是之后对课题中所研究的不同文物进行毛细吸水能力测量结果的评估基础。我们的目标是在严格的自然科学基础上，要求数据的公式化，这里所说的自然科学基础是指根据现今知识体系所提出的适合评估憎水措施成功与否及其耐久性的基础。

　　根据温德勒和斯内特拉格（Wendler & Snethlage，1988），可用表 3.1.1 中的等级标准评估憎水效果。

表 3.1.1 憎水处理的评估等级 [单位: kg/ (m². √h)]

等级数	参数标准
1	$\omega < 0.1$
2	$\omega < 0.2$
3	$\omega < 0.5$ 或 10% 的单值 $\omega < 1.0$
4	$\omega < 0.5$ 或 30% 的单值 $\omega < 1.0$
5	ω 接近未处理石材毛细吸水系数，$\omega_{min} < 0.5$
6	ω 接近未处理石材毛细吸水系数，$\omega_{min} > 0.5$

当检测点的毛细吸水系数 $\omega > 0.5$ kg/$(m^2 \cdot \sqrt{h})$ 时，按照 DIN EN 1062 的指标，憎水处理的效果属于失效。当不满足该值要求，即绝对低于所能接受的最低憎水效果，那么就急需对建筑物采取保护措施（Meinhardt-Degen & Snethlage，2004）。若相应立面区域受降水影响，则有湿气积聚的危险，因为在干燥周期内水分不再能完全排出。

下文将总结描述各个已做过憎水处理而成为课题研究对象的石质文化遗产的研究结果。研究只考虑砂岩表面的憎水处理措施。其中两处遗产在 2002 年成为憎水再处理的样板工程，对它们的评价也包括在下文中。

2. 所研究的石质文化遗产

1) 罗马墓碑, 伊格勒柱 (莱茵兰 - 普法尔茨州, 伊格勒)

伊格勒柱所用材料为包含部分泥质、部分硅质胶结的中粒砂岩（科尔德尔砂岩，Kordeler Sandstein）。该墓柱在 1984—1986 年间得以修复。除了裂隙注浆、裂隙封闭、石材修补和重新勾缝，还实施了硅酸乙酯固化以及后续的硅烷试剂（Remmers 公司的 Silan SN）憎水处理。现在，砂岩已出现严重的粉化剥落和皮屑状剥落。该病害来自风化和水溶盐污染，也表明保护措施的效力已经下降。正如固化效果的退化，憎水效果亦有降低。1995 年测得砂岩平均毛细吸水系数 $\omega = 1.15$ kg/$(m^2 \cdot \sqrt{h})$，石材修补砂浆平均毛细吸水系数 $\omega = 0.01$ kg/$(m^2 \cdot \sqrt{h})$。在最近的测量（2009 年）中测得砂岩上 1986 年憎水处理材料的平均毛细吸水系数 $\omega = 1.58$ kg/$(m^2 \cdot \sqrt{h})$（图 3.1.2），石材修补砂浆的平均毛细吸水系数 $\omega = 0.21$ kg/$(m^2 \cdot \sqrt{h})$。因此，砂岩和石材修补砂浆的毛细吸水能力在过去的 15 年间增强了。石材修补砂浆的 ω 值（1 级[1]，参见表 3.1.1）展示了完好的憎水性能，然而砂岩的 ω 值（6 级，参见表 3.1.1）说明其已无法阻止湿气渗入。

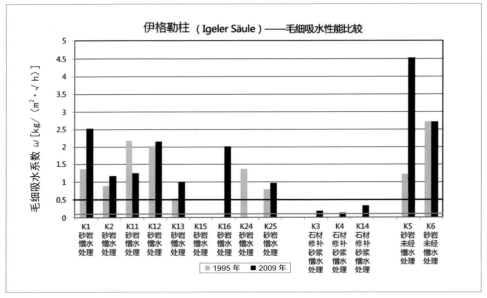

图 3.1.2
伊格勒柱，1995 年和 2009 年 ω 值变化

在经憎水处理的砂岩测点上，最初 3 min 有明显的晕圈形成。由此就可以看出其憎水性能的降低。晕圈表示表面的憎水性能下降，但石材深处的憎水性依然存在。

2) 原比肯费尔德修道院 (巴伐利亚艾施河畔诺伊斯塔特)

修道院西面山墙由史符砂岩（Schilfsandstein）建成，1991 年时首先以注浆粘贴、嵌边和硅酸乙酯等方法进行固化，接着用 Wacker 290S（Wacker 化学公司）作憎水处理。现在，该区域内有明显的严重病害：石材修补材料损失、表面层状剥落和灰缝缺陷。除了视觉评估（见上文），憎水处理的效果评估也证实了该建筑部分急需采取相关措施。其毛细吸水系数已和未处理石材相当（6 级，参见表 3.1.1）。憎水处理过的岩层剥落使得憎水剂渗透不充分。西面山墙的过度暴露无疑加速了大规模的风化。

---

1 按前文所述，石材修补砂浆 ω=0.21 kg/(m² · √h)，接近 2 级。—— 译者注

3) 慕尼黑古绘画陈列馆 (巴伐利亚)

被研究的对象是原材料为雷根斯堡绿砂岩的毛面方石。在四期保护施工阶段（1984—1985 年，1985—1986 年，1986—1987 年和 1988—1989 年），首先实施了表面清洁；接着用 Funcosil OH 作固化处理，用 Funcosil H 作憎水处理（Remmers 公司）。在 2009 年最近一次保后监测时，未发现出新的病害。这证明慕尼黑古绘画陈列馆立面的憎水处理在 20 多年后依然有效：所有类型的雷根斯堡绿砂岩毛细吸水系数平均值都小于 0.5 kg/（m²·√h）[类型 I：ω=0.13 kg/（m²·√h）；类型 II：ω=0.16 kg/（m²·√h）；类型 III：ω=0.22 kg/（m²·√h），假如除去极端值 1.99 kg/(m²·√h)，ω=0.18 kg/（m²·√h）；类型 IV：ω=0.12 kg/（m²·√h）]。根据表 3.1.1 的评估标准，这些检测结果总体来说符合憎水处理的 2 级水平。纵观检测值的绝对频率，95% 测得的 ω 值都低于 2 级临界值。总体来说，石材的毛细吸水能力通过憎水剂的使用，相比于未处理状态降低了 90% 以上。因此，也可证明所实施的各种措施是有效的。然而据证实，憎水处理的效果仍会持续下降。某些测点的 ω 值较 2001 年或 2002 年的结果有所上升，便可证明这点。测区 1 的情况已经说明憎水处理的局部失效，因为那里部分测点的 ω 值显著超过临界值 0.5 kg/（m²·√h）。2002 年再处理的效果在 6 年后也大打折扣，平均 ω 值从 0.07 上升到 0.19 kg/(m²·√h)。但根据表 3.1.1 所示的评估标准，对四种类型的绿砂岩而言，憎水处理都具有优良效果（图 3.1.3）。

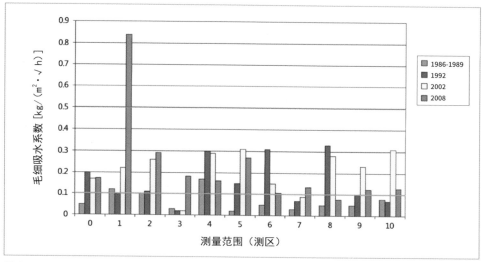

图 3.1.3
慕尼黑古绘画陈列馆，不同测区，1992—2002—2008 年
憎水处理后立即检测的 ω 值对比

4) 席琳斯菲尔斯特宫（巴伐利亚，席琳斯菲尔斯特）

　　这里涉及的石材原料是来自附近迪巴赫（Diebach）和盖勒瑙（Gailnau）采石场的史符砂岩，1976—1987 年修缮期间所用的修补材料来自施莱里特（Schleerith）采石场的威尔克砂岩（Werksandstein）。宫殿南、西立面在清洁后使用了憎水剂UNIL190 和 UNIL290（Kulba 建工化学公司）。除了 20 世纪 80 年代就已出现的、主要发生在史符砂岩上的薄层剥落现象，南立面上再也没有出现新的病害。

　　史符砂岩和威尔克砂岩的 ω 值离散程度较大。因而本案例所涉两种石材——来自迪巴赫和盖勒瑙的石材原料和来自施莱里特的修补石材——ω 值平均值大大超过1 kg/（$m^2 \cdot \sqrt{h}$），而中位数却处于临界值 0.5 kg/（$m^2 \cdot \sqrt{h}$）以下。若观察在20 世纪 70 年代和 80 年代处理后的立面的测量值绝对频率分布，50% 的 ω 值处于临界值 0.5 kg/（$m^2 \cdot \sqrt{h}$）以下，另外一半处于临界值以上。约 40% 的测量值甚至高于 1 kg/（$m^2 \cdot \sqrt{h}$）（6 级，参见表 3.1.1）。因此得出结论，70 年代和 80 年代实施的憎水处理已经失效（图 3.1.4）。

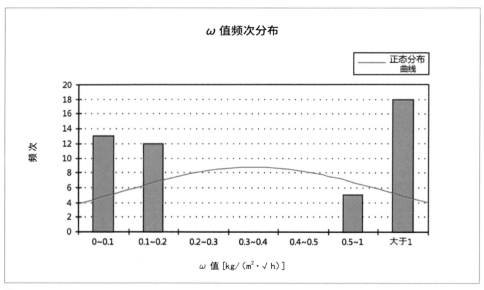

图 3.1.4
席琳斯菲尔斯特宫，ω 值频次分布（旧的憎水处理情况）

2002 年做了一个再次憎水处理的试验面，在该试验面上吸水性能结果较之前大不相同。憎水仍然有效果，岩芯的实验室检测结果也证明了这一点。但 2002 年以来，憎水效果也有退化，即 ω 值的平均值从 0.1 kg/($m^2 \cdot \sqrt{h}$) 上升到 0.13 kg/($m^2 \cdot \sqrt{h}$)（图 3.1.5）。

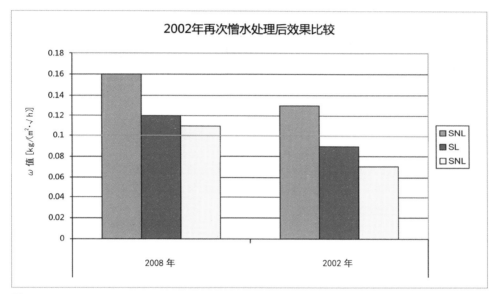

图 3.1.5
席琳斯菲尔斯特宫，再处理试验面的 ω 值

5）施特拉尔斯巴赫苦路 [2] 站（巴伐利亚, 布尔卡尔德罗特）

14 个苦路站各由一个带阶梯的底座、不透光弧形花格和冠饰十字架组成的框架，以及浮雕区域组成。该底座取材于当地的史符砂岩和威尔克砂岩（"绿色正砂岩"）。该石材建筑，除浮雕壁画外，都在 1997—1998 年做过清洁、固化（UNIL OH）和憎水处理（UNIL290，Kulba 建工化学公司）。最近一次用卡斯特瓶法分析 3 个苦路站（1 号、13 号和 14 号）的底座和框架石材的毛细吸水能力的结果显示，该区域憎水效果良好，ω 值处于 0.1~0.5 kg/($m^2 \cdot \sqrt{h}$)。只有 13 号苦路站的框架 ω 值稍稍超过临界值 0.5 kg/($m^2 \cdot \sqrt{h}$)（图 3.1.6）。

---

2 苦路，耶稣受难之路。——译者注

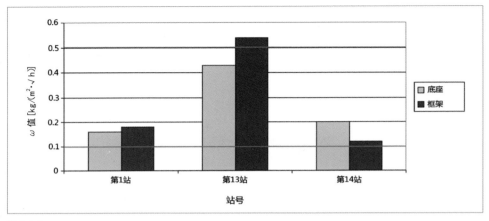

图 3.1.6
施特拉尔斯巴赫苦路，2009 年三个苦路站所测 ω 值

但所有被测的苦路站建筑部位的 ω 值都明显超过最佳憎水状态下的 ω 值，即 0.1 kg/(m^2·$\sqrt{}$ h)。鉴于表 3.1.1 的标准值，1 号、14 号苦路站的憎水等级可评定为 2 级，13 号站只能评为 3 级。

6）格罗斯赛德利茨巴洛克式花园，美洲雕塑（萨克森州，海德瑙）

雕塑材料来自易北河砂岩（科塔砂岩）（Elbsandstein，Cottaer Varietät），1999 年用 Funcosil SNL（Remmers 公司）作憎水处理。之前没有任何研究；最新检测得到毛细吸水系数平均值为 0.03 kg/(m^2·$\sqrt{}$ h)，显示出极好的憎水效果（1 级，参见表 3.1.1）。但可观测到局部的生物附生。虽然通过憎水处理使降水带来的湿度危害显著降低，但冷凝水依然会导致雕塑表面湿度增加。而表面湿度与微生物的生长尤其相关，不够干燥的部位因此存在微生物定植的威胁。在雕塑长期处于阴面的区域，该现象尤为常见。

7）茨温格宫王冠门，酒徒雕塑（萨克森州，德累斯顿）

原先酒徒雕塑的复制品在 1989—1990 年间用易北河砂岩（科塔砂岩）制作，并用硅烷偶联剂 Dynasilan NS 5800（Hüls 公司）做憎水处理。现在憎水处理过的表面测得 ω 值为 0.34 kg/(m^2·$\sqrt{}$ h)。以此可将该憎水效果视为基本有效（3 级，参见表 3.1.1）。雕塑右大腿未经憎水处理部位的 ω 值为 1.3 kg/(m^2·$\sqrt{}$ h)（图 3.1.7）。该复制品雕塑之前未做过毛细吸水性能研究。在雕塑的其他区域可观察到生物附生情况加重。

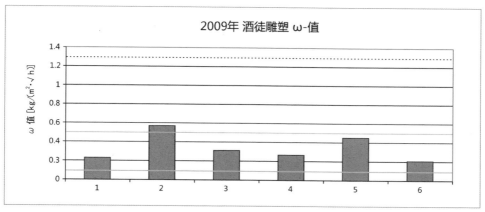

图 3.1.7
酒徒雕塑 2009 年经憎水处理的表面（柱形图）与未处理区域
（虚线）最新 ω 值对比

8) 库讷斯道夫陵墓柱廊, 伊岑普利茨墓顶 (勃兰登堡州, 梅基施 - 奥得兰县)

    1998 年，墓顶石材为易北河砂岩（波斯塔砂岩）（Postaer Varietät），曾使用 Funcosil（Remmers 公司）作憎水处理。2009 年 4 个最新监测数据的平均值为 0.54 kg／(m² · √ h)，因此处于可接受憎水效果的上限边缘（图 3.1.8）。

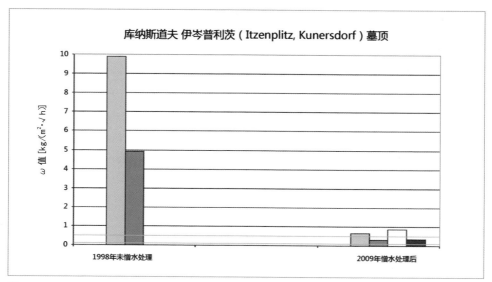

图 3.1.8
伊岑普利茨墓顶处理前与处理后石材最新 ω 值结果对比

鉴于未处理、未风化的波斯塔砂岩测得相当高的 ω 值 [其平均值为 7.4 kg/($m^2 \cdot \sqrt{h}$)]，最新检测结果尽管根据表 3.1.1 的标准值只能评为 5 级，但其显示处理后的石材仍具备较高的憎水性能。不过，仍然应该考虑并分析是否有必要重新进行憎水处理。

3. 研究结果评估

按照憎水处理效果的评估指标，被测石质文化遗产中有 4 处的憎水保护措施对降低雨水带来的湿度危害显示出完好且足够的效果。其中，易北河砂岩（科塔砂岩）文物的检测值被评估为优异的或还具有令人满意的憎水效果。波斯塔砂岩所测得的特征值处于尚能接受的憎水效果的上限。四种被测雷根斯堡绿砂岩的检测均值处于 $0.12 \sim 0.22$ kg/($m^2 \cdot \sqrt{h}$)，显示出有效的憎水能力。显而易见的是，泥质或含有黏土矿物胶结的石材表面，其憎水检测结果不如人意。原比肯费尔德修道院经憎水处理的史符砂岩的毛细吸水系数 ω 值与未处理石材一样。20 世纪 70 年代和 80 年代，在席琳斯菲尔斯特宫史符砂岩和威尔克砂岩上实施的憎水措施已失效；而 2002 年重新憎水处理的试验面的检测结果则不同，该憎水效果至今有效 [$\omega < 0.5$ kg/($m^2 \cdot \sqrt{h}$)]。

含部分泥质、硅质胶结的科尔德尔砂岩（伊格勒柱）的毛细吸水性能检测也反映出了对大气降水影响保护不够的问题，这种现象在 1995 年第一次检测中就已经出现。自那时起，15 年来该特征值只有细微的变化，当 ω 值为 1.5 kg/($m^2 \cdot \sqrt{h}$) 时[3]，表示石材的吸水性是非常高的，这在文物的病害图上也能反映出来（出现了严重粉化和皮屑状剥落）。但该石质文化遗产上被测的石材修补砂浆尚具有相对有效的憎水性能，其 ω 值为 0.21 kg/($m^2 \cdot \sqrt{h}$)。

憎水保护措施的持久性与被处理的石材类型有着直接的联系。主要以硅质胶结的砂岩，其所实施的憎水处理效果比主要以黏土胶结的砂岩，比如史符砂岩更持久。造成这种情况的原因可能有两方面。一是因为保护剂在黏土基质上的兼容性更差；二则是由于以下事实：憎水处理是无法防止石材受潮膨胀的，因为黏土矿物在空气湿度变化过程中通过吸湿就能发生湿胀。该过程主要与孔径大小相关，包括毛细冷凝现象，而憎水处理对毛细冷凝现象没有任何作用（Snethlage & Wendler，1996）。显然，材料湿热变形对憎水处理的耐久性有显著影响。

众所周知，憎水处理也会导致绿色低等生物附生，这种现象在两处来自易北河砂岩（科塔砂岩）的石质文物构件上有明显的表现。

3　2009 年测得的 ω 值为 1.58 kg/($m^2 \cdot \sqrt{h}$)。——译者注

4. 监测建议

　　除了对刚完成的憎水处理立即评估外，还应定期监测憎水效果。因此推荐每五年对处理面进行复查。比较麻烦的石材，比如史符砂岩，则需要在更短的时间内复查。我们在参照面进行的监测结果的评估，需要考虑到不同建筑结构、朝向、微气候环境等。鉴于憎水处理可能出现的副作用以及为达到理想效果而必须采取复杂的辅助措施（WTA-Merkblatt E-3-17, 2010），我们必须思考这样一个问题：重新做憎水处理到底是否有意义？总之，无论如何，在重做憎水处理前务必要慎重。还有其他方法能让原有的憎水处理发挥作用，比如索斯诺夫斯基（Sosnowski, 2006）进行了有发展前景的试验。该试验研究的方向是可否通过清洁在一定程度上恢复憎水的效果。

参考文献

De Witte, E., De Clercq, H., De Bruyn, R., Pien, A. (1997): Systematic Testing of Water Repellent Agents, including Solvent-free Products. In: Wittmann, F.H., Siemes, A.J.M., Verhoef, L.G.W. (eds.): Proc. 1st Int. Symp. on Surface Treatment of Building Materials with Water Repellent Agents, Delft, Nov. 9-10 1995, S. 5–1/5–10.

Meinhardt-Degen, J. & Snethlage, R. (2004): Durability of hydrophobic treatment of sandstone façades – Investigations of the necessity and effects of re-treatment. In: Kwiatkowski, D. & Löfvendahl, R. (eds.): Proc. 10th International Congress on Deterioration and Conservation of Stone, Vol. 1, Stockholm, S. 347–354.

Sasse, H.R., Honsinger, D., Schwamborn, B. (1993): „Pins"- New technology in porous stone conservation. In: Thiel, M.-J. (ed.): Proceedings of the International RILEM/UNESCO Congress, Conservation of Stone and Other Materials, Paris, June 29 – July 1 1993, London SPON, S. 705–716.

Snethlage, R. (2008): Leitfaden Steinkonservierung. 3. überarbeitete und erweiterte Aufl., Fraunhofer IRB Verlag, Stuttgart.

Snethlage, R. & Wendler, E. (1996): Methoden der Steinkonservierung – Anforderungen und Bewertungskriterien, In: Snethlage, R. (Hrsg.): Denkmalpflege und Naturwissenschaft, Natursteinkonservierung I, Verlag Ernst & Sohn GmbH, Berlin, S. 3–40.

Sosnowski, M. (2006): Restauratorischer Umgang mit „Alt-Hydrophobierungen". Kritische Betrachtung siliziumorganischer Hydrophobierungen und Reinigungsversuche zur Reaktivierung. Semesterarbeit, HfBK Dresden.

Wendler, E. & Sattler, L. (1989): Untersuchungen zur Dauerhaftigkeit von Steinkonservierungen mit siliziumorganischen Stoffen. Bautenschutz & Bausanierung, Sonderausgabe 1989, Bausubstanzerhaltung in der Denkmalpflege, 2. Statusseminar des BMFT, 14./15. Dez. 1988, Wuppertal, S. 70-75.

Wendler, E. & Snethlage, R. (1988): Durability of Hydrophobing Treatment of Natural Stone Buildings. Proc. Intern. Symp. Geol. Soc., 19–23. Sept. 1988, Athens, S. 945–952.

WTA-Merkblatt E-3-17 (2010): Hydrophobierende Imprägnierung von mineralischen Baustoffen (Entwurf). Wissenschaftlich-Technische Arbeitsgemeinschaft für Bauwerkserhaltung und Denkmalpflege e.V., München.

3.2 硅酸乙酯固化的耐久性

米夏尔·奥哈斯（Michael Auras）

　　课题研究的系列石质文化遗产中，很多都做过硅酸乙酯固化处理。因此，对该措施的复查能在很多文物上进行。

　　然而，因需考虑许多影响因素，研究结果的对比在一定条件下才可行。除了石材特性、易造成风化的病害、文物特定的结构、各种湿度危害和水溶盐污染、不同石材固化剂及其使用方法等参数，还必须注意由于知识的进步引起的保护概念上的不同之处。至 20 世纪 80 年代中期，对文物通常采取的措施是全面固化并对其整体作憎水处理（例如慕尼黑古绘画陈列馆、达菲尔特宫、施泰因富特宫、伊格勒柱）。到 80 年代末，才根据情况放弃憎水处理（例如原比肯费尔德修道院）。之后大多数情况下，硅酸乙酯固化处理只在部分范围内实施，而憎水处理仅在特殊情况下实施。

　　需要注意的是，不同负责人所实施的研究方法或者方法组合是不同的。下文各个实例中将展示对不同参数的评估。

1. 案例研究

1) 伊格勒柱

　　1985—1986 年间修缮的、源自科尔德尔砂岩的罗马墓柱经部分预加固处理后，采取硅酸乙酯（Wacker OH，Wacker 化学公司）全面固化措施，并例外地只对小部分表面实施了憎水处理。

　　我们已用各种不同的方法证明了该柱存在小规模砂岩松动，这对石材强度会产生重大影响。作为举例，图 3.2.1 展示了部分超声波速检测结果。

图 3.2.1
伊格勒柱，细节记录：超声波速证明砂岩表面存在不同严重程度的松动现象，较低的超声波速值 1.76 km/s（红色标记）是在严重粉化剥落区域测得的

2）格尔恩豪森皇帝行宫，主殿

我们研究了格尔恩豪森皇帝行宫罗马式主殿的支柱。该支柱在 1995—1997 年间得以修缮，其中红色正砂岩部分用硅酸乙酯固化剂（Motema 28/29，Interacryl 公司）进行了加固处理。总的来说，该固化处理效果十分理想。然而，少数受到水溶盐污染的区域表面的粉化剥落现象十分严重。图 3.2.2 展示了剥离阻力测量（胶带测试）中两条有代表性的曲线以及黏在胶带上的砂岩颗粒。

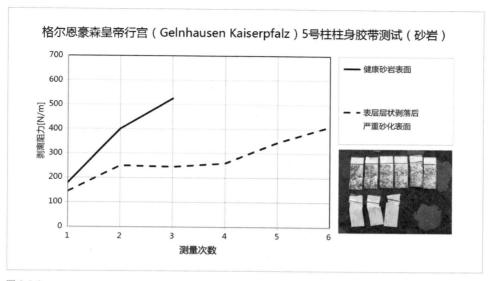

图 3.2.2
格尔恩豪森皇帝行宫：
胶带测试测得健康砂岩表面和严重砂化砂岩表面剥离阻力的
代表性曲线（数据来源：Steindlberger，2010）

3）科隆，克里小教堂

由罗马凝灰岩和魏贝尔恩（Weiberner）凝灰岩构成的石材立面已被彻底风化，因此 1992—1998 年间实施了昂贵的硅酸乙酯固化措施（Funcosil 石材固化剂变种，参见表 3.2.1）。固化剂经输液瓶和软管敷贴循环法淋到石材表面，以此达到对凝灰岩进行有力而全面加固的目的。后期观察监测以及现场检测（共振回声探测棒、毛刷检测法）都显示无缺陷。图 3.2.3 表明，毛刷检测法研究粉化剥落情况时，并未发现凝灰岩表面有颗粒剥落。

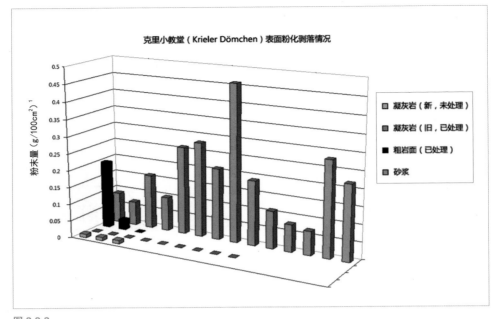

图 3.2.3
克里小教堂：
通过毛刷检测法测粉化剥落证明凝灰岩无颗粒剥落，而砂浆剥落严重
（数据来源：Kirchner & Zallmanzig, 2010a）

4）达菲尔特宫

该建筑设有长廊的立面由包姆贝格砂岩（Baumberger Sandstein）——一种碳酸盐胶结的砂岩建成。1982 年建了系统样板面之后，1985 年实行了对其他立面的部分修缮，此外实施了全面的硅酸乙酯（Wacker OH）固化。图 3.2.4 展示了钻入阻力测量的示例，证明其固化过度。

1　原图未注明单位，根据上下文确定单位为 g/100 cm^2。——译者注

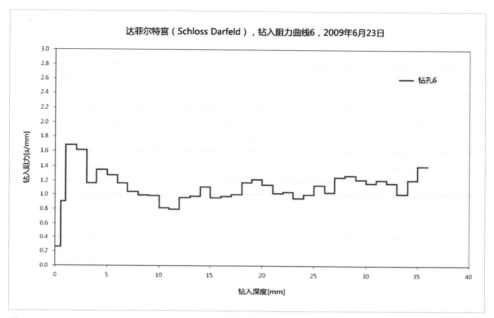

图 3.2.4

达菲尔特宫：

包姆贝格砂岩固化后钻入阻力测量，钻入深度 1~3 mm 的钻
入阻力水平明显过高，可证明之前该建筑区域固化措施过度
（数据来源：Kirchner & Zallmanzig，2010b）

5）慕尼黑古绘画陈列馆

作为古绘画陈列馆建筑轮廓的材料，雷根斯堡绿砂岩是一种碳酸盐胶结的砂岩，
于 1986—1989 年间得到修缮。在后期研究这种结构十分不均衡的石材时，必须根
据不同的石材特性将之分为四种类型。通过双轴抗折强度检测其固化效果。

2002 年局部进行了再处理。总结如下：20 世纪 80 年代末期修复过程中使用
的固化措施使石材的抗折强度大幅提升，证明了所使用固化剂的有效性。监测始于
1990 年，从首次检测到 2002 年的数据证明，固化效果已下降到未处理石材的原始
水平。2002 年局部进行了再次固化后石材强度的增加，到 2008 年检测时在大多数
部位依然得到保持，但在某些部位上也能观察到强度的降低（图 3.2.5）。2002 年
和 2008 年的检测结果部分出现较大偏差，原因还无法解释，可能是因为石材的不均
匀性所致。

112

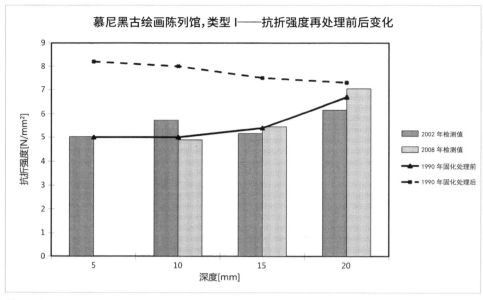

图 3.2.5
慕尼黑古绘画陈列馆，双轴抗折强度检测：
原始状况曲线显示石材表面有明显的松动，通过固化措施
（1990 年）得到补偿；至 2002 年，石材强度再次接近原始
水平（数据来源：Seewald，2009）

图 3.2.6
格罗斯耶拿石质浮雕长卷中浮雕"克里斯蒂安公爵"的病害
图示（2010 年）：部分粉化剥落证明砂岩表面的局部松动（数
据来源：Meinhardt & Gühne，2010）

6) 格罗斯耶拿石质浮雕长卷

该雕刻在砂岩上的浮雕于 1997—1999 年间用不同种类的硅酸乙酯固化剂强化浸渍加固（表 3.2.1）。除了用毛刷涂刷和敷贴外，还将固化剂通过空洞注射到石材内部，达到深层固化的效果（2010 年所绘病害图示见图 3.2.6）。

上述案例表明，所有检测法都或多或少能证明硅酸乙酯固化表面的效果：稳定或失效。各种不同检测法的应用也妨碍了结果之间的可比性。因此，为得出最终的评估结果，必须考虑各研究人员通过目视检查、修复现状鉴定和科学检测得出的对石材表面状况以及对其实施重新保护或修缮措施之迫切性程度的基本结论。

为此，我们使用以下四级评估标准，并记入表 3.2.1：

- 1 级：无新的病害产生；
- 2 级：部分固化效果下降产生轻微病害，或无病害但有表面过度固化现象；
- 3 级：产生中度新病害，固化效果明显下降，推荐在接下来几年中进行再处理；
- 4 级：产生严重新病害或后果，需紧急保护，推荐在短期内实施再处理。

表 3.2.1 硅酸乙酯固化过的石质文化遗产及其固化剂产品、研究方法、结果和评级

固化剂产品及其生产商: Dynasilan (Dynamit Nobel 公司, 现 Evonik 公司), Funcosil (Remmers 公司), Wacker (Wacker 化工公司), Tegovakon (Goldschmidt 公司, 现 Evonik 公司), Motema (Interacryl 公司), Lithofin (Lithofin 公司), Silex (Keimfarben 公司), o.N. (未知生产商)。

石质文化遗产石材类型	修缮时间，所用硅酸乙酯固化剂产品	研究方法及结果	评级
伊格勒，伊格勒柱 科尔德尔砂岩	1985—1986 年 Wacker OH	方法：病害图示、剥离阻力测量、超声波法 结果：很多区域再次粉化剥落，部分有皮屑状剥落和层状剥落；此外，出现大量浅表性裂隙；剥离阻力测量和超声波法能证明部分由水溶盐污染引起的结构松动	3
格尔恩豪森，皇帝行宫，主殿 8 根支柱 红色正砂岩	1995—1998 年 Motema 28/29	方法：病害图示、剥离阻力测量、超声波法 结果：砂岩表面总体稳定；仅当时未做处理的、受水溶盐污染的部分产生严重病害	2

表 3.2.1（续）

石质文化遗产石材类型	修缮时间，所用硅酸乙酯固化剂产品	研究方法及结果	评级
奥伯普莱斯，圣潘克拉提乌斯天主教堂，拱券回廊魏贝尔恩凝灰岩和罗马凝灰岩	1999 年 Funcosil VM861 Funcosil 300E	方法：毛刷检测法、钻入阻力测量、共振回声探测棒、超声波法 结果：石材表面稳定，无病害，无过度固化	1
科隆，克里小教堂魏贝尔恩凝灰岩和罗马凝灰岩	1992—1998 年不同 Funcosil 品种：1992 年（或 1993 年）：OH；1994 年：300；1995 年：VP9；1997 年（或 1998 年）：使用多种硅酸乙酯固化剂；所有硅酸乙酯固化剂用稀释剂 101 以 1：1 比例稀释	方法：共振回声探测棒、毛刷检测法、剥离阻力测量、钻入阻力测量、超声波法 结果：石材表面健康，无病害，无过度固化	1
罗森达尔 - 达菲尔特，达菲尔特宫包姆贝格砂岩	1982—1985 年 1982 年：Tegovakon 和 Funcosil OH；1983—1985 年：Wacker OH	方法：共振回声探测棒、毛刷检测法、剥离阻力测量、钻入阻力测量、超声波法 结果：层状剥落，部分粉化剥落，皮屑状剥落，浅表性裂隙，生物附生；钻入阻力测量显示存在过度固化；2009 年实施紧急保护措施；建议每年定期维护	4
施泰因富特，施泰因富特宫包姆贝格砂岩	1983 年 Wacker OH，部分使用丙烯酸树脂添加剂	方法：剥离阻力测量、钻入阻力测量、超声波法 结果：首先上部有大量空洞；此外，存在层状剥落、皮屑状剥落、残缺和裂隙；2009 年实施紧急保护措施；建议每两年定期维护	3

表 3.2.1（续）

石质文化遗产石材类型	修缮时间，所用硅酸乙酯固化剂产品	研究方法及结果	评级
慕尼黑，古绘画陈列馆雷根斯堡绿砂岩	1984—1989 年，2002 年实施部分再处理 Funcosil OH，4 l/m²	方法：双轴抗折强度检测 结果：在 2009 年最近一次保后监测中发现很小部分的新病害；1990—2002 年固化措施效果下降；2002 年再处理后，现能测得部分区域固化效果再次降低	2
马格德堡，圣母修道院，拱券回廊乌门多夫砂岩和内布拉砂岩	1996—1998 年硅酸乙酯固化剂 KSE OH（o.N.）和 Funcosil 300	方法：病害图示、超声波法、红外热成像法 结果：某区域因水溶盐污染而严重粉化剥落（未进行排盐措施）；此外，有小部分的层状剥落和粉化剥落现象	3
萨勒姆大教堂磨拉层砂岩	1998—2001 年硅酸乙酯固化剂 KSE OH（o.N.）	方法：病害图示、超声波法 结果：立面只有个别轻微新病害产生；精致的山墙区域有部分产生新的皮屑状剥落和粉化剥落	2
梅泽堡，圣马克西米城市公墓陶赫特墓碑砂岩	1996 年 Silex OH	方法：病害图示、超声波法、毛刷检测法 结果：硅酸乙酯浸渍区域有轻微粉化剥落现象；植物附生严重；现无修缮必要	2
梅泽堡，圣马克西米城市公墓，布克墓碑砂岩（磨损的内布拉砂岩）	1997—1998 年硅酸乙酯固化剂 KSE OH（o.N.）	方法：病害图示、超声波法、毛刷检测法 结果：碑文存在少量轻微粉化剥落部位，情况良好；中部存在水溶盐持续积累，未进行脱盐处理；底座的某些部分存在明显粉化剥落；建议局部固化处理	3
梅泽堡，圣马克西米城市公墓，舒尔茨墓碑砂岩	1996 年 Silex OH	方法：病害图示、超声波法、毛刷检测法 结果：总体情况相对良好，轻微粉化剥落；现无修复必要	2

表 3.2.1（续）

石质文化遗产 石材类型	修缮时间，所用硅酸乙酯固化剂产品	研究方法及结果	评级
瑟格尔，克莱门斯维尔特狩猎行宫 包姆贝格砂岩	1974—1988 年 Wacker VP1301	方法：病害图示、超声波法 结果：存在明显藻类和地衣附生；保护和修缮过的区域基本处于良好状态；只有小面积的病害产生	2
格罗斯赛德利茨，巴洛克式花园，美洲雕塑 科塔砂岩	1996 年 Funcosil 100	方法：病害图示、超声波法 结果：石材无病害；部分区域有明显的生物附生	1
弗莱德斯罗， 修道院教堂 威悉河砂岩	2005 年 Funcosil 100，部分区域用 Funcosil 300 再处理	方法：钻入阻力测量、超声波法、剥离阻力测量、双轴抗折强度检测 结果：用 KSE 100 固化的区域测得曲线较平稳；附加用 KSE 300 固化并涂刷硅酸乙酯刷浆层的区域出现严重的过度固化现象，渗水深度很小；无可视病害	2
格尔利茨，圣墓 西里西亚砂岩	1996—1997 年 根据病害图示给予各种硅酸乙酯固化剂处理：Dynasil 40，Motema 30（风化区层状剥落边缘），Funcosil 100（风化区填缝开裂处）	方法：病害图示、共振回声探测棒、毛刷检测法、红外热成像法、钻入阻力测量 结果：起皮回填、勾缝、屋顶勾缝效果良好；潮湿的底座区大面积粉化剥落、泛盐、层状剥落；东北边（阴面）病害加重；其他立面状况相对良好；建议短期或中期内采取措施	3
格罗斯耶拿， 石质浮雕长卷 砂岩	1997—1999 年 Funcosil 100，Funcosil 300 及其混合剂；此外还有 Funcosil OH 和 Lithofin Duro	方法：病害图示、钻入阻力测量、超声波法 结果：鉴于石材在潮湿和泛盐的艰难条件下，总体情况良好，但局部存在严重粉化剥落、层状剥落现象，表面起包剥落	3
库讷斯道夫，勒斯特维茨 - 伊岑普利茨家族坟墓建筑 西里西亚砂岩，波斯塔砂岩	1997—1998 年 Funcosil 100 和 300	方法：病害图示、钻入阻力测量、毛刷检测法、共振回声探测棒 结果：钻入阻力曲线平稳，毛刷检测无磨损，未检测到空洞	1

表 3.2.1（续）

石质文化遗产石材类型	修缮时间，所用硅酸乙酯固化剂产品	研究方法及结果	评级
原比肯费尔德修道院 史符砂岩，气泡砂岩	1989 年（部位 A） 1991 年（部位 C） 1994 年（部位 B） A：Wacker OH C：Funcosil OH	方法：病害图示、共振回声探测棒、毛刷检测法、红外热成像法 结果：（部位 A）南立面 3 m 以下，史符砂岩基本有缺陷，存在粉化剥落、皮屑状剥落、层状剥落；灰缝和石材修补砂浆部分有缺陷（残缺） （部位 B）南立面 3 m 以上／支柱：无新的病害 （部位 C）西面山墙：可视严重病害，表层层状剥落	1A 4B[2] 3C

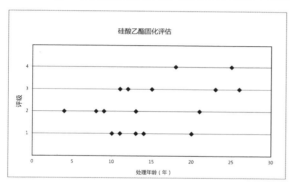

图 3.2.7
石材经硅酸乙酯固化措施处理若干年后的保后监测效果评估

　　图 3.2.7 中，将表 3.2.1 所列案例的评级根据其固化处理后的时间做了记录。尽管统计数据不够集中，但随着处理后时间的增长，评估的结果仍然如所想的那样，呈现出越来越差的总体趋势。萨特勒（Sattler，1992）已发现使用硅酸乙酯固化的石材加固措施的有效性是有时间期限的，这点在迈因哈特 - 德根（Meinhardt-Degen，2005）的研究中被证实（图 3.2.5）。在课题研究的石质文化遗产的加固区域上，若上次修缮时未对当时已存在的水溶盐污染区域进行降盐处理，就能发现这些地方现已产生严重的粉化剥落现象。

　　表 3.2.1 的评级亦可对监测间隔做出有意义的指导作用。评为 1 级的（这里只从固化角度出发）可将下次监测设为 10 年的间隔；2 级设为 5 年；3 级设为 3 年；4 级设为 1 年。然而，在间隔期内如果发现所采取的措施显著改变了现状，就必须重新评估文物状态并设置合适的监测间隔。

2　原文中给出的部位 A、部位 B 评级或有误。根据研究结果，部位 A 或为 4 级，而部位 B 或为 1 级。——译者注

参考文献

Auras (2009): Untersuchungsbericht Igeler Säule. Institut für Steinkonservierung e.V., Mainz, unveröffentlicht.

Kirchner, K. & Zallmanzig, J. (2010a): Objektdatenblatt Krieler Dömchen. Deutsches Bergbaumuseum, Bochum, unveröffentlicht.

Kirchner, K. & Zallmanzig, J. (2010b): Objektdatenblatt Schloss Darfeld. Deutsches Bergbaumuseum , Bochum, unveröffentlicht.

Meinhardt, J. & Gühne, D. (2010): Objektdatenblatt Großjena. Institut für Diagnostik und Konservierung an Denkmalen in Sachsen und Sachsen-Anhalt, Halle, unveröffentlicht.

Meinhardt-Degen, J. (2005): Geologisch-mineralogische und materialtechnische Untersuchungen zur Risikoabschätzung von Folgekonservierungen bei Sandsteinen am Beispiel von Regensburger Grünsandstein und Grünem Mainsandstein. Dissertation Universität München.

Sattler, L. (1992): Untersuchungen zu Wirkung und Dauerhaftigkeit von Sandsteinfestigungen mit Kieselsäureester. Dissertation Universität München.

Seewald, B. (2009): DBU-Projekt Monitoring, 3. Halbjahresbericht. Bayer. Landesamt für Denkmalpflege, München, unveröffentlicht.

Steindlberger, E. (2010): Objektdatenblatt Gelnhausen. Institut für Steinkonservierung e.V., Mainz, unveröffentlicht.

3.3 合成树脂在石材固化、裂隙修复、缺损修补中的耐久性

贝贝尔·阿诺尔德（Bäbel Arnold）

　　合成树脂，尤其是以反应性树脂或树脂分散液形式制备的丙烯酸酯和环氧树脂，常用于大理岩和石灰岩固化、裂隙黏合、石材修补，偶尔也用于砂岩修复。

1. 固化

1）勒斯特维茨 - 伊岑普利茨家族坟墓建筑（勃兰登堡）

　　1.35 m² 的大理岩表面通过丙烯酸树脂分散液（Paraloid B57，2%~5%）作了固化处理。2009 年的保后监测发现，在固化过的区域，毛刷检测法未测得粉末剥落，超声波通过时间增加了 16%（图 3.3.1）。但未固化区域超声波的通过时间也上升了 5%。

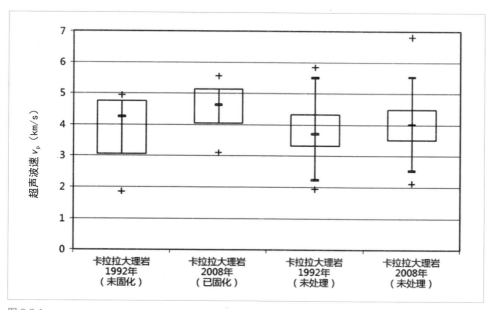

图 3.3.1
库讷斯道夫，勒斯特维茨 - 伊岑普利茨家族坟墓建筑：
超声波通过时间检测总结
（数据来源：Labor Köhler）

2）米尔豪森玛利亚大教堂（图林根）

位于南面山墙、14 世纪中期用贝壳灰岩雕成的阳台雕塑群在 1967 年就已在清洗后用硅酸乙酯（KSE）和环氧树脂溶液（EP）进行了固化处理。在多次保后监测（1969 年、1971 年、1988 年）中发现，硅酸乙酯与环氧树脂溶液的组合在固化处理中实现了良好的长远效果。环氧树脂浸渍区域无材料缺损现象。部分位置的深棕色环氧树脂已经褪色，但其与石材表面的结合力并未减弱。在采用环氧树脂固化和单纯采用硅酸乙酯固化的交接处，硅酸乙酯处理面有明显加重的病害。由于硅酸乙酯处理位置的糟糕状态，1988 年再次对雕塑进行了维护措施。因此，根据所述经验，该维护优先使用了环氧树脂固化。石材固化、石材修补（见下文）和最终的丙烯酸酯涂层（图 3.3.2）被视作石材防腐系统而加以运用和评估。总的来说，该系统有助于长期保存雕塑。

图 3.3.2
米尔豪森玛利亚大教堂，阳台雕塑群：皇后雕塑头部有绿色藻类和地衣附生，还存在部分合成树脂涂层缺损（Auras 摄于 2009 年）

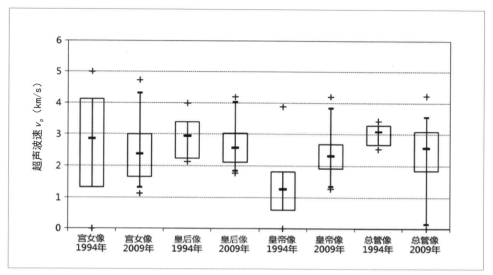

图 3.3.3
米尔豪森玛利亚大教堂，阳台雕塑群: 4 座雕塑 1994 年、
2009 年超声波速对比

通过超声波速检测，能分析出阳台雕塑群石材内部结构存在持续松动。图 3.3.3
展示的 4 座雕塑中，宫女像、皇后像、总管像的超声波速下降。而皇帝像这件作品却
展现了相反的趋势。这可通过 1994 年检测次数少以及检测部位在裂隙区域得到解释。
2009 年在紧临裂隙区域的测量路径上，既测到较低的值，也测到中等的值。某些区域，
例如宫女像的肩部和胸部、皇帝像的头部，必须考虑在未来几年是否需要实施必要的
维护和固化措施。

3) 罗森达尔 - 达菲尔特, 达菲尔特宫 (北莱茵 - 威斯特法伦)

由包姆贝格石灰砂岩制作而成的右侧长廊栏杆柱在 1982—1985 年间的修缮过
程中用丙烯酸酯进行了固化处理。在 2009 年保后监测框架下，其显示只有轻微病害
产生 (接近无病害)。

总的来说，尽管怀疑合成树脂可能只在文物表面涂刷了一层，但还是取得了不错
的效果: 无大面积剥落或粉化剥落现象。不过，固化区域的超声波通过时间有所上升。

2. 裂隙注浆

1) 席琳斯菲尔斯特宫 (巴伐利亚)

我们检查了宫殿北立面二楼窗户边上墙壁的丙烯酸酯裂缝注浆情况。检查对象包括 4 根窗轴。修复措施是在 1990 年和 1992 年完成的。对于小于 1 mm 裂纹，使用了含有石英砂和颜料的、聚乙酸乙烯酯胶合的修复砂浆（Dufix 修复腻子，Henkel 公司）。对于大于 1 mm 的裂隙，使用了基于丙烯酸树脂分散液与黏合剂 3：7 （Scopacryl PAA D-340，Buna 化学工厂）的混合液与 0.01~0.03 mm 粒度的石英砂加颜料组成的砂浆，其中丙烯酸树脂分散液与石英砂的混合比例为 1 吨：7 吨。后期研究表明，裂隙修复状态为基本良好至很好。仅某些位置有开裂剥落、裂纹和注浆松动等缺陷现象。裂纹的宽度在 0.05 mm 左右变动。粗略估计，约 20 年后，丙烯酸酯裂隙注浆 50% 以上都能保持完好无损。

用合成树脂进行裂隙注浆是常见的修复手段，后期研究也证明了其合理性。在被测石质文化遗产上，用合成树脂处理过的裂隙大多数都保持闭合状态（图 3.3.4，图 3.3.5）。

图 3.3.4
席琳斯菲尔斯特宫：13 号轴，左侧墙壁

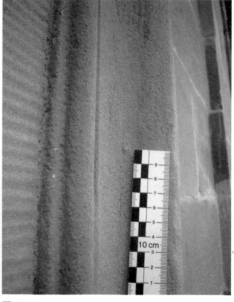

图 3.3.5
11 号轴，左侧墙壁

3. 石材修补

1) 库讷斯道夫, 勒斯特维茨 - 伊岑普利茨家族坟墓建筑 (勃兰登堡)

在 7 号、8 号壁龛大理岩十字架竖条上约 200 cm² 的区域实施了以丙烯酸酯为黏合剂的石材修补砂浆嵌边处理。Paraloid B57 以 5% 的比例稀释于乙酸乙酯中,并加入大理岩粉末和大理岩颜色的颜料混合。2009 年测得 7 号壁龛十字架竖条沿边约 100 cm² 区域的石材修补材料再次被风化。

2) 伊格勒, 伊格勒柱 (莱茵兰 - 普法尔茨)

1984—1986 年间修缮时,罗马墓柱上使用了矿物骨料、丙烯酸酯胶合的石材修补材料。2009 年保后监测发现,小范围的薄层修补层普遍缺失,而同种材料大范围 (直径约 5~10 cm) 较厚的修补层普遍完好无损,局部产生收缩裂纹和填缝开裂。

3) 米尔豪森玛利亚大教堂 (图林根)

西面山墙贝壳灰岩制作的阳台雕塑群在 1967 年的修缮过程中使用环氧树脂胶合的石材修补材料修复。在保后监测 (1969 年、1971 年) 时未发现材料损失,因此环氧树脂胶合的腻子在 1988 年的修缮中再次被使用。雕塑正面用环氧树脂胶合的涂料涂刷成层,而直接与降雨接触的背面则使用丙烯酸酯砂浆和丙烯酸酯胶合的涂料刷层。

2009 年保后监测显示,合成树脂胶合的修补材料基本处于良好状态。但通过目视或 Power Strip® 剥离阻力测量法确定砂浆涂层已有风化剥落现象,尤其是在微生物附生部位 (图 3.3.6)。较大范围、多层修补的石材修补剂上则有部分填缝开裂现象。

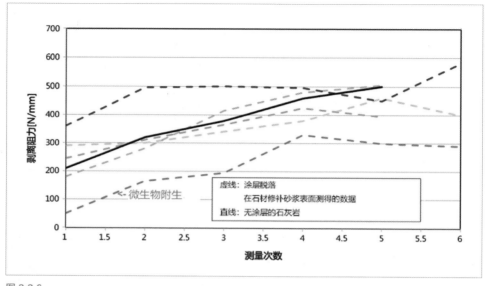

图 3.3.6
米尔豪森玛利亚大教堂阳台雕塑群：石材修补砂浆剥离阻力测量
（其中绿色虚线描绘的是存在微生物附生问题测点的结果）

4) 布痕瓦尔德集中营纪念馆 (Gedenkstätte des ehemaligen
   Konzentrationslagers Buchenwald)（图林根）

　　7 块上多尔拉贝壳灰岩（Oberdorlaer Muschelkalk）制成的浮雕石碑中，有 3 块
在 1988—1989 年期间用丙烯酸酯胶合砂浆进行了保存处理。原因是贝壳灰岩富有
化石的结构决定其极易风化形成海绵状的掏蚀。用丙烯酸酯砂浆能充满各个小空洞，
形成近乎封闭的表面。在 2009 年评定中，通过剥离阻力测量证实了其修补状态基本
良好（图 3.3.7）。
　　总之可以断言，我们在使用合成树脂胶合修补砂浆修补石材的方面有着好的经验，
也有坏的教训。因此，定期监测是必不可少的。

图 3.3.7

布痕瓦尔德集中营纪念馆：3 号石碑的细节

上：1988 年原始状况

中：修缮期过渡状态（修补后，刷涂层前）

下：2009 年现状

（上图、中图来自图林根文物保护和考古局；下图来自 Auras, 2009）

3.4 丙烯酸树脂透固法

比约恩·塞瓦尔德（Bjön Seewald）

1. 方法

　　作为石材防腐保护的方法，巴伐利亚州在 20 世纪 70 年代末开始率先在砂岩石质文化遗产上使用丙烯酸树脂透固法（AVT）。自 1983 年起，该方法被扩展用于大理岩雕塑上。从那时起，仅在巴伐利亚就用该方法浸渍了上千个文物——主要都是砂岩制成的文物。

　　使用丙烯酸树脂透固法，要将干燥并冷却后的文物在浸渍室里放上好几个星期。第一步，在真空条件下，加入浸渍液体——甲基丙烯酸甲酯单体，让石材不断吸收至一定的程度。然后增压，使所有的孔洞充满浸渍剂，将甲基丙烯酸甲酯压入至文物核心部位。第二步，将浸渍室的温度上升至 70 ℃。甲基丙烯酸甲酯单体因此聚合成聚甲基丙烯酸甲酯。之后，文物继续在浸渍室中冷却，两天后取出，在车间条件下继续冷却。各个工艺步骤的持续时间由石材的尺寸和孔隙度决定。

　　理想情况下，通过丙烯酸树脂透固法，孔洞中的毛细运输过程被完全阻止。因此，该方法完全改变了岩石的物理特性。此法实施成本很高，因为石材干燥和冷却过程所需时间长达几个星期甚至几个月，所需能量巨大。刚开始实施该方法的前几年，因低估所需的干燥和冷却时间，导致部分浸渍失败。但现今由于方法的改善，已能避免这种情况发生。

　　失败案例首先涉及含黏土的砂岩，因为这种砂岩所需的干燥时间特别长。相反，在大理岩上使用丙烯酸树脂透固法就特别成功。在课题框架下，对丙烯酸树脂透固法的评估既涉及会出问题的石材也涉及大理岩。

2. 经丙烯酸树脂透固的大理岩雕塑的超声波研究

　　20 世纪 80 年代末期，我们逐渐开始使用超声波法来评估大理岩的风化等级。事实证明：随着大理岩结构不断破坏，超声波速能从新开采时的 5 km/s 降低到严重风化时的 1 km/s。超声波速与风化等级之间的关系如表 3.4.1 所示。

表 3.4.1 大理岩的超声波速 v_p 与其风化等级之间的关系

风化等级	v_p（km/s）
新开采的大理岩	> 5
状态良好	4~5
状态一般	3~4
出现结构破坏	2~3
危险状态	1.5~2
结构完全破坏	< 1.5

　　根据这个标准，我们可以评估丙烯酸树脂透固法是否富有成效。目标应是将大理岩的超声波速值提升到新开采大理岩的水平。

　　在课题框架下，我们用超声波研究了慕尼黑古代雕塑展览馆和纽芬堡宫殿花园里的大理岩雕塑。这里涉及建筑立面上的两座壁龛雕塑。其中一座雕塑皮特·维舍（Peter Vischer）在 1983 年成为第一座被实施丙烯酸树脂透固的超过真人大小的雕塑。纽芬堡宫殿花园的两座花坛雕塑也成为研究对象，且所有雕塑都具有历史超声波速检测的对比数据。

1) 古代雕塑展览馆的壁龛雕塑

　　我们研究了皮特·维舍和哈德里安（Hadrian）两座由拉斯大理岩（Laaser Marmor）制成的雕塑。这两座雕塑都具有 1997 年的检测对比数据。

　　检测结果显示无显著变化。两座雕塑的超声波速的中值都表明大理岩处于"良好状态"，就连极限值也基本处于同一风化等级区域（图 3.4.1）。

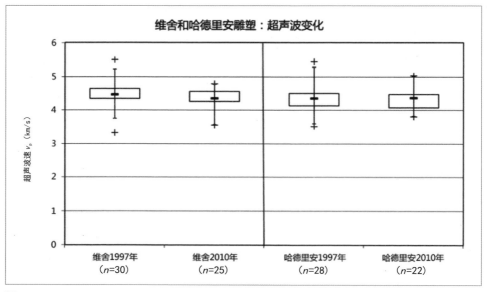

图 3.4.1
慕尼黑古代雕塑展览馆：丙烯酸树脂透固后，皮特·维舍和
哈德里安雕塑 1997 年与 2010 年超声波速检测值对比

2) 纽芬堡宫殿花园雕塑

我们研究了萨图恩雕塑（Saturn）和狄安娜雕塑（Diana）。萨图恩雕塑由卡拉拉大理岩（Carrara-Marmor）制成，狄安娜雕塑由南蒂罗尔大理岩（Südtiroler Marmor）制成。这两座雕塑都具有 1990 年、1997 年以及部分 2004 年的检测对比数据。

纽芬堡宫殿花园的雕塑有各自不同的情况。萨图恩雕塑的检测值未发生显著变化；而狄安娜雕塑检测值的平均值明显小于 1997 年的检测值（图 3.4.2，图 3.4.3），其最大值虽然显著降低，但依然处于"新开采的大理岩"水平，而最小值已经处于"出现结构破坏"的风化等级。相反，萨图恩雕塑的极值和中值都依旧处于"新开采的大理岩"等级范围内。

检测结果证明：丙烯酸树脂透固保护法对于大理岩文物效果很好。该方法使大理岩石材强度显著增加，且在 20 多年后依然有效。次生病害在被测的大理岩文物上未有发生。

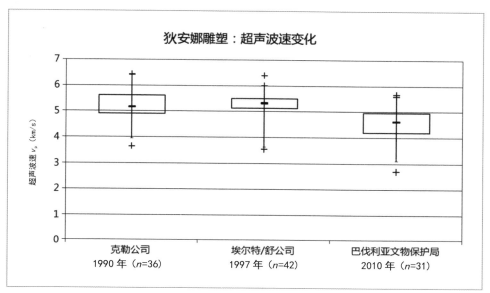

图 3.4.2
慕尼黑纽芬堡宫殿花园狄安娜雕塑 1990 年、1997 年和 2010 年
超声波速检测值对比

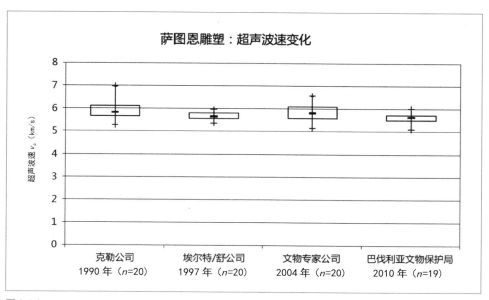

图 3.4.3
慕尼黑纽芬堡宫殿花园萨图恩雕塑 1990 年、1997 年、2004 年
和 2010 年超声波速检测值对比

3. 经丙烯酸树脂透固的砂岩文物的超声波研究

1) 查尔巴赫苦路 (Kreuzweg Zahlbach)

查尔巴赫（布尔卡尔德罗特）苦路站由带阶梯的基座、带花饰铭文的底座和图板组成。材料是莱顿科勒 - 科尔帕砂岩（Lettenkohlen-Keupersandstein），类似于施莱里特砂岩（Schleerither Sandstein）。其图板在 1983 年实施了丙烯酸树脂透固措施。

苦路站的状况不佳，1984 年就出现了丙烯酸树脂透固引起的病害，因此需要长期的修复措施。现今，所有站点都出现了明显的开裂，尤其显眼的是平行贯穿整个图板表面的大量裂隙。部分裂隙已实施注浆处理，几乎所有站点都涂有刷浆层。

表 3.4.2 查尔巴赫 12 号苦路站丙烯酸树脂透固后超声波速检测值

（测点 1—5：丙烯酸树脂透固过的图板；测点 6：未透固区参照点；表内最大值、最小值、平均值、中值数据取自测点 1—5）

测点	测量部位	测距（cm）	v_p（km/s）
1	图板	5.80	4.53
2	图板	5.80	4.26
3	图板	5.50	4.54
4	图板	5.80	4.24
5	图板	4.50	3.46
6	底座	26.10	3.12
最大值			4.54
最小值			3.46
平均值			4.21
中值			4.26

用丙烯酸树脂透固过的图板相对于未处理的底座，其超声波速值明显更高。但表 3.4.2 中的检测值所显示的图板状况良好只是假象，因为信号不可能越过大量裂隙传播，所以测量只能在健康的小部分区域内进行。

通过卡斯特瓶法进行的毛细吸水系数测量表明，图板表面几乎不吸水。而左边窄边一侧测得 ω 值为 $1.4 \, \mathrm{kg/(m^2 \cdot \sqrt{h})}$。可能是窄边上的裂隙影响了检测结果。否则，丙烯酸树脂透固法似乎能完全封闭孔隙。

　　结论：丙烯酸树脂透固法虽然能使砂岩强度增加，但也会造成浅表性裂隙的大量形成。因此，将该石材保护法用于砂岩似乎是有问题的。

2）施特拉尔斯巴赫苦路（Kreuzweg Stralsbach）

　　对于施特拉尔斯巴赫（布尔卡尔德罗特）苦路，我们在苦路站的 2 个岩芯上实施了超声波速检测。检测值如表 3.4.3 所示。

表 3.4.3 施特拉尔斯巴赫受丙烯酸树脂透固后的 13、14 号苦路站岩芯的超声波速检测值

测点深度（cm）	13 号站 v_p（km/s）	14 号站 v_p（km/s）
1	3.79	3.45
2	4.50	3.98
3	4.19	3.98

　　岩芯展示了平稳的超声波速曲线，表示图板被丙烯酸树脂充分浸渍。距离表面 1 cm 处所测得的检测值都较低，可能是因为那里都有石材修补砂浆。对于丙烯酸树脂透固过的砂岩来说，两个岩芯上测得的超声波速约 4 km/s，处于正常范围。

　　水滴检测似乎证实了图板的充分浸渍（图 3.4.4）。13 号苦路站的岩芯显示有均匀的吸水现象，14 号苦路站较深部位的岩芯亦如此，而近表面部分的渗水速度明显更快。其原因可能仍与石材修补材料相关。所有水滴都能在一定程度上深入石材内部，通过这一事实可推断出：丙烯酸树脂透固并未完全封闭所有孔隙。

图 3.4.4
14 号（左）和 13 号（右）苦路站岩芯的水滴吸收检测（巴伐利亚文物保护局 2009 年摄）

3) 格拉赫斯海姆耶稣受难塑像群 (Kreuzigungsgruppe Gerlachsheim)

位于格拉赫斯海姆公墓的耶稣受难塑像群建于一个底座上。雕塑群原料是产地未知的绿色史符砂岩。1984 年或 1985 年，在雕塑群上实施了丙烯酸树脂透固。1993 年发现已有新的浅表性裂隙产生，1995 年又观察到了较长的裂隙。1999 年雕塑群再次被拆下并运到修复车间，之后 2008 年 12 月，经过再次修复，雕塑群被重新树立在原来的位置。雕塑的石材表面主要进行了刷浆处理[1]。短期暴露在空气中后，裂隙再次出现。我们在（跪在十字架前的）雕塑抹大拉的马利亚（Maria Magdalena）上进行了超声波速检测。这次检测并没有旧的对比数据。通过沿纵切面方向检测，我们得到了含所有数据的断面扫描结果（参见 2.2.2 节）。结果显示，有一些裂隙直达这座雕塑的内部深处。因为大多数检测值展示了超声波速显著甚至严重下降至 1.1 km/s（该次检测的最小值），显然有新的裂隙产生，或者旧的裂隙再次裂开，也不能排除存在未透固或透固效果差的区域。头部无可见裂隙产生，检测结果约为 4.15~4.48 km/s，这数值对史符砂岩来说已经很高了，表明丙烯酸树脂透固效果在这个部位是良好的。

4) 马格德堡圣母修道院

这里所研究的丙烯酸树脂透固过的建筑部位是 7 号和 23 号拱券回廊拱门的支柱的拱座石和柱头。7 号拱门有轻微粉化剥落现象，23 号拱门的 45 号支柱也有此现象。而 46 号支柱却没有任何病害。通过最新的超声波速检测发现，45 号支柱的拱座石和柱头的加固措施已经失效。但是，不能排除之前有文档记录错误的可能。46 号支柱的柱头也有类似现象。而 13、14 号支柱上的丙烯酸树脂透固措施在所有案例中成为加固成功的典范，其在 2010 年依然有效。75% 的案例中，测得超声波速稍有下降，并伴随粉化剥落形式的轻微的材料缺失。

5) 梅泽堡圣马克西米城市公墓 (Friedhof St. Maximi)

在丙烯酸树脂透固过的不同墓地雕塑上，也同样有粉化剥落的部位。舒尔茨（Schulze）墓志铭的现状比较明显，其左侧雕塑无病害产生，而右侧雕塑大面积粉化剥落。右侧雕塑的超声波速检测值明显低于左侧雕塑。在贝克尔施泰因（Bäckerstein）墓志铭上则有泛盐现象。显然，通过丙烯酸树脂透固，并未完全封闭所有孔隙，水溶盐依然能够聚集。

1　一种牺牲性厚质涂料层。——译者注

6) 梅默尔斯多夫 (Memmelsdorf) 西霍夫宫 (Schloss Seehof) 湖栏

湖栏在 1982—1983 年间用丙烯酸树脂透固法处理。约 2 年后,某些覆盖表面的石层和底座皆出现不规则的裂隙,且裂隙并非出现在石材纹理中,而是在丙烯酸树脂加固后的石材上。随着时间推移,裂隙越来越多,而湖栏本身的石材并无病害产生。

产生这现象的原因是低估了浸渍前所需的干燥时间,以致材料内部所含湿度还比较高。因此,浸渍并不全面,使经聚甲基丙烯酸甲酯透固、高度加固的石材外层包围了仅少量受聚甲基丙烯酸甲酯浸润的、较软的内部。其热应力不得不通过产生裂隙以发散出来。最严重的裂纹出现在相对较薄的覆盖石层上,这是由于对这些部位所选的干燥时间也相应更短,尽管其体积较小,同样也没有全面干燥。

2010 年 5 月,我们对覆盖石层和底座中出现的裂隙进行统计,得出如下结论:104 组湖栏中,26 组有裂隙形成,占 25%。但裂隙在过去的 20 年中未有加重。此外,雕塑风格的湖栏无病害产生。若无丙烯酸树脂透固,至今肯定会有大量湖栏缺失,进而或因倒塌风险而被拆除。

从表 3.4.4 的总结中可以看出,大理岩和砂岩这两种被丙烯酸树脂透固过的石材类型,其超声波速基本上处于良好甚至优秀水平。由此可得出结论,丙烯酸树脂透固能显著提升石材强度。大理岩的超声波速平均在 4.3~6.0 km/s 的范围内,砂岩(这里包括所有砂岩品种)的超声波速处于 3.8~4.8 km/s。未透固的砂岩的原始数值基本上在 1.5 km/s 到稍稍超过 3.0 km/s。显然,经丙烯酸树脂透固所取得的成功加固的效果是持久的:被测大理岩证明了其强度在 13 年或 20 年后都几乎没有下降,马格德堡圣母修道院的砂岩情况在 12 年后也是如此(有疑问的检测值并未考虑在内)。

岩芯钻入阻力检测的深度曲线和水滴检测都证明被测文物上的透固措施完全成功有效。

总的来说,布尔卡尔德罗特的两处苦路、西霍夫宫的湖栏以及格拉赫斯海姆公墓的耶稣受难塑像群是黏土砂岩上丙烯酸树脂透固著名的失败案例,原因在于低估了浸渍加固前石材的干燥时间。鉴于这些失败案例,采用丙烯酸树脂透固过的有问题的石材都需要持续的善后处理,尤其当有浅表性裂隙出现的时候。相反,该方法被证明对大理岩文物十分有效。

表 3.4.4 丙烯酸树脂透固处理后文物的超声波速变化

位置，石质文化遗产	文 物	石 材	丙烯酸树脂透固时间	v_p（km/s）未经处理时
慕尼黑，纽芬堡宫殿花园	萨图恩雕塑 狄安娜雕塑	卡拉拉大理岩 拉斯大理岩	1988 年 1988 年	— —
慕尼黑，古代雕塑展览馆	哈德里安雕塑 维舍雕塑	拉斯大理岩 拉斯大理岩	1983 年 1983 年	— —
布尔卡尔德罗特，苦路	施特拉尔斯巴赫苦路 查尔巴赫苦路	绿色正砂岩 绿色正砂岩	1987 年 时间不明	— 3.12
格拉赫斯海姆	耶稣受难塑像群	绿色正砂岩	1984 年或 1985 年	—
马格德堡，圣母修道院	23 号拱门，45 号支柱，拱座石 23 号拱门，45 号支柱，柱头 23 号拱门，46 号支柱，柱头 7 号拱门，13 号支柱，拱座石 7 号拱门，13 号支柱，柱头 7 号拱门，14 号支柱，拱座石 7 号拱门，14 号支柱，柱头	易北河砂岩 拉特砂岩或红砂岩 拉特砂岩或红砂岩 拉特砂岩或红砂岩 拉特砂岩或红砂岩 拉特砂岩或红砂岩 拉特砂岩或红砂岩	1996—1998 年 1996—1998 年 1996—1998 年 1996—1998 年 1996—1998 年 1996—1998 年 1996—1998 年	2.55 2.60 2.43 1.89 2.60 1.71 1.53
梅泽堡，圣马克西米城市公墓	贝克尔施泰因墓志铭 舒尔茨墓志铭左侧雕塑 舒尔茨墓志铭右侧雕塑 布克舍尔拱门，骨灰缸 韦伯墓志铭	红砂岩 红砂岩 红砂岩 红砂岩 红砂岩	1996—1998 年 1996—1998 年 1996—1998 年 1996—1998 年 1996—1998 年	— — — — —
格尔利茨，沉默的音乐雕塑群	小天使和山鹰雕塑 小天使和贝壳雕塑	易北河砂岩 易北河砂岩	1994 年或 1995 年 1994 年或 1996 年	3.11 3.16

v_p（km/s）				严重病害	备注
1990 年	1997 年或 1998 年	2004 年	2010 年		
5.83	5.66	5.82	5.64	无	状况很好，
5.17	5.32	4.55	4.62	无	透固有效
—	4.36	—	4.37	头部轻微糖霜状剥落	状况很好，
—	4.48	—	4.36	胡须部轻微糖霜状剥落	透固有效
—	—	—	3.98	浅表性裂隙	状况较差，
—	—	—	4.25	浅表性裂隙	不适合采用该方法 固化处理的石材，
—	—	—	4.21	浅表性裂隙	明显的病害
—	4.72	—	2.60	轻微粉化剥落	
—	4.66	—	2.40	轻微粉化剥落	
—	4.67	—	2.43	无	
—	4.46	—	4.65	轻微粉化剥落	1998—2010 年 间的偏差未知
—	4.75	—	4.69	轻微粉化剥落	
—	4.56	—	4.06	轻微粉化剥落	
—	4.56	—	4.49	轻微粉化剥落	
—	—	—	4.18	正面： 两处轻微粉化剥落，泛盐 背面： 多出轻微粉化剥落，泛盐	
—	—	—	3.79	无	
—	—	—	2.52	大面积粉化剥落	
—	—	—	4.36	轻微粉化剥落	
—	—	—	2.51		涂刷工法施工
—	—	—	4.10	与聚氨酯修补剂接 触处有裂隙产生	
—	—	—	3.84		

3.5 无机修补剂的长效性

恩诺·施泰因德贝尔格（Enno Steindlberger）

随着石质文物保护和修复工作的展开，石材修补材料扮演了决定性的角色。

石材修补砂浆的用途包括加固松动的、脆弱的岩石区域，恢复及改善排水；出于美学原因，也可以用其进行表面修复。根据不同的病害种类，使用不同的修补剂，例如用嵌边砂浆固定开裂的边，用修补砂浆填补小块的或大块的残缺，或是裂隙灌浆和空腔注浆。

从视觉效果来看，修补剂的颜色应该与石材保持一致，物理特性应与原始材料相适应，或者服从于原始材料；在斯内特拉格（Snethlage, 2005）或萨瑟（Sasse, 1999）的文章里列举了对此的准则和临界值。

石材种类不同、病害的种类和范围不同，以及文物保护或手工业的规定不同，投入使用的修补产品种类也是不同的。无机石材修补砂浆有别于合成树脂砂浆系统（参见 3.3 节），无机石材修补砂浆可作为预混的成品，亦可根据不同的文物类型在现场添加胶凝剂（如石灰 - 水泥或硅溶胶）到基本配方中。

由于风化或修补剂自身的特性，随着时间的流逝，病害会在修补砂浆内部、岩石和砂浆的接触面，或是在相邻的岩石里形成。为了判断最新病害的成因，并将未来的间接病害最小化，岩石和修补砂浆之间物理参数的匹配很重要。

在本节中，只讨论无机修补砂浆，呈现课题对其特性、结合和风化状况的研究。本书中介绍的研究方法都可以作为评价标准被采用。

在比较过大量的文物数据之后发现，虽然在绝大多数文物里都使用了修补砂浆，但修补砂浆的使用范围极不相同，使用分量也不相同。由此，后期检查的重点也各不相同（例如固化、憎水、丙烯酸树脂透固、石材修补砂浆）。就这点而言，将不同修补砂浆的特性、其修复后的风化程度或效果的持久性进行对比是有点困难的，因为使用的材料多种多样，气候条件和污染情况（如水溶盐和潮气进入）千变万化，且从修补到后期研究的时间间隔（大约 5 ~ 25 年）亦长短不一。

因此，接下来只选取一些将石材修补砂浆作为一个重点主题的案例进行介绍和分析。在大量文物保护工程中，小范围的修补和嵌边常常结合裂隙注浆或回填进行；而在后期检查中，裂隙注浆和回填只起到次要作用。因此，只简单介绍下这些文物。

1. 案例分析

1）伊格勒，罗马墓柱，伊格勒柱

　　建筑材料：科尔德尔砂岩（Kordeler Sandstein）。1984—1986 年进行修复，1996 年进行对比研究。

　　随着保护措施和修复措施的开展，使用特别配方的 Mineros 石材修补砂浆（Krusemark 公司）对石材上的大块残缺进行填补（图 3.5.1）。另外，使用丙烯酸胶合砂浆进行小块的修补或修复。

图 3.5.1
伊格勒柱用石材修补砂浆进行大面积修补

　　本次评估时发现石材修补剂的状况各不相同：在砂岩接触无机石材修补剂的面上出现了严重的粉化剥落，与此相反，相邻的砂岩表面却保存完好。显然，采用的石材修补砂浆为低强度，具有高吸水能力，所以它们吸收了水溶盐，抵抗了风化侵袭，从而保护了砂岩。大面积无机石材修补砂浆是由两层构成的，底层是坚固的基础砂浆，面层是松软的石材修补砂浆；它们部分保存状况良好，部分却发现了裂隙和孔洞状风化。

　　通过测定剥离阻力，将表面区域的石材修补砂浆的颗粒连接和砂岩的颗粒连接进行比较。测定结果显示，修补砂浆的剥离阻力比砂岩的小。通过超声波速测量，证明部分不显眼的修补剂保存完好，仍牢牢地吸附在岩石上（图 3.5.2），其他位置则被列为孔洞状风化。

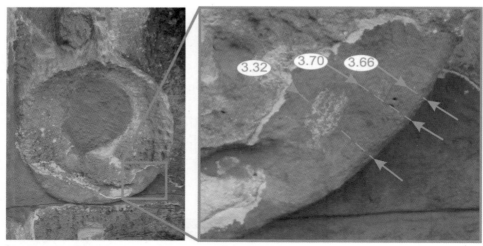

图 3.5.2
伊格勒柱，南面，主要区域，右边的圆形雕饰：修补剂基本
牢牢地附着在岩石上，正如均匀分布的高超声波速测量值所
证（引自 Auras，2009）

足足 25 年的使用寿命表明当时修复砂浆配比优化是很成功的：边缘区域的
Mineros 修补砂浆慢慢地开始剥蚀，但并未导致石质文物本体出现病害。修补砂浆的
物理参数设计与这种岩石很匹配。然而，在超过了使用寿命之后，已无法避免出现粉
化剥落、裂隙和孔洞状风化。

2）格尔恩豪森，皇帝行宫

建筑材料：红色美因砂岩（Mainsandstein）。1998 年进行修复。

使用了一种以石灰 - 水泥混合物为基础的砂浆——Motema CC（Interacryl 公司）
对裂隙和残缺进行修复。首先将最新的现状与修复时的测绘进行对比，本次测绘清楚
表明，与砂岩接触的修补剂常常出现大面积裂隙，局部出现孔洞状风化，修补剂边缘
区域的石材也受到了负面影响，出现粉化剥落（图 3.5.3）。与此相反，较小的嵌补
处很大程度上保存完好。

借助毛刷检测法和剥离阻力测定可以证明，石材和修补砂浆的表面很大程度上保存
完好。

总而言之，这算是一次高质量的、持久的、视觉上成功的修复。然而，随着小规
模保养工作的展开，应该去除已确定的病害，避免出现更严重的问题。

图 3.5.3
格尔恩豪森，皇帝行宫，修补剂出现裂隙和空洞，相邻的岩石本体区域出现病害

3）弗莱德斯罗，前圣布拉西和玛利亚修道院教堂

建筑材料：威悉河砂岩（Wesersandstein）。2005 年 9—11 月进行修复。

无机修补和灌浆使用的是 Remmers 公司的一种松软型的修补砂浆，回填和嵌边使用的也是该公司的硅酸乙酯修补系统。

2009 年进行的现状测绘表明，部分区域孔洞状风化的嵌边最多达到 40% 出现松动，修补砂浆虽保存完好，但颜色（过于）鲜亮。

基本上，修补砂浆的吸附力良好，同时剥离阻力高。虽然调配的是松软型砂浆，但这种修补砂浆对于砂岩来说，明显太过坚固。静态弹性模量过高（高达 3~6 倍），双轴抗折强度高达 3 倍，毛细吸水能力也很低，是岩石测值的 1/10。

由于到后期研究时只有短短四年的使用时间，目前尚无法确定修补砂浆的性能参数及出现的交互反应与病害之间有直接的关系。但是，当前的数据是未来监测的重要基础。

4）库讷斯道夫，陵墓柱廊，勒斯特维茨 - 伊岑普利茨陵墓

建筑材料：易北河砂岩（Elbsandstein）。1997—1998 年进行修复。

在砂岩额枋里，用石材修补砂浆 Motema CC（Interacryl 公司）在总面积为 0.8 m²

的残缺处进行修补。无法借助毛刷检测法和共振探头证明层状剥落、孔洞状风化或粉化剥落的存在。剥离阻力测量的曲线是平滑的。在所有修补中，只有 8% 的修补处再次出现病害，病害以裂隙形式出现。

12 年前做的修复很大程度上仍然保存完好。然而，仍应进一步分析其他病害的成因；如有必要，对它们进行再次修复。

5) 席琳斯菲尔斯特, 席琳斯菲尔斯特宫

建筑材料：史符砂岩。2003—2004 年进行修复。

使用了一种以硅酸乙酯分散体 Syton X 30（Monsanto 公司）为基础的修补砂浆在这座宫殿北立面和南立面的选定区域内对残缺进行修补。修补剂在小范围内出现粉化剥落、微型裂隙（裂隙宽度 < 0.05~0.15 mm）和孔洞状风化，这些病害的强度是轻微的。但无法确定病害成因及其强度与微环境之间的联系，也无法排除在修复过程中就已经出现这些病害了。

6) 艾施河畔诺伊斯塔特, 原比肯费尔德修道院

建筑材料：史符砂岩和气泡砂岩（Blasensandstein）。1989 年（底座上方）和 1994 年（底座）对南立面进行修复，1991 年对西翼山墙进行修复。

为了加固层状剥落等病害区域，在西翼山墙上使用了以 Syton X 30（Monsanto 公司）为黏合剂的灌浆料和嵌边砂浆。在南立面底座区域也使用了以硅酸乙酯为黏合剂的嵌边砂浆。在至今为止近 20 年的使用时间之后，石材修补砂浆上可以看到大量的材料缺失，也可看到粉化剥落、孔洞状风化或者残缺等形式的病害，各研究部位的病害累及范围在 30%~93% 内波动。这些波动严重的数据是建立在事实基础之上的，即考虑到（高度）水溶盐污染、朝向，以及石材特性、工艺或者材料厚度的影响。

在南立面的上方区域使用了水泥基材料进行加固修复：层状剥落回填使用的是 Ledan TB 1（Tecno Edile 公司），石材修补使用的是 Mineros（Krusemark 公司）。即使在 20 年的使用时间之后，修复区域仍几乎无病害出现。

7) 格罗斯耶拿, 石质浮雕长卷, 石质浮雕

建筑材料：红砂岩。1997—1999 年进行修复。

排列在岩石里的浮雕受到来自地基的持续潮湿和水溶盐污染，出现了严重的风化，形式有粉化剥落、皮屑状剥落、层状剥落和泛盐。

修补采用的是一种低强度的 Funcosil 石材修补剂（Remmers 公司）。

在最新出现的病害里，可以在修补砂浆边缘观察到盐霜。此外，还可以检测到修复砂浆出现孔洞状风化或者碎裂状风化。

在质保期内，参考面在这几年的时间里一直得以维护，该参考面区域的修补措施在监测期间表现出相对良好的保存状态，但是，部分位置存在裂隙。

由于直接与地基相连，该文物容易受到水溶盐污染和湿度病害，因此对材料（岩石和砂浆）的要求非常高，持续的监测和相应的修缮是不可避免的。

8) 萨勒姆, 修道院

建筑材料：磨拉层砂岩（Molassesandstein）。1997—2002 年进行修复。

使用了硅酸乙酯胶合物石材修补砂浆进行回填和嵌边，以保护岩层、填补裂隙。仅是小面积地涂抹砂浆，未进行大面积修复找平。

后期研究只检测到轻微的新病害，其形式表现为修补剂上的皮屑状剥落和粉化剥落（图 3.5.4）。在巨大花窗的部分区域，由于强烈的风压，可以检测到嵌补灰缝侧面新形成的裂隙。

就整体而言，对于该修复工作的评价是正面的。

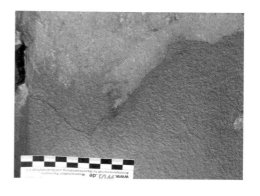

图 3.5.4
一块石壳完整的嵌边（左），一块石壳嵌边处出现浅表性裂隙（右）（参见 5.10 节）

9) 格尔利茨, 圣墓

建筑材料：西里西亚砂岩（Schlesischer Sandstein）。1997 年进行修复。
主要的南立面和东立面的嵌边和注浆使用的是没有添加填料的纯 Syton X 30

（Monsanto 公司），与此相反，层状剥落加固使用的是添加填料的 Syton X 30。

借助共振探头进行现状测绘探测，基本保存完好。

10) 格罗斯赛德利茨，巴洛克式花园，小天使和山鹰与贝壳

建筑材料：易北河砂岩。1994—1996 年进行修复。

与贝壳一起的雕塑群用的是一种无机修补砂浆及 Mineros（Krusemark 公司），与鹰一起的雕塑群用的是不同的产品分支。

石材修补剂 80% 保存完好，在石材修补剂与砂岩的接触面或石材修补剂内部检测到裂隙病害。

2. 评估和结论

关于使用石材修补材料这种保护修复措施，市场上的材料既有无机的砂浆，也有合成树脂的砂浆系列。石材修补砂浆的选择既取决于石材和病害类型，也取决于方案设计者和工匠的经验。对无机砂浆系统的数据分析表明，可将其明确分为两类：一类是采用特殊水泥和水泥 - 石灰配制的砂浆进行大的表面修补（用于重建一个缺失的表面）；另一类则是使用以硅溶胶为黏合剂的砂浆进行小面积的修补或者是裂隙填补和孔洞填补。

下列特征与修补材料各自的配方无关：

• 修复砂浆大面积施工或施工厚度很薄时，由于应力集中，如选用了锁水不透湿的修复剂，容易出现如空鼓和开裂等新的病害。

• 由于使用的石材修补材料太过致密而导致湿气和水溶盐转移到相邻的岩石区域，这一现象也不少见。

• 影响修补材料寿命的因素还不完全清楚，每个项目修复剂的种类和修复工艺、岩石的参数和砂浆配方以及由文物决定的实际情况如水溶盐污染或朝向等都是独特的。令人高兴的是，有些材料，例如伊格勒柱所使用的材料在大约 25 年之后还能发挥作用，同时没有导致任何病害；然而，现在还是需要重新修复。

• 将产品性能或黏合剂类型与病害间的差异进行关联是不可能的，因为使用寿命和与构造相关的参数会表现出大的波动（参见本节原比肯费尔德修道院一例），并且可用于对比研究的文物个体总数还是太少了。与材料特性相同，工匠的手艺对于成功与否同样重要。

· 席琳斯菲尔斯特宫微小的裂隙、空鼓等是否会进一步发展以及会发展到何种程度，还有待观察；同样有待观察的是弗莱德斯罗修道院教堂使用的强度过高的、厚度过大的修补砂浆导致的间接病害。

· 根据已完成的研究和得出的结果可以证明，采用视觉（测绘）和无损检测的方法，常常可以判断关于病害规模和病害程度。

· 以伊格勒柱为例，根据间隔逾 10 年的监测结果，以及课题完成的研究成果，得以追踪风化进程，及早确定需要进行再次修复的时间、内容和范围。这样可以使建设方规划设计的科学性更有保障。

参考文献

Auras, M. (2009): Untersuchungsbericht Igeler Säule. Unveröff. Bericht, Institut für Steinkonservierung e.V., Mainz.

Arnold, B. (2010): Festigung, Rissversorgung und Steinergänzung mit Kunstharzen. Dieser Band.

Grüner, F. (2010): Objektkennblatt Münster Salem. Dieser Band.

Sasse, H.-R. (1999): Anforderungsprofil an Steinergänzungsmörtel und zugehörige Qualitätssicherung. – In: Boué, A. (Hrsg.): Steinergänzung-Mörtel für die Steinrestaurierung. – 1. Workshop des Instituts für Bauchemie Leipzig e.V., Kloster Nimbschen 26. und 27. Juni 1998, S. 23–29. Stuttgart.

Snethlage, R. (2005): Leitfaden Steinkonservierung. Fraunhofer IRB Verlag, Stuttgart.

3.6 勾缝砂浆

贝贝尔·阿诺尔德（Bäbel Arnold）

在研究中，只针对几处文物统计过灰缝出现病害的比例。在 20 世纪 80—90 年代采取修复措施时，使用了弱水硬性石灰砂浆和纯石灰砂浆对不同的天然石材进行嵌缝。2009 年进行后期评估调查时，使用这两种砂浆的灰缝出现病害的比例都是 30% 左右。出现病害的原因与其说与勾缝砂浆的水硬性强弱有关，倒不如说是与建筑本身的特性，如水溶盐污染、缺少雨水排泄、返溅水等密切相关。

格尔利茨圣墓使用的是参照古代配方复制的火山灰 - 石灰砂浆对立面进行嵌缝。基础部分的灰缝损害严重。对灰缝侧面裂隙以及灰缝缺失部位进行测绘发现剩余的勾缝砂浆常常出现起壳、粉化并泛盐。出现这些病害的本质原因在于屋顶缺乏排水管道，这导致基础区域总是潮湿。在采取防雨水保护措施的区域，灰缝保存完好，只测绘到微量的界面裂隙。

原比肯费尔德修道院（巴伐利亚州）使用了一种弱水硬性砂浆，它由 2.5 份（体积比）熟石灰、0.5 份白水泥和大约 10 份不同粒径的沙子构成。由于原修道院教堂的高度盐化，出现病害灰缝的比例高达 24%。

位于库讷斯道夫（勃兰登堡州）的勒斯特维茨 - 伊岑普利茨家族的陵墓在水溶盐污染区域使用了纯石灰砂浆。从 1997 年起发现灰缝的病害，由于（各部位）水溶盐污染程度不同，灰缝情况或几乎完好，或病害比例达 80%。

3.7 清洗效果与再污染的评估

贝贝尔·阿诺尔德（Bäbel Arnold）

　　天然石材的保护往往从清洁开始，清洁的目的在于去除病害因子，并为采取保护措施做好准备。通过去除厚厚的、积聚大量有害物质的结壳，天然石材的毛细吸水能力重新提高了，更容易使采取的保护手段发挥效果。

　　无论采用何种清洁方法，都应该在固定的时间间隔，通常是 3~5 年，对所采取措施的持久性进行检查。可供使用的检查方法有色值测试、灰度值测试和毛细吸水系数测定。

　　所有在"石质文化遗产监测"课题内研究的、过去约 10~20 年间进行过保护的文物，都会为了必要的保护措施，在清洁之前测定毛细吸水系数。在确定试验面之后，为了选择清洁方法，还会再次测定毛细吸水系数，而在采取保护措施之后（固化、憎水处理）就不再测定毛细吸水系数了。很遗憾，这样做的后果是没有修复后的文物状况的测量值可供比较。为了能够减轻长期监测的工作量，应该在进行修复之后，在各个文物上选定位置进行毛细吸水系数测定。修复后再次受到污染的范围及程度可以通过保后监测中的毛细吸水系数检测来估算。

　　很遗憾，对于过去约 10~20 年间采取的修复措施也没有进行过色值测试和灰度值测试。在一些文物上，已经开始利用灰度卡（库讷斯道夫陵墓）以及色值测试（德累斯顿茨温格宫）进行监测。这些测定为未来的研究奠定了比较基础。在第一次检测后大约相隔 5 年进行下一次检测分析会是较有意义的。

参考文献

Snethlage, R. (2008): Leitfaden Steinkonservierung – Planung von Untersuchungen und Maßnahmen zur Erhaltung von Denkmalen aus Naturstein. Fraunhofer IRB Verlag, Stuttgart, S. 97–98.

3.8 降盐

贝贝尔·阿诺尔德（Bäbel Arnold）

由于采样点的选择有限，水溶盐污染的比较研究只能在两处文物间进行，即在库讷斯道夫(勃兰登堡州)的勒斯特维茨-伊岑普利茨家族陵墓和艾施河畔诺伊斯塔特(巴伐利亚州）的原比肯费尔德修道院的修女教堂南立面之间进行。

库讷斯道夫（勃兰登堡州）的勒斯特维茨-伊岑普利茨家族陵墓于 1997 年在陵墓的前面和后面涂抹了水泥灰浆。该陵墓缺少排水槽，陵墓的整个墙壁完全湿透，而且受到了水溶盐污染（图 3.8.1）。在水溶盐污染特别严重的位置，重新涂抹了一层牺牲性灰浆（石灰砂浆）。

保护工程中，在陵墓的背面安装了雨水导槽，使墙壁的湿度降低到了平衡湿度水平。随着这一干燥过程，墙壁表面有水溶盐析出（图 3.8.2）。

原比肯费尔德（巴伐利亚州）修道院教堂一直到 20 世纪 70 年代都作为马厩使用，这导致整个墙壁的水溶盐含量非常高。课题对水溶盐的种类和含量进行了研究，目标在于得出结论：水溶盐污染达到什么程度，砂浆和石材修补剂才开始破坏分解。采用 X 射线衍射进行水溶盐分析后得知主要的污染物是硝酸盐（硝酸钠）、硫酸盐（石膏）和氯化物（氯化钠和氯化铵）。无法确定水溶盐含量及病害程度与过去使用的 Syton X 30 石材修补剂有直接联系。然而，引人注意的是，在一块病害特别严重的区域，氯化物污染程度高于平均水平。这使得人们怀疑，病害可能主要是由氯化钠和氯化铵导致的。对比 1988 年和 2009 年的测量数据，几乎看不出墙壁的水溶盐污染状况得到了改善（图 3.8.3）。虽然理论上水溶盐含量会随其迁移到更松软的石材修补剂中而轻微下降，但这一点并未从数据中得到证实。为了排盐，应该去除剥落的、含盐的粉化材料，水溶盐饱和的修补剂也应该常常更换。

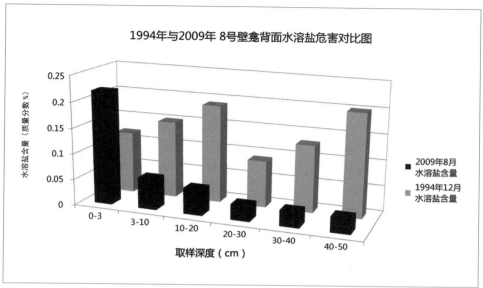

a

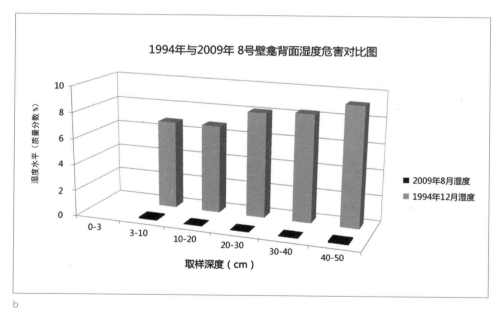

b

图 3.8.1

库讷斯道夫的勒斯特维茨 - 伊岑普利茨家族陵墓，8 号壁龛的污染程度，
1994 年与 2009 年的对比

其中，图 a：水溶盐危害；图 b：湿度危害

148

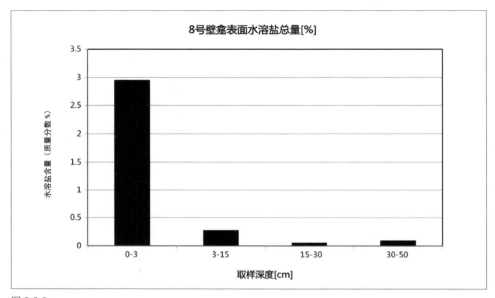

图 3.8.2
库讷斯道夫的勒斯特维茨 - 伊岑普利茨家族陵墓，8 号壁龛的水溶盐总含量

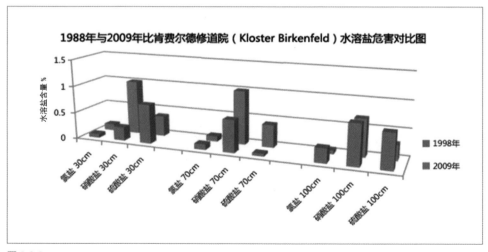

图 3.8.3
原比肯费尔德修道院南立面东部区域阴离子分布状况，
1988 年与 2009 年对比（取 3~5 次测量的平均值）

3.9 作为保护层和耐磨层[1]的涂层与清漆

埃尔温·施达德保尔（Erwin Stadlbauer）
罗尔夫·尼迈耶（Rolf Niemeyer）

在"石质文化遗产监测"课题项目中，只对个别文物本体的涂层和清漆的有效性和持久性进行了研究。因此，研究结果只能从特定文物得出其个性特征，并针对特定文物本体加以阐释。更多的信息是根据专业文献整理出来的，尤其是关于实践中用到的不同黏合剂的特性。

1. 检测标准和研究方法

在德国联邦研究与技术部"岩石风化与保护"的课题资助下，推动了广泛的主题为"岩石上的涂层"的有效性和持久性的研究。基础数据包含了布兰德斯（Brandes）的博士论文（1995 年）和荷尔姆（Herm）的博士论文（1997 年）。除了实验室研究，还对不同的黏合剂和天然石材基底进行了自然老化测试（Herm & Warscheid，1995；Brandes & Stadlbauer，1995）。

黏合剂和涂料在石质文化遗产保护领域的应用意义在于防潮功能，描述其特点的重要技术术语是水和水蒸气的渗透参数、毛细吸水系数 ω（DIN EN 772-11），以及水蒸气扩散的蒸汽渗透阻 μ 或水蒸气渗透（当量）空气层厚度 sd（DIN EN 1062-1）。图 3.9.1 是对布兰德斯的数据（1995 年）进行整理的结果。除了黏合剂（石灰酪朊、石灰乳化液、亚麻籽油、含和不含分散添加剂的水玻璃、硅树脂乳液、塑料分散剂）的参数，也包含了一些不同种类的天然石材的数据（不同的石灰岩和砂岩）。参数值一方面从弱吸水能力变化到强吸水能力，另一方面从弱水蒸气渗透能力变化到强水蒸气渗透能力。图 3.9.2 中呈现的临界值是根据 DIN EN 1062-3 定义的。认识这些数值能便于理解涂料制造商的技术说明书，而且还能根据要求曲线对各个系统进行评价（表 3.9.1）。

通过以下方法，进行"石质文化遗产监测"课题的现状登记：照片备案和测绘（参照 VDI 3798 导则）；用卡斯特瓶法和米洛夫斯基瓶法测量毛细吸水能力；颜色测定（逐个地）；根据丝绒布法测定粉化程度（DIN EN ISO 4628-7，逐个地）。

为了测定潮湿技术特性，毛细吸水能力的测量值的精度大致被认为是足够的。原因在图 3.9.1 中表达得很清楚，水蒸气渗透性的意义只在某些材料上有所体现，这些

1　即牺牲性涂层。——译者注

材料的毛细吸水能力一般很弱；只在毛细吸水系数 ω 值低的区域，水蒸气渗透性的差异才对材料评估有重要意义。

在《岩石保护导则》（Snethlage，2005）中，评估涂层干湿技术指标时主要参照以下三个标准：

a）涂有涂层的石材的毛细吸水能力和毛细渗入系数（根据 DIN EN 772 的 ω 值和 B 值）应该与无涂层石材的相同，或者小于无涂层石材的值，但不能超过它；

b）涂层应该尽可能小地提高蒸汽渗透阻（根据 DIN EN 1062-1 的 μ 值和 sd 值）；

c）涂有涂层的材料的干燥时间最多比无涂层材料的石材增加 1~2 倍。

DIN EN ISO 4628-1 针对检测的分析结果给出了一个评价体系。由于课题持续时间相对较短，故不适用这个评价体系；然而，总的来说，这个评价体系十分适用于对病害发展的中期和长期监测（Stadlbauer 等，2001）。

表 3.9.1 吸水能力与水蒸气渗透能力评价标准

强吸水能力	$\omega > 0.5$ kg/（$m^2 \cdot \sqrt{h}$）
中等吸水能力	$\omega = 0.1{\sim}0.5$ kg/（$m^2 \cdot \sqrt{h}$）
弱吸水能力	$\omega < 0.1$ kg/（$m^2 \cdot \sqrt{h}$）
强水蒸气渗透能力	$sd < 0.14$ m
中等水蒸气渗透能力	$sd = 0.14{\sim}1.4$ m
弱水蒸气渗透能力	$sd > 1.4$ m

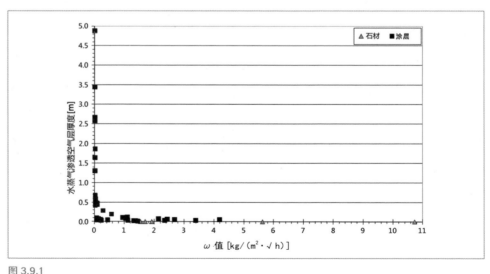

图 3.9.1
代表性的天然石材种类和涂层的湿度技术参数：根据毛细吸水系数 ω 和水蒸气渗透空气层厚度 sd 确定水和水蒸气的渗透性（数据来自 Brandes，1995）

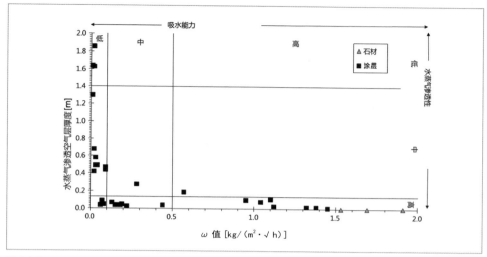

图 3.9.2

图 3.9.1 的细节展示，以 DIN EN 1062 为依据，水和水蒸气的渗透性的评定标准

2. 案例分析

1) 奥斯纳布吕克市政厅

　　奥斯纳布吕克市政厅的外墙保存状况很好，该外墙主要由北德的史符砂岩梅勒（Melle）类型构成（图 3.9.3）。研究表明，20 多年前涂抹的涂层很大程度上仍然保存完好（Pohlmann，2009）。与预期相符，朝东的主立面的保存状况明显比南立面和西立面好，因为南立面与西立面遭受到更多的雨水和光照。在部分区域出现的皮屑状剥落的表面，大部分剥落的不是石材，而是保护层和耐磨层，这些保护层和耐磨层[2]是 1983—1985 年间涂刷的硅酸盐树脂乳液涂料和硅树脂乳液涂料（图 3.9.4）。

　　各立面的毛细吸水能力处于较低范围内，这主要是由这种石材特殊的性质决定的——北德与南德的史符砂岩有明显不同（Stadlbauer 等，2008）。本例中这种材料的弱毛细吸水能力不仅阻碍了湿气和病害物质的进入，也让保护剂很难渗入。在20 多年前，为保护这种来自德国西北部的史符砂岩而涂刷的液态保护剂，并未像平常处理其他材料时那般被迅速吸入孔隙空间，而只是停留在表面。这点可以通过意外形成的亮斑看出，这些亮斑在保护施工时先是不引人注意地被保留了下来；而在干燥

2　即牺牲性涂层。——译者注

图 3.9.3
奥斯纳布吕克市政厅，东面外墙的局部视图：在 1983—1985 年最后一次进行修复，大约 25 年后的保存状况令人满意（照片宽度大约为 1 m）

图 3.9.4
奥斯纳布吕克市政厅，西面外墙的局部视图：史符砂岩表面皮屑状剥落的是 1985 年的保护涂层，涂层局部已有缺失（照片宽度大约为 0.5 m）

之后，若不借助其他工具就无法被去除。因此，对墙壁进行保养和维护的方法相对简单：为了避免继续形成皮屑状剥落，必须替换保护层和耐磨层。此外，必须去除微小的病害，并检查石材表面的状态和灰缝的状态。

2）瑟格尔的克莱门斯维尔特狩猎行宫的石雕

对石雕的现状登记聚焦在硅酸树脂乳液清漆，这些清漆是为了保护包姆贝格石灰砂岩的表面在 20 世纪 80 年代被涂刷上的。视觉检查和借助试管进行的毛细吸水能力的测量表明，涂上清漆部位的现状是令人满意的，赫尔布吕格（Hellbrügge，1995）的经验证明了这一点。图 3.9.5 反映了 4 号石雕的一个细节。可以通过弱吸水能力和在试管区域没有晕圈的现象观察涂层清漆的憎水效果（2 号测量点）；正如也可以在未涂抹清漆，但进行过憎水处理的地方（3 号测量点）观察憎水效果一样。

观察的结果是 20 世纪 80 年代进行的憎水处理（未涂清漆）的有效性明显下降。用卡斯特瓶法测量到的 ω 值在这期间达到了 0.3 kg／（m^2·$\sqrt{h}$）。因此，应该在试验面尝试借助清漆保护石材表面，尤其是东面和南面受到强降雨冲击的区域。"石质文化遗产监测"项目课题组会持续对这些试验面进行监测。

图 3.9.5
瑟格尔的克莱门斯维尔特狩猎行宫，4 号石雕的细节：用米洛夫斯基瓶法测定毛细吸水能力，其中 1 号和 2 号测量点位于有机硅酸树脂清漆区域，表现出有效的憎水性；3 号测量点的检测管前端明显有水渍横向扩展（20 世纪 80 年代进行的憎水处理有效性降低）

3）米尔豪森玛利亚大教堂的阳台雕像群

　　1988 年最后一次修复南翼山墙由贝壳灰岩构成的阳台雕像群时，使用了环氧树脂胶合的石材修补剂，以小面积的腻子嵌补到贝壳灰岩的孔洞中。而向前倾斜的阳台雕像群的背面直接遭受雨水冲刷，故在其背面涂抹丙烯酸砂浆涂层。最后在雕像群上全部涂抹了丙烯酸树脂半透明漆。

　　石质文物保护研究所（IFS）在 2009 年进行的保后监测表明，半透明漆的保存状况各不相同（图 3.9.6）。而背面的涂层出现了尤其严重的病害。在背面涂层剥蚀位置可以观察到密集的微生物生长。在无雨水浇淋的区域，半透明漆仍然保存完好，而且完全阻止了石材吸水。

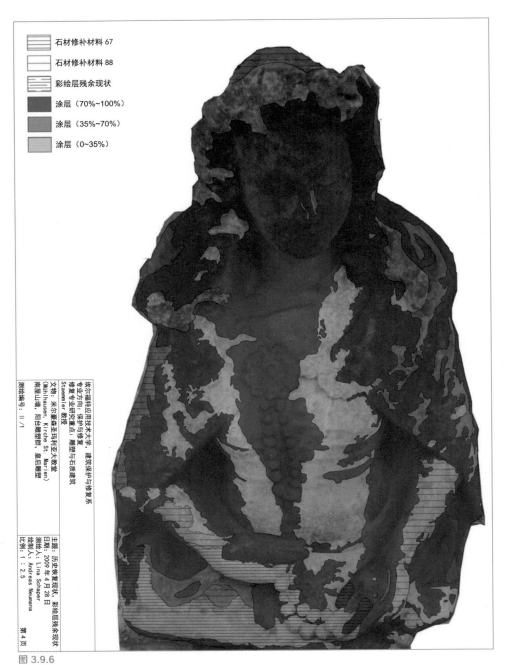

石材修补材料 67

石材修补材料 88

彩绘层残余现状

涂层（70%~100%）

涂层（35%~70%）

涂层（0~35%）

埃尔福特应用技术大学，建筑保护与修复系
专业方向：保护与修复
修复专业研究重点：雕塑与石质建筑
Staemmler 教授

文物：米尔豪森圣玛利亚大教堂
（Mühlhausen, Kirche St. Marien）
两座山墙，阳台雕塑群，最后雕塑

测绘编号：II／1

主题：历史修复现状，彩绘层残余现状
日期：2009 年 4 月 28 日
测绘人：Lina Schaper
绘制人：Andreas Neumann
比例：1 : 2.5

第 4 页

图 3.9.6
米尔豪森玛利亚教堂，皇后雕像的
现状测绘 (Staemmle, 2010)

4) 德累斯顿茨温格宫王冠门的砂岩雕像

德累斯顿茨温格的立面和雕塑品很早就由建筑师 M. D. 珀普尔曼（M. D. Pöppelmann）设计和实施了一版色泽明亮的彩绘。但是，19 世纪涂上的油性颜料涂层在 1911—1919 年和 1924—1936 年已经用碱洗掉了。波斯塔砂岩和科塔砂岩自身明亮的颜色得以重见天日，但不久之后，这些砂岩出现了对于岩石来说典型的黑变（即"古锈"，patina）。黑变的原因在于环境的影响和风化的结果（Hoferick，2000）。20 世纪 80 年代，采用石灰水和硅酸盐涂料进行了保护实验，但是结果是负面的；而以硅树脂乳液为黏合剂的半透明漆的保护功能，其兼容性和稳定性的评估结果都是正面的。自 1990 年起，这种半透明漆涂层被用于外围的拦墙区域（图 3.9.7）。

图 3.9.7
德累斯顿茨温格宫王冠门的砂岩
雕像

萨克森、萨克森 - 安哈尔特文物诊断和保护研究所在"石质文化遗产监测"课题的框架下进行的研究表明：有涂层的石材的粉化程度中等（根据 DIN EN ISO 4628-7 的参数值为 3）。验证了鲁宾（Rubin，2009）之前的研究结果。未观察到急性病害（图 3.9.8）。在很长的使用时间之后，硅树脂半透明漆只在局部出现老化 [温特尔（Winter）雕像和阿波罗（Apollo）雕像]。硅树脂半透明漆的憎水效果在温特尔雕像上有所变动，但从总体评价来说，它起到了保护的功能。巴克斯（Bacchant）雕像憎水处理过的位置，其憎水效果亦未失效。此外，应该定期观察半透明漆已老化的区域，检测其吸水能力。未来应该考虑重新涂刷半透明漆。

图 3.9.8
德累斯顿的茨温格宫，一个涂刷了
有机硅树脂乳液的保护层和耐磨层
的雕像

3. 作为保护层和耐磨层的涂层

　　各种不同石材基底上涂层的稳定性和所起的保护功能与许多因素相关。除了黏合剂的种类和成分外，石材的物理特性及矿物化学特性也很重要，同时也和微环境有关。根据不同的地点，物理的、化学的和生物的病害进程可能会共同或者单独起作用，由此可以推导出对于涂层保护功能各不相同的要求。

　　准确的观察发现，无论是现代的还是古代的涂层，选择特性差异较大的黏合剂，由此表现出来的保护功能也会非常不同。因此，有必要清晰地定义对文物涂层的保护功能的要求（如防强降雨），并在此基础上，根据不同涂层的成分和特性观察其成效。与此相符，不仅仅要根据黏合剂和基底决定对涂层的保养和维护，还要考虑到各个文物的特殊情况，以及同一个文物不同部分之间各异的曝光情况。

　　考虑到与历史建筑的兼容性，毫无疑问，传统的石灰涂层、在石灰基础上的现代改性配方（Herm，1997；Jägers，2000）以及其他传统的涂层技术具有特殊意义。与所向往的情景（这些传统的涂层系统完整并且保存状况良好）相反，人们在实践中往往处境艰难。由于不合适的或维护不充分的旧涂层，以及湿度危害和水溶盐污染，病害扩散了。根据经验，由涂层造成的间接病害，风险最小的是不阻挡水汽扩散的涂层，例如石灰涂层和矿物涂层（Osswald，1997 & 1998； Hammer，1998；Rademacher，2004）。与形成薄层的涂层材料相比，现代的涂层例如现在经常使用的分散硅酸盐乳液涂层和硅树脂乳液涂层，透(水)汽特性明显更好，基本上可以（根据需求曲线）作为备选方案考虑（Hilbert，2001）。无论是作为覆盖涂层，还是作为清漆，这些涂层系统都在过去的几年成功投入使用（Donath，2005）。人们对具有"荷叶效应的涂层"抱有很高的期待，但是，也必须对其有效性和稳定性进行各项观察（Bagda，2000； Müller-Rochholz & Recker，2007）。

以亚麻籽油为黏合剂的涂层和彩绘在历史上曾受重视，但鉴于它们的透（水）汽技术特性，必须加以批判。一方面，由于它们的蒸汽渗透阻高[3]，因此存在湿度回移的危险，并可能导致间接病害。另一方面，虽有积极的应用案例，但只在对其进行持续保养的前提下才能够实现。在《岩石保护导则》（Snethlage，2005）及其他出处中对这些说明有更准确的阐释，而在与保护措施的计划、实施和后期检查的总体联系中也有这些说明的详细介绍（Brandes，1999；Boué，2000；Rusam，2004）。

4. 保养和维护的结论

从实践中可得出结论，即涂层的保养和维护周期因涂层系统和污染因素的不同，可能是有很大差异的。作为牺牲层的涂层，应该在比较短的时间间隔内（大约是 1~5 年），对其加以检查；一般来说，也应该对牺牲层加以更新。

与此相反，抗风化的涂层系统的检查时间间隔可以更长一些（根据经验是 5~10 年）。特别重要的是检查遭受超出一般水平下环境因素累积的部分，例如飞檐和凸出的文物部分。这些部分因为强降雨、阳光照射和其他因素受到了一种温度和湿度的交变应力。

在这些区域，应该定期在气泡、裂隙和微小的残缺处，对使用传统或现代胶合剂的憎水或阻水的涂层系统进行检查。遗憾的是，湿度通过裂隙和残缺处回移的风险往往被忽视，因为最早的病害大多数时候会出现在难以接近的位置而不易被发现。为了避免更大的间接病害，建议及早定位建筑受环境因素累积影响特别严重的区域，为定期的状况检查选择合适的参考点。这种有针对性的检查研究的范围和费用相对较小，而且与一次全面的修缮相比，勘察监测的费用几乎可以忽略不计。

参考文献

Bagda, E., Vinzelberg, S.(2000): Oberflächen unter dem Mikroskop – Zur Morphologie von Bautenbeschichtungen. Farbe + Lack 106, Heft 5, S. 101–110.

Boué, A. (2000): Farbe in der Steinrestaurierung – Fassung und Schutz. Fraunhofer IRB Verlag, Stuttgart.

Brandes, C. (1995): Natursteinkonservierung durch Beschichtung – Untersuchungen zur Wirksamkeit und Dauerhaftigkeit von Anstrichsystemen auf Natursteinen. Dissertation im FB Geowissenschaften der Universität Hannover.

Brandes, C. (1999): Anstriche und Beschichtungen für Bauwerke aus Naturstein. Baupraxis & Dokumentation, Band 16, Expert Verlag, Renningen-Malmsheim.

Brandes, C., Stadlbauer, E. (1995): Anstrichsysteme auf Naturstein im Bewitterungstest. Bautenschutz und Bausanierung 4, S. 64–68.

---

3 即透（水）汽性差。——译者注

DIN EN 772-11 (2010) Norm-Entwurf: Prüfverfahren für Mauersteine – Teil 11: Bestimmung der kapillaren Wasseraufnahme von Mauersteinen aus Beton, Porenbetonsteinen, Betonwerksteinen und Natursteinen sowie der anfänglichen Wasseraufnahme von Mauerziegeln.

DIN EN 1062-1 (2004): Beschichtungsstoffe – Beschichtungsstoffe und Beschichtungssysteme für mineralische Substrate und Beton im Außenbereich. Teil 1: Einteilung.

DIN EN 1062-3 (2008). Beschichtungsstoffe – Beschichtungsstoffe und Beschichtungssysteme für mineralische Substrate und Beton im Außenbereich – Teil 3: Bestimmung der Wasserdurchlässigkeit.

DIN EN ISO 4628-1 (2004): Beschichtungsstoffe – Beurteilung von Beschichtungsschäden; Bewertung der Menge und der Größe von Schäden und der Intensität von gleichmäßigen Veränderungen im Aussehen – Teil 1: Allgemeine Einführung und Bewertungssystem.

DIN EN ISO 4628-7 (2004): Beschichtungsstoffe – Beurteilung von Beschichtungsschäden – Bewertung der Menge und Größe von Schäden und der Intensität von gleichmäßigen Veränderungen im Aussehen – Teil 7: Bewertung des Kreidungsgrades nach dem Samtverfahren.

Donath, G. (2005): Siliconharzschlämmen als Oberflächenschutz für Sandstein am Beispiel der St. Bennokirche in Meißen. Fraunhofer IRB Verlag.

Hammer, I. (1998): Zur Nachhaltigkeit mineralischer Beschichtung von Architekturoberflächen. Erfahrungen mit der Anwendung von Kaliwasserglas und Kalk in Österreich. In: Mineralfarben. Beiträge zur Geschichte und Restaurierung von Fassadenmalereien und Anstrichen. Veröffentlichungen des Instituts für Denkmalpflege an der ETH Zürich, Band 19, S. 191–204, Zürich.

Hellbrügge, C. (1995): Praktische Erfahrungen mit Anböschmaterialien auf Polyurethan-Basis beim Baumberger Kalksandstein. Arbeitsblätter für Restauratoren, Heft 2, S. 333–338, Verlag des RGZM Mainz.

Herm, C. (1997): Anstriche auf Naturstein – Untersuchungen zur Zusammensetzung historischer Fassungen, Kolloidchemie von Kalkfarbe und Bauphysik. Dissertation der Ludwig-Maximi-li ans-Universität München.

Herm C., Warscheid, T. (1995): Freibewitterung von Anstrichen auf Gotland-Sandstein – Untersuchungen zum Wasserhaushalt und Mikrobiologie. Jahresberichte Steinzerfall-Steinkonservierung, Band 5 – 1993, Ernst & Sohn Verlag, Berlin.

Hilbert, G. (2001): Farbfassung von Natursteinen im Siliconharzfarbsystem: Zusammenhänge zwischen Rezeptierung und bauphysikalischen Eigenschaften. In: Grobe, J. (Hrsg.): Natursteinkonservierung – Grundlagen, Entwicklungen und Anwendungen. WTA-Schriftenreihe, Heft 23, S. 113–122, Aedificatio Verlag, Freiburg.

Hoferick, F. (2000): Erfahrungen mit Farbanstrichen auf patiniertem Elbsandstein am Dresdner Zwinger. In: Boué, A. (Hrsg.): 2. IFB-Workshop: Steinrestaurierung – Fassung und Schutz. S. 171–176.

Jägers, E. (2000): Dispergiertes Weißkalkhydrat, Altes Bindemittel – Neue Möglichkeiten. Michael Imhof Verlag, Petersberg.

Müller-Rochholz, J., Recker, C. (2007): Wirksamkeit von Lotuseffekt-Farben. In: Venzmer, H. (Hrsg.): Feuchteschutz. Vorträge der 18. Hanseatische Sanierungstage im Ostseebad Heringsdorf/ Usedom. Fraunhofer IRB Verlag, Stuttgart, S. 271–278.

Osswald, J. (1997): Die Struktur und Reaktionen des Kieselsäuregels in den Silikatfarben der Keim´schen Mineralmalerei. Dissertation, München.

Osswald, J. (1998): Neue Erkenntnisse über das Wasserglas als Bindemittel – Struktur und chemische Prozesse. In: Mineralfarben. Beiträge zur Geschichte und Restaurierung von Fassadenmalereien und Anstrichen. Veröffentlichungen des Instituts für Denkmalpflege an der ETH Zürich, Band 19, S. 147–156, Zürich.

Pohlmann, A. (2009): Monitoring von Mauerwerk – Ansatz für ein Referenzflächenmonitoring am Beispiel der ehemaligen Stiftskirche Fredelsloh und des Rathauses Osnabrück. Masterthesis, HAWK/ FH Hildesheim-Holzminden-Göttingen, Fakultät Erhaltung von Kulturgut.

Rademacher, I.(2004): Die Sol-Silikat-Technologie. In: WTA-Journal, S. 217–227.

Rubin, C. (2009): Die Anwendung des Silikonharzfarbsystems auf Elbsandstein am Beispiel des Dresdner Zwingers. Naturwissenschaftliche Untersuchungen zur Wirksamkeit und Langzeitverhalten, Diplomarbeit FH Köln.

Rusam, H. (2004): Anstriche und Beschichtungen im Bauwesen. Eigenschaften – Untergründe – Anwendung. Fraunhofer IRB Verlag, Stuttgart.

Snethlage, R. (2005): Leitfaden Steinkonservierung – Planung von Untersuchungen und Maßnahmen zur Erhaltung von Denkmälern aus Naturstein. Fraunhofer IRB Verlag, Stuttgart.

Stadlbauer, E., Brandes, C., Niemeyer, R. (2001): Zur Beständigkeit und Schutzfunktion von Farbe auf Stein – Anstrichsysteme im Freibewitterungstest. In (Segers-Glocke, C., Hrsg.): Berichte zur Denkmalpflege in Niedersachsen, Heft 4, S. 137–141, CW Niemeyer Verlag, Hameln.

Stadlbauer, E., Lepper, J., Niemeyer, R., Argow, H., Pohlmann, A., Gervais, A., Visser, H. (2008): Der norddeutsche Schilfsandstein zwischen Hase und Weser – ein Beitrag zur Geologie und Denkmalpflege im Osnabrücker, Lipper und Weserbergland. – In: Siegesmund, S. & Snethlage, R. (Hrsg.): Denkmalgesteine – Festschrift – Wolf-Dieter-Grimm. – SDGG, Heft 59, S. 175–186, Hannover.

Staemmler, T. (2010): Mühlhausen, St. Marien, Südquerhausgiebel, Altangruppe und Anbetungsgruppe. Untersuchungen zum Zustand durchgeführter Konservierungs- und Restaurierungs-behandlungen. Untersuchungsbericht Fachhochschule Erfurt.

VDI-Richtlinie 3798 (1997): Untersuchung und Behandlung von immissionsgeschädigten Werkstoffen, insbesondere bei kulturhistorischen Objekten – Blatt 1–3. Verein Deutscher Ingenieure, Düsseldorf.

Wennemer, R. (2009): Monitoring von Steinskulpturen am Beispiel des Jagdschlosses Clemenswerth. Masterthesis, HAWK/FH Hildesheim-Holzminden-Göttingen, Fakultät Erhaltung vonKulturgut.

图片出处

图 3.9.1– 图 3.9.5: 本节作者; 图 3.9.6: Staemmler; 图 3.9.7– 图 3.9.8: Meinhardt。

4 结论与讨论

4.1 使用成本与遗产利用的经验及思考

埃尔温·斯达德保尔（Erwin Stadlbauer）

在许多领域，监测是用于控制过程和预防损失的有效方法。目前为止，在建筑物监测领域，监测方法主要用于使建筑物符合安全标准；然而，它在其他领域的应用也具有意义，值得借鉴。

石质文化遗产监测在建筑物保护和文物保护方面具有特殊意义。除了安全相关的方面，监测也有助于更好地利用遗产，有助于控制和节约建筑保养与维护费用。"石质文化遗产监测"这一课题从多个层面更准确地观察这些经济问题。而观察的基础则是在各个选定的建筑物上取得的成果，这些也在案例分析中被作为范例展现（参见本书第 5 章及 www.naturstein-monitoring.de[1]）。

1. 监测的方法、原因和目的

德国联邦环境基金会（DBU）资助的"石质文化遗产监测"课题曾用于登记全德国范围内选定的各建筑物的状况。不同研究技术方法的应用与检测以及对于早期采取的保护措施的保后监测，使得人们对其有效性和持久性有了新的认识。材料学的视角和方法曾是十分重要的。在某些情况下，人们也可能进行费用分析，而其目的必然是为以后的费用控制奠定基础。

因此，项目的目的不只是系统地登记样板文物的状况。系统性的状况登记是高水平的保养与维护不可缺少的一部分，有助于保质保量地记录文物本体安全和所采取措施的变化。

以评估保护措施为导向的石质文化遗产监测提供了关于材料的以下三方面的知识：

- 受环境和早期处理影响的不同类型石材的耐久性；
- 保护和修复的手段及措施的有效性和持久性；

1　网页已无法访问。——译者注

· 由材料和对象决定的、以长期保护文物本体和费用控制为目的的保养及维护周期的定义。

所以，石质文化遗产监测的经济意义显而易见，至少有以下三点：

· 确定必要措施，避免不必要措施甚至是有害的措施；
· 病害的早期诊断；
· 病害的预防，以避免大规模病害——修复大规模病害所需的经费远远超过了建筑物保养范围内的持续保养和维护费用。

2. 项目工作的案例分析

1）弗莱德斯罗，前修道院教堂——措施规划范围内的监测（参见 5.3 节）

这一样板案例在本项目工作范围内实现了两个目标：首先，主要通过短期监测，对保养和修复过的中世纪外墙上的一个参照面进行研究和评估；其次，为长期监测奠定了基础。与希尔德斯海姆／霍尔茨明登／哥廷根应用技术和艺术学院（HAWK/FH-Hildesheim-Holzminden-Göttingen）合作，于 2009 年进行了以下工作：

· 借助现状测绘及自然科学研究，对 2005 年的参照面进行状况登记，该参照面受汉诺威修道院协会（Klosterkammer Hannover）委托，由雷根斯堡石材工厂（Steinwerkstatt Regensburg）铺设；
· 在一篇硕士论文（Pohlmann，2009）、一份详细的项目报告和一份案例分析（5.3 节）的框架下，对研究结果进行总结。

毫无疑问，这一研究在经济上的重要意义不仅仅适用于弗莱德斯罗修道院教堂这一个例，人们可以将其视为范例。研究结果构成了以下两方面的必要基础，即制作效率统计表和制定按照质量管理进行全面的建筑立面修复措施的执行时间表，并以文字描述该措施（Snethlage，2001 & 2005）。研究的主题是遗产本体材料保护和资源节约，以便将破坏性的材料研究方法及石材替换降到最低限度。对此，最重要的框架条件是：

· 充足的前期规划设计时间：弗莱德斯罗修道院教堂的例子表明，原先规定的一年时间太少了！

· 对参照面进行高水平的（即专业而规范的）筛选、特点描述、处理、后期研究、评估和备案；

· 评估时考虑参照面周围的朝向及微气候环境情况与施工技术。

弗莱德斯罗修道院教堂的参照面设置在塔墙的北面，并非只因为那儿的病害最严重、最需要处理。由威悉河砂岩砌成的方石墙展现了这个地区独特的浮雕状风化和层状剥落，并有明显的生物活动。对于材料的研究未得出此处采用了质量较差石材的结论，因此，只能将病因归结为局部墙体遭受到严重的水害。实际上，两座西塔的双坡屋顶都没有雨水导槽（落水管），所以，在翻新外墙时，当然需要安装上雨水导槽及落水管，以提高措施的持久性并减少将来的保养费用和维护费用（图 4.1.1）。

图 4.1.1
弗莱德斯罗修道院教堂的西北面视图，建筑北立面的参照面：塔墙的病害明显与无雨水导槽和无屋檐有关

2）瑟格尔，克莱门斯维尔特狩猎行宫的石雕——通过监测参照面以保护（文物）本体及控制费用

克莱门斯维尔特狩猎行宫受选帝侯克莱门斯·奥古斯特（Clemens August）委托，由施劳恩（J. C. Schlaun）领导，于 1737—1747 年修建。主建筑外墙的 8 块包姆贝格石灰砂岩装饰也诞生于这个时期。这些石雕宽约 1.3 m，总高度约 5 m（图 4.1.2—图 4.1.4）。为了保护石雕免受天气影响，直到 19 世纪早期，它们大多数时候都被油布覆盖，估计人们只有在特殊场合才能见到它们。接下来的时间里，保护措施荒废了。1974—1975 年期间，在 1945 年遭受严重病害的石雕（粉碎成碎片，但大部分碎片得以保存）得到了全面的保护和修复。1977 年、1984 年及 1986—1988 年采取了进一步的保护措施。1993—1996 年，德国联邦环境基金会的资助项目对到那时为止所采取的措施的有效性和持久性进行了基本的材料学研究（Segers-Glocke, 1998）。

图 4.1.3
克莱门斯维尔特狩猎行宫中心建筑与雕塑

图 4.1.2
克莱门斯维尔特狩猎行宫的 4 号石雕；
由于朝东，保存状况良好，但中间位置（"手
套"）病害特别严重

图 4.1.4
克莱门斯维尔特狩猎行宫，1993 年采取的保护措施的概况测
绘；8 块石雕病害程度汇总（Fitzner 等，1995）[2]

2　标准图例以蓝、绿、黄、红依次表示病害程度逐渐加剧。——译者注

这一研究的主要结果是得到了以下认识：如果至少在冬半年借助覆盖物保护石雕，那么，在持续有效的保护的基础上，保养和维护周期可以明显延长。所以，自 1997 年起，人们重新采取以前的维护传统，即在 11 月至次年 3 月内用一个特殊制作的金属装置保护石雕，该装置附有一层不透明的帷幔。

表 4.1.1 "石质文化遗产监测"课题框架内对参照面的研究

选定分区的视觉图像文件（石雕的参照面：4 号东面、5 号西面、6 号南面、7 号北面）	现状测绘 地衣测绘和藻类测绘 照片备案和照片比较
机械弹性性能	超声波速测量
湿度技术特性 / 孔隙特征	通过水滴吸收检测法检测湿润性；用卡斯特瓶法和米洛夫斯基瓶法进行毛细吸水性能检测
气候环境	测量气温、表面温度和覆盖物内外的相对湿度

监测范围内的研究（表 4.1.1）由希尔德斯海姆／霍尔茨明登／哥廷根应用技术和艺术学院文化遗产保护系（Fakultät Erhaltung von Kulturgut）、汉诺威 Ri Con 公司和科妮莉亚·戈尔曼 - 扬森博士（Dr. Cornelia Gehrmann-Janßen）进行。这些研究结果总结在罗伯特·文内默（Robert Wennemer）2009 年的硕士论文中。冬季覆盖物防止雨水冲击的作用尤其是在朝西和朝南面得到了明显证明，这并不让人惊讶。自 1995 年起，生物活动，尤其是地衣植被有了明显变化：红色的绿藻纲生物的侵害加强了，在北曝光面十分醒目，必须抑制其进一步发展。覆盖物内部的通风（太）微弱，导致南边的温度和相对空气湿度变化强烈。因此，必须检测覆盖物是否已通过被动通风实现了最优化。

自 1993 年起的研究发现，20 世纪 70—80 年代反复使用的憎水法的效果减弱了。然而，今天不再推荐使用憎水法重新处理，而推荐使用的是与色彩匹配的、以有机硅树脂乳液为基材的耐磨层[3] 来保护石材表面。这里涉及一种保护思路[4]，它在 80 年代在石雕中得到了局部应用，而其有效性和耐久性在 2009 年得到了证明。

借助病害图示和照片备案确定了病害发展过程的早期，可回溯到 20 世纪 70 年代结构加固胶失效（图 4.1.5）。接下来确定的是分散的浅表性裂隙和皮屑状剥落。在监测

3　一种牺牲性保护层。——译者注

4　即不用憎水法而改用有机硅树脂液耐磨层。——译者注

结果的基础上，人们以措施为导向，进一步开发维护措施。首先，通过局部保护对病害区域进行修复性护理是十分重要的。接下来，尝试在保护文物本体的情况下，去除试验面里的地衣植被，以及使用彩色透明涂层来保护石材表面（图 4.1.6）。在监测范围内继续进行的诊断性研究及照片备案聚焦于监测最新实施措施的长效性问题，不过也涉及目前为止所积累的参照面信息。

图 4.1.5
克莱门斯维尔特狩猎行宫，6 号石雕细节：由于 1974 年处理措施的黏结效果减弱而出现裂缝

图 4.1.6
克莱门斯维尔特狩猎行宫，4 号石雕细节：为了评估去除地衣后再施以透明涂层的效果，试验面上用米洛夫斯基瓶法测量其毛细吸水能力（Wennemer，2009）

2010—2011 年，包括监测在内的必要修复措施所需费用共计约 5 000 欧元。与 20 世纪 80 年代修复措施的费用相比较，这笔金额相对较少。尽管只有在一定条件下，才能对这些费用进行比较，然而涉及石雕长期保护的费用控制只能通过 1993—1996 年的试点项目及其保后监测才能实现，这一点是明确的。

3) 格尔恩豪森，皇帝法尔茨行宫（黑森州，参见 5.8 节）

石质文物保护研究所（IFS）研究的出发点是记录 1995—1998 年在皇帝法尔茨行宫主建筑的一个分区所采取的保护措施。通过将图表文件转化为数字，人们可以将 1998 年所采取的措施与 2009 年在"石质文化遗产监测"课题范围内所做的病害测绘相比较。根据从图示中提取的长度与面积，可以进行费用的比较计算。根据最新的价格（以 2010 年为基准），8 根柱子的柱头和柱座以及 4 个拱墩的带状雕刻的保护和修复所需直接费用 [包括清洗在内，但不包括附加费用（建筑工地布置、备案）] 合计如下：1998 年采取的措施所花费的金额相当于今天的 8 400 欧元，而去除 2009 年时确定的病害只需花费 1 900 欧元。

4) 库讷斯道夫, 勒斯特维茨 - 伊岑普利茨墓地 (勃兰登堡州, 参见 5.2 节)

　　勃兰登堡州州署 (das Brandenburgische Landesamt) 对 "石质文化遗产监测" 课题的文物保护进行的研究使人们可以将 1997—1998 年的费用与 2009 年的进行对比。1997—1998 年对墓地进行了全面的保护和修复, 其花费共计 27 250 欧元。根据 2009 年的状况登记和病害图示, 当前所需护理措施 (清洗、砂浆修补、裂隙修补、重新灌浆) 的估算花费共计约 1 270 欧元。

5) 格罗斯耶拿, 崖壁浮雕——"石质浮雕长卷" (萨克森 - 安哈尔特州)

　　此例包含 12 幅浮雕, 它们是在露出地表的天然红砂岩上凿刻而成的[5], 部分雕像超过真人大小, 没有彩饰。12 幅壁画描绘了《圣经》里流传下来的题材: 葡萄种植。德国联邦环境基金会资助的项目于 1996—1997 年对病害进行了第一次彻底的研究, 确定病害原因为湿度危害、水溶盐污染及早期不恰当的措施。根据前期的调查, 1999 年采取了保护措施, 尤其是清洗、去除空鼓、脱盐、固化和砂浆修补。这些措施的总费用共计约 380 000 德国马克, 即 190 000 欧元。

图 4.1.7
格罗斯耶拿, 石质浮雕长卷, 按照 VDI 3798 (导则) 进行的状况登记的图示
哈勒市 (Halle), 萨克森 - 安哈尔特州文物保护和修复机构 (Institut für Konservierung und Restaurierung an Denkmalen in Sachsen-Anhalt e.V.)

5　类似中国的摩崖石刻。——译者注

在这些工作结束之后，人们认识到为了及时发现并去除山区湿度及水溶盐污染这些隐患因素所导致的病害，进行长期的保养和维护是必要的。

估算每年监测和必要的维护措施所需的费用约为 6 700 欧元。然而，真正可用于石材保护措施的资金大约只占此金额的三分之一。因此，必须将每年的检查措施和维护措施局限在病害严重的石材上。在这一背景下，"石质文化遗产监测"课题组在对状况记录并对所获得的结果进行评估时发现石雕固化状况出乎意料地好（图4.1.7）。特别贵重的石雕在过去几年里多次得到保护，考虑到前面所提及的不利因素（经费缺少），目前为止这些部分的状况是可以接受的。

3. 结果与讨论

上述案例分析表明，石质文化遗产监测在许多方面都具有重要的经济意义。其中，最重要的是以下四方面：

- 病害发展过程的早期诊断及保护措施的尽早实施（弗莱德斯罗案例）；
- 关于保护措施改善石质文物状况的建议（瑟格尔案例）；
- 病害的发展过程跟踪及所需费用（格尔恩豪森和库讷斯道夫案例）；
- 通过小型干预避免大规模病害（格罗斯耶拿案例）。

此外还有涉及所有被研究的文物的共性意义，比如为进一步观察留取基础资料，以及为改善设计方案的可靠性和保障交通安全提供依据。

本书中所介绍的研究都属于特殊情况，可在德国联邦环境基金会资助的研究项目的框架内对选定的文物进行后期研究。但项目小组也意识到，并不能以同样的方式将这些研究移植到所有文物上。

在建筑物监测中，安全相关的监测已经是十分重要的常规措施（Bergmeister & Wendner，2010； Klinzmann，2009；Krüger 等，2008；Menger 等，2010；Peil 等，2006）。对于上述介绍的文物保护建筑的病害监测来说，尽快确定公共业主和私人业主是值得期待的，因为这有助于减少建筑物的保养费用，并在几年时间里将其均匀地保持在较低水平（费用控制）。建筑管理部门最新发布的一项研究——格雷夫（Gräf，2009）的《关于长期调查基督教教堂的石质文化遗产工作所需费用的经验：天然石材更换与天然石材保护》也得到了同样的结果。作者通过计算及自己 30 年内在位于符腾堡州的基督教教会搜集到的主要关于史符砂岩建筑物的经验提出了论点："对于石材立面的保护性措施大约可以将原始部分的寿命延长至 4 倍，而且可以明显减少费用"，"……只有通过保护性措施，重要的物质遗存才能得以长期保存，即使在经费有限的条件下，也应优先满足文物保护的存续要求"。因此，乌尔里希·格雷夫（Ulrich Gräf）及他的合作伙伴以他们的经验有力地论证了，应将石质文化遗产监测定位于日常生活之中的建筑物保护和文物保护。由此可避免因采取不必要或者甚至是错误的措施导致的浪费。然而，理想与现实总存在差距，总有机构和个人质疑这些监测成果。

1) 结论

德国联邦环境基金会资助的"石质文化遗产监测"课题表明：

·通过监测可以比较过去已经发生的费用，也可对将要发生的费用做出预算，或进行费用模拟及过程费用控制；

·将监测当作文物建筑保养计划及日常预算的一部分；

·考虑到本体的价值和遗产所采用的材料，在确定以保护措施为导向的保护方案时，应在监测费用与使用价值之间找到平衡。

2) 建议

由此提出以下建议：

·开展其他示范监测项目，使这种监测方法扎根于建筑物维护和文物保护的实践之中；

·在职业培训、大学和继续教育范围内培训监测执行人才；

·委托有资质的单位对建筑物做保养并同时提出监测方案。

参考文献

Bergmeister, K.; Wendner, R. (2010): Monitoring und Strukturidentifikation von Betonbrücken. In: Bergmeister, K., Fingerloos, F., Wörner, J.-D. (Hrsg.): Beton-Kalender 2010. Brücken. Betonbau im Wasser. 99. Jg. Verlag Ernst & Sohn, Berlin.

Fitzner, B., Heinrichs, K., Kownatzki, R. (1995): Weathering forms – Classification and mapping. In: Sneth-lage, R. (Hrsg.) Denkmalpflege und Naturwissenschaft – Natursteinkonservierung I, S. 41–88, Verlag Ernst & Sohn, Berlin.

Gräf, (2009): Langzeiterfahrung von Baukostenermittlungen für Natursteinarbeiten an Evangelischen Kirchen: Natursteinaustausch gegen Natursteinkonservierung. In: Grassegger, G., Patitz, G., Wöl-bert, O. (Hrsg.): Natursteinsanierung Stuttgart 2009, Fraunhofer IRB Verlag, Stuttgart.

Grassegger, G.; Wölbert, O. (2009): Steindenkmäler im Einfluss anthropogener Umweltverschmut-zungen – Entwicklung von Methoden zur Langzeitkontrolle von Verwitterung und Konservie-rung. In: Grassegger, G., Patitz, G., Wölbert, O. (Hrsg.): Natursteinsanierung Stuttgart 2009. Fraunho-fer IRB Verlag, Stuttgart. S. 89–98.

Klemisch, J. (2006): Bauunterhaltung. Fraunhofer IRB Verlag, Stuttgart.

Klinzmann, C. (2009): Methodik zur computergestützten, probabilistischen Bauwerksbewertung unter Einbeziehung von Bauwerksmonitoring. Dissertation, TU Braunschweig.

Krüger, M., Große, C., Frick, J. (2008): Intelligente Bauwerksüberwachung von historischen Bauwer-ken. In: Grassegger, G., Patitz, G., Wölbert, O. (Hrsg.): Natursteinsanierung Stuttgart 2008, Fraunhofer IRB Verlag, Stuttgart, S. 145–150.

Menger, T.; Krämer, W.-D.; Jung, P (2010): Messtechnisches Monitoring zur Umsetzung eines inno-vativen Sanierungskonzeptes am Schloss Friedenstein Gotha. In: Venzmer, H. (Hrsg.): Europäischer Sanierungskalender 2010. Bauwerksdiagnostik und Sanierung. Beuth Verlag, Berlin, S. 135–140.

Peil, U., Frenz, M., Loppe, S. (2006): Bauwerksüberwachung – Warum, Wofür und Wie? In: Freunde des Instituts für Massivbau der Technischen Universität Darmstadt e.V. (Hrsg.): Sicherheitsge-winn durch Monitoring? S. 335–363. Darmstadt.

Pohlmann, A. (2009): Monitoring von Mauerwerk – Ansatz für ein Referenzflächenmonitoring am Bei-spiel der ehemaligen Stiftskirche Fredelsloh und des Rathauses Osnabrück. Masterthesis, HAWK/FH Hildesheim-Holzminden-Göttingen, Fakultät Erhaltung von Kulturgut.

Segers-Glocke, C. (1998): Die Steinskulpturen am Zentralbau des Jagdschlosses Clemenswerth/Emsland. Arbeitshefte zur Denkmalpflege in Niedersachsen, Band 15, Siegl's Fachbuchverlag, München.

Snethlage (2001): Wichtige Aspekte aus dem Leitfaden „Steinkonservierung". In: Grobe (Hrsg.): Natur-steinkonservierung – Grundlagen, Entwicklungen und Anwendungen. WTA-Schriftenreihe, S. 1–8, Aedificatio-Verlag Freiburg.

Snethlage (2005): Leitfaden Steinkonservierung. IRB-Verlag Stuttgart.

VDI-Richtlinie 3798 (1987): Untersuchung und Behandlung von immissionsgeschädigten Werkstof-fen insbesondere bei kulturhistorischen Objekten. Blätter 1–3. Verein Deutscher Ingenieure – Kommission Reinhaltung der Luft. Düsseldorf.

Wennemer, R. (2009): Monitoring von Steinskulpturen am Beispiel des Jagdschlosses Clemenswerth. Masterthesis, HAWK/FH Hildesheim-Holzminden-Göttingen, Fakultät Erhaltung vonKulturgut.

4.2 研究方法总结

罗尔夫·斯内特拉（Rolf Snethlage）

对于过去采取的不同保护措施的耐久性与可持续性问题，本书可视作一本指南，它旨在寻找、使用、评估最合适的分析方法。即使是刚刚执行的保护措施也需要进行后期检查，并借此为未来的检查奠定基础，本书也为其能选出正确的测量方法提供了决策帮助。然而，本书并不是一个专家系统，它不能引导读者对症下药地找到合适的保护技术或保护材料。

正如开始时强调的那样，课题合作伙伴决定尽可能选取简单却可靠的测量方法，这不仅仅是出于经济原因，也主要出于以下考虑：这些在过去被证明是合适的方法在几十年之后仍然众所周知，并且不需要高昂花费便可操作；同时这样的选择也保障了监测本身的可持续性。

但是，本书也适用于质量保障。测量方法的实际执行过程被详细描述，以避免使用者犯错，并且主要排除了使用者、测量时间点和研究对象的影响，保证了测量结果的可比较性。

本书对于使用者和文物保护的优势是什么？持续的维护保障了原始建筑的（物质）组成，防止病害进一步发展，以避免进行抢救性的干预。本书推荐的研究方法指明了确定开始采取对策的正确时间点。这是以监测项目的测量值为基础的，可以通过一定时间间隔内的多次测量追踪这些测量值的时间曲线。如果测量值超过了某些界限，那就是采取保护措施的时间点了。此外，时间曲线也显示了下次测量的时间。

监测项目成功的原因在于它不仅仅对结果，对分析过程也进行了准确的图像及文字记录。一份仔细的记录可能与测量本身同样耗时。对测量点（如超声波速检测）和采样点（如盐鉴定）准确的照片备案和制图备案意义重大。

接下来将举例说明一些最为重要的测量方法、其应用领域，以及优势和局限之处。

1. 简单的测量方法

有一系列简单的定性和半定量的测量方法可以用于判断石材表面的状态。从擦拭法测定粉化，到内窥镜检查法和金属探测器法，所有方法都有其特殊目的和优缺点。因此，必须准确权衡哪种方法最适合初始信息的获取。例如共振探头（空鼓棒）和裂隙宽度的测量属于简单的测量。前者对于记录孔洞状风化的石壳或抹灰砂浆来说是不可缺少的；因此，人们将其与测绘联合使用。同样地，裂隙宽度的测量对于完成建筑立面测绘或单个遗产（文物）的测绘也是不可缺少的。只有对于非结构裂隙才推荐非连续的测量，而结构活动裂隙及其成因应该使用连续工作的测量方法来监测并加以分析。

2. 光学显微镜研究法

放大镜或显微镜属于所有自然科学研究和材料技术研究的常见工具。它们对于材料类型的确定和病害分析做出了不可或缺的贡献。常用的光学显微镜有研究薄片的透射显微镜（主要用于确定岩石类型）和观察光片（抛光切片）的反射显微镜（主要用于确定彩绘层的序列和颜料）。

3. 湿化学法

这种分析法用于确定材料。半定量和定量的方法用于分析文物的水溶盐污染程度和确定水溶盐种类。由此得出的信息对于保护措施的可持续性和耐久性具有根本意义。如果文物上有任何一种水溶盐污染没有得到控制，那么所有保护措施的有效性都将受限。湿化学分析要求在萃取水溶盐时尽可能认真，以测定出所有水溶盐的类型。

4. 病害测绘与图示法

德国联邦环境基金会资助的这一课题（即"石质文化遗产监测"）也给自己布置了任务，即提交统一的措施图示和病害图示的范式。到目前为止，虽然已有德国联邦研究与技术部（BMFT）的课题通过20多年的努力研发出德国工程师协会所用的相关守则，但人们仍然使用各不相同的颜色和符号——被使用的颜色和符号主要是由制图者的个人偏好决定的。虽然几十年来在许多知识领域对制作图示都存在具有约束力的规定，但在修复领域还没有实行一个统一的体系。课题参与者希望本书介绍的以菲茨纳（Fitzner）及其同事的工作为基础的范式最终能够具有约束力并得以实施，这对所有人来说都是有益的。每个委托人都可以为最终成功实施统一的图示方法贡献出自己的力量，只要在委托时注明"图示必须按照'德国联邦环境基金会石质文化遗产监测的基本方针'来制作"即可。

5. 色彩研究

可吸入颗粒物值的提高导致尤其是在车流量大的街道附近的纪念碑会再一次迅速地受到污染。众所周知，污染程度的个人判断不是一种客观的方法，因为肉眼对于灰度值和颜色的检测总与环境照明相关，并且无法绝对准确地从记忆中调出真实的图像，因为它们与其留给人的印象是被联合储存的。出于上述各原因，使用色度计进行比色是识别客观的色值并将其储存以用于将来比较的唯一值得信赖的办法。与此相反，彩色摄影术和色卡比较法同样具有不断变化的照度等问题，在自然条件下总会导致色值的变化。必要时，还可以通过昂贵的闪光设备和标准化的摄像头芯片制作出色彩保真的图片。

6. 表面粗糙度研究

在选出最不会造成损害且最有效的清洗方法的情况下，除了视觉鉴定外，也可以考虑测量表面粗糙度。人们应该考虑到，此法获得的测量值相当抽象，而且几乎与肉眼从一个表面获得的视觉印象没有关系。粗糙度仪十分敏感，因此它会首先识别矿物颗粒表面的粗糙程度，而通过肉眼获得的表面粗糙度则是从相关材料的粒度推断出来的。表面粗糙度的测量最常用于已抛光的表面，并由此确定随着时间的推移抛光效果的减弱程度。

7. 微生物研究

微生物和低等植物的附生常常被视为导致风化危害加强的起因，因此必须将它们完全去除。然而，对致使文物绿变的藻类、藓类或地衣之潜在危害的观察方法各不相同。本质上来说，藻类、藓类或地衣的潜在危害小于草类等生物的潜在危害。例如，藓类没有真正的根，而只有假根，藓类用的是这些假根附着在表面空隙里，因此对于石材并没有危害。与此相反，地衣是藻类和真菌的共生，其中真菌的菌丝体能透入岩石矿物颗粒表层并将其包围。然而，地衣也包裹着最表层的石材颗粒物，去除地衣可能导致严重的表面病害；在某些情况下，保留地衣却不会造成任何表面病害——人们应该仔细权衡。微生物侵袭是无害的、间接有害的还是直接有害的，应该由专业人士进行评估并完成相应的专门研究（如细菌计数、分类组成和代谢活性）。

8. 强度研究

判断风化程度和固化的效果有不同的方法，它们在研究深度上有所区别。其中的两种方法与石材的表面特性直接相关（剥离阻力检测法、毛刷检测法测定粉化），另两种方法需要根据深度确定石材的强度（微钻孔硬度法和双轴抗折强度法）。这里先不谈论超声波法，因为超声波速测量值物理上并不与机械强度值直接相关。但用超声波法同样可以证明钻芯处纵切面的固化成效。

毛刷检测法测定粉化主要是用"单位面积的磨损"这种定量参数，取代在粉化剥落时经常使用的"少量""中等""大量"的定性分级。毛刷检测法以单位面积的克数测量粉化，可以直接用于判断采取保护措施前后随时间推移的劣化程度和发展趋势或通过测量评估固化的效果。重要的是，测量时需准确按照规定进行，以尽可能排除人为误差。这种方法在贵重的建筑物或石雕上当然有其局限性。在这些情况下，相关部分必须被固化，而不是用毛刷刷磨，需要避免"磨到无病害的石头"。

与毛刷检测法测定粉化相似，可以通过剥离阻力确定一个表面的状态。将 Power Strip® 胶带垂直地从表面剥离所需施加的力是判断表面矿物颗粒聚合力的一个直接标准。也可以通过此法确定固化的效果及随时间推移的劣化程度和趋势。毛刷检测法测定粉化在贵重文物方面的使用有其局限性，这点对于剥离阻力法来说也是如此。在同一位置进行多次剥离试验可以了解石材表面区域的结构强度。若知道相关石材的粒度，甚至可以说明多少晶粒层数松动了并因此受到了风化的威胁。

与上述的两种方法不同，微钻孔硬度法（钻入阻力测量）的目标完全是通过深度测量强度。这种测量并不是完全没有破坏性的，因为不同直径的钻头会留下 3 mm 或 5 mm 的小孔，之后这些小孔当然必须以钻粉填补。在待研究石材上钻孔所需施加的力理论上与石材的强度相关。然而，到目前为止，只在部分范围内发现其与石材抗压强度的规律性联系。测量的可重复性首先取决于钻头和钻孔里的石粉清理方式。随着时间的推移，所有的钻头（包括金刚钻）都会变钝，所以微钻孔硬度（钻入阻力）会明显提高。因此，微钻孔硬度法适合作为相对测量，它可测量钻孔周围的强度曲线。这样就可以确定软化的范围、石材内部的不均匀性、初期的层状剥落及固化措施的有效性。与此相反，定量对比分析要求借助匀质标样准确地校准所使用的钻头。这些值必须精确地记录在测量记录中，以便能够相应地确定以后需要使用的其他钻头类型。之后这个必不可少的对照材料（标样）是否仍然可用，这点在大多数情况下是值得怀疑的。

若要证明随着时间的推移固化的效果是保持抑或减弱，双轴抗折强度法可能是最可靠的方法。这种测量的实施是标准的，因此不同时间、地点产生的结果之间总具有可比性。遗憾的是，这种测量并不是没有破坏性的，因此只能用于特殊情况下。但是，人们应该考虑到，只能通过这种测量得到的弹性模量恰恰是一个决定性参数，其可用于判断已得到固化的表面区域与相邻的、未固化的内部区域之间的兼容性。微小的弹性模量差是持续的固化效果的重要前提。由于双轴抗折强度法相对于其他测量（如钻入阻力和剥离阻力）的优势，至少应该同意在大项目中选取特定数量的钻芯以便能够完成双轴抗折强度法的测量。

9. 超声波法

超声波法是完全没有破坏性的，但却要求较高的仪器技术费用。从物理上来说，超声波速与材料弹性及厚度有关，这样一来，它便是石材结构状态的指示器。在不同的石材种类中，大理石特别适合这种测量法，因为这种材料由新鲜状态到结构完全破坏，其超声波速跨越了每秒几千米的区间。但用这种方法测量砂岩就不那么具有说服力，因为新开采的与风化的石材测速之间的区别最大只有约 1 km/s。超声波法读取的是超声波穿透石材时的累计平均值，已固化的表面区域无法通过这种方法识别。与此相反，内部隐藏的裂隙或者在表面可见的裂隙的深度是可以判断的。因此，可以借助这种方法得出关于柱子或雕塑的稳定性的重要结论。因此，超声波法是石质文化遗产保护实践中单个文物保护研究层面最基本的方法。

10. 吸水性能测试和憎水判断

定期测量一个建筑立面的吸水性为已做过的憎水处理的建筑何时需要重做憎水处理提供了清楚的信息。是否真的想要采取这种措施，当然是个人的、与文物个体相关的决定。或许有人会猜想，多次憎水试验可能导致表面孔隙的密封并由此使得水蒸气扩散被封锁进而产生间接病害；但是，根据今天的知识，并不存在这样的风险。卡斯特瓶法和米洛夫斯基瓶法可以用作测量憎水处理的有效性的方法。然而，后者只提供了与时间相关的相对值，因为将其换算成与时间无关的毛细吸水系数是不可能的。为了快速获得实际状态下憎水处理最初期的信息，可以用校准过的吸管将许多小水滴滴在表面上，观察它们渗透入石材中的过程（水滴滴落法）。

11. 总结

想说明的是，这里描述的所有用于石质文化遗产监测的测量方法必须要定期使用，最好是按照一个准确的时间表去使用，以便使其发挥全部的作用。人们以这种方式在几年的时间里获得了文物状态的准确数据及总体状况，发现了病害在持续发展的危险区域，并且可以在危及文物安全的严重病害出现之前及时采取应对措施。单独的一次测量不符合监测的要求，因为它只是再现某一时刻偶然出现的状态。因此，借助指明的测量方法得到的测量值为定期的肉眼保后监测奠定基础并提供补充，后者应成为所有文物保护工作的一部分。

通过对于大量文物的无数次测量完成的一个广泛的数据库能够得出关于某些措施耐久性的量化结论，例如固化的效果或者憎水的有效性。然而，某一个文物该采取什么措施却只能根据与该文物相关的研究结果，由参与的负责人做决定。但是，无论如何，只可以采用那些不损坏特定文物价值的干预措施。

5.1 石勒苏益格，圣彼得大教堂

安格莉卡·格维斯（Angelika Gervais）

石勒苏益格 - 荷尔斯泰因州
（Schleswig-Holstein）

管辖部门：
北易北河教会办公室
（Nordelbisches Kirchenamt）

图 5.1.1
圣彼得大教堂狮形浮雕

1. 文物标识

坐标：北纬 54° 30′ 49″，东经 9° 34′ 10″

教会办公室地址：Norderdomstr. 4, 24837 Schleswig

管辖部门： 北易北河教会办公室，石勒苏益格 - 荷尔斯泰因文物保护局

1）文物描述

罗马式的花岗岩方石雕群组，即石勒苏益格大教堂所谓的"狮穴"和其中 3 个狮形浮雕，以及在北墙、东墙、南墙上的花岗岩方石。

2) 建筑历史

　　关于石勒苏益格大教堂的起源和建筑历史有多种不同的猜测：人们是这样猜测花岗岩狮雕的原始使用目的及其错位——它们属于石勒苏益格大教堂的前身，并且可能曾被作为这里的门架、柱子的支撑体或拱墩。狮雕的造型是仿照意大利 (Italien) 的样式，尤其是意大利南部阿普利亚大区布林迪西市镇 (Brindisi in Apulien)、那不勒斯附近的塞萨奥伦卡 (Sessa Aurunka) 和意大利北部的伦巴第地区 (die Lombardei) 的样式。

3) 材料

　　来自斯堪的纳维亚同一批漂砾的花岗岩和片麻岩：涂料残余和砂浆残余是年代较近的产物。

2. 病害特征

　　最初有三种病害类型致使人们采取修复和保护措施：起壳、剥落和绿变。

3. 前期研究

　　在德国联邦环境基金会资助的、编号 703/16953 的课题的框架下，人们进行了大量的前期研究（Gervais，2004），诸如以下内容：

- ·雕塑的艺术历史分类及其建筑历史（Herlyn & Jöst，2002）；
- ·石材确定（Meyer，2000）；
- ·通过敲击和注水探测空鼓部位（Herlyn，2001）；
- ·确定生物导致的病害 (Warscheid，1995)；
- ·确定通过大气气溶胶进入的盐类化合物的情况（Beyer & Steiger，2004）；
- ·不同清洗方法对本体材料的影响（Herlyn，2001；Joost & Kraft，2001）；
- ·清洗试验（Herlyn，2001）；
- ·病害图示（Herlyn & Jöst，2001）。

4. 修复历史

　　没有 2000 年以前关于修复措施的报告。

1) 修复时期

2001 年 7 月 16 日至 2001 年 7 月 19 日对花岗岩方石雕进行清洗和修补。
2002 年 7 月给北墙、东墙、南墙的方石上蜡。

2) 执行者: 修复者 / 公司

花岗岩方石雕: 付劳克·赫林 (Frauke Herlyn) 和丹尼尔·约斯特 (Daniel Jöst), 希尔德斯海姆 / 霍尔茨明登 / 哥廷根应用技术和艺术学院大学生, 就读于由扬·舒伯特 (Jan Schubert) 教授领导的修复研究所 (Institut für Restaurierung)。

方石: 尤特·格林内温克尔 (Ute Glienewinkel), 希尔德斯海姆 / 霍尔茨明登 / 哥廷根应用技术和艺术学院大学生, 就读于由扬·舒伯特教授和托马斯·提尔曼 (Thomas Thielmann) 教授领导的修复研究所。

3) 修复措施

表 5.1.1　已完成的保护措施

建筑部位	措施	保护剂 / 工法
方石雕 01 狮穴中 (左边的狮子)	用毛刷去除所有松动的堆积物; 用水湿润绿变部分, 以使水溶性污染物可以部分溶解。借助牙刷和冷水进行进一步的清洗。小心地用微型凿子去除砂浆污迹。	无
方石雕 02 狮穴中 (中间的狮子)	干湿 (借助冷水和牙刷) 清洗 (同方石雕 01)。用解剖刀和微细喷砂机 (Joisten & Kettenbaum 公司的 Mikromat 100, 喷射材料: 哈吉刚玉, 质量等级 V, 编号 150; 振动 2; 压力 0.5~1.5) 去除黄色污点。	无
方石雕 03 狮穴中 (右边的狮子)	干湿 (借助冷水和牙刷) 清洗 (同方石雕 01 和方石雕 02)。用解剖刀和微细喷砂机 (Joisten & Kettenbaum 公司的 Mikromat 100, 喷射材料: 哈吉刚玉, 质量等级 V, 编号 150; 振动 2; 压力 0.5~1.5) 去除黑色污点。小心地用微型凿子去除砂浆污迹。	无

表 5.1.1（续）

建筑部位	措施	保护剂／工法
彼得大教堂北墙上的试验方石（狮穴以东方向）	清洗，为涂装做准备。	涂抹 3 种不同的微晶蜡混合物
彼得大教堂东墙上的试验方石（教堂半圆形后殿以北方向）	清洗，为涂装做准备。	涂抹 3 种不同的微晶蜡混合物
彼得大教堂南墙上的试验方石（彼得大教堂大门以西方向）	清洗，为涂装做准备。	涂抹 3 种不同的微晶蜡混合物

4）备案

研究文物的状况、前期研究和目前为止已采取的修复措施都备案在下述机构之中：

· 文化遗产材料学研究中心（ZMK，注册协会）（地址：Scharnhorststraße 1, 30175 Hannover）；
· 北易北河地区基督教教会建筑管理局（Bauamt der Nordelbischen Landeskirche）（地址：Dänische Str. 21/35, in 24103 Kiel）；
· 石勒苏益格 - 荷尔斯泰因文物保护局（Landesamt für Denkmalpflege Schleswig-Holstein）和石勒苏益格 - 荷尔斯泰因州的 Sartori & Berger 仓库（Sartori & Berger Speicher）（地址：Wall 47／51 in 24103 Kiel）；
· 也可参见参考文献。

5. 文物现状描述

花岗岩方石雕上的藻类侵袭、污染、结壳。

6. 已进行的研究

所有的报告、档案和图示都备份在文物材料研究中心（注册协会）。备案内容包括:

- 藻类薄层、黑变、污染的图示（Gühne / Gervais）;
- 修复前实录（Hooß / Gervais）;
- 清洗和完成洒有生物杀灭剂的试验面（Hooß / Warscheid / Gervais）;
- 检测生物附生情况（见下方由 Hooß / Warscheid 进行的检测）;
- 检测蜡涂层的黏合性、密封性和憎水性（Warscheid / Hooß）;
- 工作中得出的结论的备案。

1) 2009 年的图示

3 块花岗岩方石雕的状况图示的部分结果呈现在图 5.1.2（a & b）中。

2) 用生物杀灭剂法处理的试验面（引自 Warscheid, 2010）

在与课题合作伙伴共同筛分文物并讨论接下来的课题流程之后，于 2009 年 10 月 16 日进行了显微镜下的研究，采集了大教堂四周和狮穴中罗马式花岗岩方石雕四周遭微生物侵袭的、打蜡的石材表面的涂片测试（ATP 卫生学测量）样品。

布置用生物杀灭剂法处理的试验面是与胡思（Hooß）先生合作进行的。试验面布置在狮穴中圣坛立面以北的柱脚，延伸到下方两层花岗岩方石雕上。准备工作是用蒸汽喷射设备清洗下层方石上现有的藻类; 不清洗上层方石，在涂抹一层微晶蜡（按照尤特·格林内温克尔的规定，后称"格林内温克尔法"）或用生物杀灭剂法处理之前，保留其原始的侵袭状况。

在将要用生物杀灭剂处理的试验面 [宽约 50 cm，各有 5 cm 的未处理过渡区（胶黏带宽度）] 脱胶之后，用稳定的过氧化氢（JATI）预先处理过右半面，再用不同的生物杀灭剂喷洒不同的面（见表 5.1.2，试验面按从左往右的顺序编号）。

2010 年 5 月 20 日进行了对由课题合作伙伴与石勒苏益格 - 荷尔斯泰因文物保护局的勒芙乐 - 德莱尔（Löffler-Dryer）女士合作得出的试验面结果的目检，最后进行了显微镜分析，并对用生物杀灭剂法处理的区域进行生物代谢测试，用以评估生物杀灭剂法这一措施的效果。

180

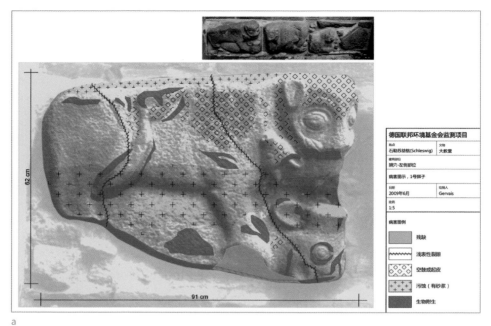

a

b

图 5.1.2

涂有微晶蜡涂层的试验方石

由图 a 和图 b 可见微生物附生的情况不一， 这既和试验所用
微晶蜡的组成有关， 也受其所处的微气候条件影响

表 5.1.2 用生物杀灭剂处理的试验面

试验面 1	上层方石喷洒兑了异丙醇的 Preventol A 8 除藻剂（1%，即戊唑醇）和 Preventol R 50 除藻剂（1%，即季铵化合物）；下层方石喷洒兑了异丙醇的 Preventol A 8 除藻剂（1%）和 Preventol R 50 除藻剂（1%），在变干之后涂抹微晶蜡涂层（Cosmoloid H 80 2.5% 兑于 Shellsol D 70）
试验面 2	Parmetol DF 12 除藻剂（3%，即异噻唑啉酮）
试验面 3	Melange d'Angkor 除藻剂（即铜复合物溶液）
试验面 4	KEIM 除藻剂（即异噻唑啉酮 + 季铵化合物）
试验面 5	Mellerud 除藻剂（即季铵化合物）

3) 微生物研究 (引自 Warscheid, 2010)

对石勒苏益格大教堂和狮穴中受到不同微生物侵袭及用生物杀灭剂处理的石材表面的微生物的研究，一方面是借助约 200 倍放大率的视频显微镜（dwt）进行显微镜分析，另一方面通过确定 ATP 浓度测量相关石材表面的微生物代谢活性（照度计 Biofix，Macherey & Nagel 公司）。

7. 文物现状评估 (引自 Warscheid，2010)

在 2009 年 10 月 16 日共同进行的第一轮文物筛分之后可以确定，不同种类的片麻岩和花岗岩的材质十分不同，其表面结构也不同；再加上不同的曝光条件就导致了肉眼可见的微生物侵袭（即藻类，也有部分地衣）的程度也明显不同。朝南的方石的藻类侵袭程度较低（此外，泛盐也较少），而东墙上更大范围被周围树木遮蔽的方石上覆盖着一层薄却连续的、淡绿色的藻类薄层和地衣。然而，特别突出的是朝北的、明显潮湿的狮穴中的淡绿色藻类薄层；微量的阳光照射、水平地面以下 2 m 的位置及狮穴的严重污染对于这一微生物泛滥的现象起了决定性作用。

对侵袭的藻类的显微镜分析表明，在微生物形成全面覆盖的生物薄层之前，它们主要定植在片麻岩和花岗岩的矿物颗粒的缝隙区域（图 5.1.3）。这点解释了石材的结构不同，藻类侵袭的分布也不同。比起因大面积起壳暴露出来的石材表面，受风化的原始石材表面明显更容易受到微生物侵袭（图 5.1.4）。

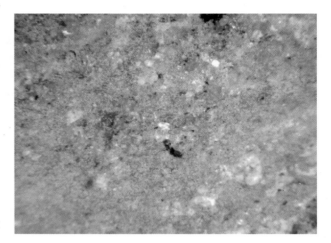

图 5.1.3
在侵袭的藻类覆盖片麻岩或花岗岩的整个表面(图片的下半部分)之前，它们首先会定植在矿物颗粒的缝隙区域（图片的上半部分）

图 5.1.4
大教堂南面的花岗岩方石雕，在原来的石材表面可找到淡绿色的藻类侵袭的痕迹（图片右边），而在剥落的表面（图片左边）几乎没有藻类侵袭的痕迹

　　在 2009 年 10 月 16 日相关的现场勘查中，另外还有一点引人注意：在 2002 年布置的、采用了不同的蜡处理方法的所有试验面中，主要是左边的、最早上蜡的蜡涂层（在下文中称为 1 号蜡）主体上表现出最轻微的污染倾向。由于石材的材质不同，虽然无法明确证明 1 号蜡可以显著提高微生物定植抗力，但可以通过下述的显微镜分析得到符合趋势的证明。然而，对于代谢活动的测量使得这一区别更加明显，1 号蜡可以使最潮湿的东墙表面的 ATP 浓度从未处理时的 576 325 RLU[1]/25 cm^2 降低到

---

1 RLU，relative light unit，即相对光单位。——译者注

53 326 RLU/25 cm^2，使位于阴影处的北墙表面的浓度从 26 169 RLU/25 cm^2 降低到 12 718 RLU/25 cm^2，而其他蜡的降低效果明显轻微得多（即东墙上的 ATP 浓度由 215 970 RLU／25 cm^2 降低到 92 335 RLU/25 cm^2，北墙上的 ATP 浓度也由 24 595 RLU／25cm^2 降低到 12 718 RLU/25 cm^2）。在朝南墙面，由于盐化严重，很遗憾无法进行不同的显微镜测量和生理代谢测量。

总而言之，根据蜡处理可以确定，相关的保护涂层对于微生物的发展可以起到一定的延缓作用。但是，在所有涂有保护涂层的区域里，仍然存在显微镜下可见的微生物病灶，这些微生物病灶没有经过生物杀灭剂处理，显然只能得到有限的控制；其与经过生物杀灭剂处理的试验面的分析结果的对比如下：

通过肉眼鉴定狮穴中相关的试验面就已经明显发现，即便朝向等微环境不利，所有用生物杀灭剂处理的试验面上的微生物侵袭程度都能够明显降低。用水蒸气清洗过的表面虽然由于接近地面而处于不利的微环境，但是完全没有出现新的藻类侵袭。而上方未经过清洗的石材表面中，只有使用"格林内温克尔法"、KEIM 除藻剂和 Mellerud 除藻剂的，才在去除藻类侵袭方面取得了明显的成果。与此相反，在未处理区域使用纯异噻唑啉酮（Parmetol DF 12）和 Melange d'Angkor 除藻剂的试验面，仍然可见淡绿色的污染。

对于单个试验面的显微镜分析使得人们可以对所采取的处理方法进行进一步的细分评价。据显微镜分析，KEIM 除藻剂使用后，微生物定植是最不醒目的（即效果好到看不到任何藻类），其次是按照"格林内温克尔法"的处理和 Mellerud 除藻剂（即季铵化合物）（但还可以看到轻微的、藻类形式的微生物侵袭病灶）。正如肉眼鉴定的那样，使用纯异噻唑啉酮和 Melange d'Angkor 除藻剂这两种处理方法的效果要差得多，并且，在显微镜观察下，还可看到显著的藻类侵袭的痕迹。此处显微镜分析的结果也经由生物代谢研究得到了证明：与未处理石材表面的情况（5 917 RLU/25 cm^2；由于第二次测量时当地气候干燥，这个 ATP 值比第一次试验时低）对比，KEIM 除藻剂在降低微生物活性方面效果最好，使用后，ATP 浓度降低到 1 496 RLU/25 cm^2，接下来是"格林内温克尔法"（使用后 ATP 浓度：3 140 RLU/25 cm^2）和 Mellerud 除藻剂（使用后 ATP 浓度：3 404 RLU/25 cm^2）；但使用纯异噻唑啉酮（使用后 ATP 浓度：7 056 RLU/25 cm^2）和 Melange d'Angkor 除藻剂（使用后 ATP 浓度：7 156 RLU/25 cm^2）甚至起到了一定的增强作用。

由于天气状况导致石材表面十分干燥，在当地考察时无法对用生物杀灭剂处理的试验面结果做出最终的分析；因此，迫切建议对试验面进行进一步观察，尤其是生物杀灭剂产生的藻类减少的效果的持续性。

为了在现有的微气候等条件下也能持续降低湿度危害，并借此持续减少石勒苏益格大教堂"狮穴"里的藻类侵袭，我们建议，在"狮穴"上方建设一个实用的半盖顶，优化花岗岩方石雕的排水，并且需要注意定期清洗"狮穴"。

参考文献

Beyer, R. U. Steiger, M. (2004):Seesalz in atmosphärischen Aerosolen und in Niederschlägen im norddeutschen Raum insbesondere in Schleswig-Holstein. Unveröff. Bericht, Institut für Anorganische und Angewandte Chemie, Univ. Hamburg, 20 S.

Gervais, A., Kemp, E. (1996):Granit – kein Material für die Ewigkeit. Denk Mal!.– Zeitschrift für Denkmalpflege in Schleswig-Holstein, Kiel, Heft 3: S. 65–68.

Gervais, A. (2004):Modellhafte Entwicklung von Schutzkonzepten (einschließlich beispiel-hafter Restaurierung) für umweltgeschädigte Kulturgüter aus Granit (Schleswig-Holstein) – DBU-Förderprojekt 16953, unveröff. Abschlussbericht, Norddeutsches Zentrum für Materialkunde von Kulturgut e.V., Hannover.

Gervais, A. (2005):Modellhafte Entwicklung von Schutzkonzepten für umweltgeschädigte Kulturgüter aus Granit in Schleswig-Holstein. In: Siegesmund, S., Auras, M. & Snethlage, R. (Hrsg.): Stein Zerfall und Konservierung. Verlag Edition Leipzig bei Seemann-Henschel, Leipzig, S. 271–274.

Glienewinkel, U. (2004):Ausgewählte Mikrowachsüberzüge als Hydrophobierungsmittel zum Schutz vor Witterungseinflüssen und mikrobiellem Befall für dichte magmatische Gesteine. Diplomarbeit, unveröffentlicht, HAWK (FH) Hildesheim.

Gühne, D., Gervais, A. (2009):Granitbildquader in der Löwengrube am Schleswiger Dom – Kartierung von Algenfilm, Verschwärzung, Verschmutzung. Unveröffentlichte Kartierung, Norddeutsches Zentrum für Materialkunde von Kulturgut e.V., Hannover.

Herlyn, F. (2001) : Reinigungskonzept für sechs Granitbildquader am Dom und am ehemaligen Bauamt zu Schleswig mit Schwerpunkt auf die Auswirkungen des Temperatursprunges bei der Heißdampfreinigung auf das Gestein. Facharbeit, unveröffentlicht, FH Hildesheim.

Herlyn, F., Jöst, D. (2001):Dokumentation zu den Konservierungs- und Restaurierungsmaß-nahmen an den Granitbildquaderlöwen am Dom und am ehem. Bauamt zu Schleswig, unver-öffentlicht, Bericht, FH Hildesheim.

Herlyn, F., Jöst, D. (2002):Die Granitbildquaderlöwen am Dom und am Bauamt zu Schleswig – zur Geschichte und Restaurierungsgeschichte der Steinplastiken. Facharbeit, unveröffentlicht, FH Hildesheim.

Hooß, R. (2009):DBU-PROJEKT: Monitoring Naturstein, Musterflächen am Dom zu Schleswig, Löwengrube – Anlegen der Testflächen. Bericht, unveröffentlicht, Stockelsdorf.

Hooß, R. (2010):DBU-PROJEKT: Monitoring Naturstein, Musterflächen am Dom zu Schleswig, Löwengrube – Begutachtung der Testflächen nach Biozidauftrag. Bericht, unveröffentlicht, Stockelsdorf.

Jöst, D. (2002):Entwicklung einer Steinergänzungsmasse für eine rötliche Variante des Bohus-Granits. Facharbeit, unveröffentlicht, FH Hildesheim.

Joost, A., Kraft, A. (2001):Videoholografische Verformungsmessung zur Überprüfung des thermischen Verhaltens von Granitsteinproben. Bericht, unveröffentlicht, Carl von Ossietzky Universität Oldenburg.

Meyer, K.-D. (2010):Bohuslän-Granit in romanischen Quaderkirchen Nordjütlands – Findlingsmaterial oder Import – Archiv für Geschiebekunde, Hamburg/Greifswald, Heft 5 (12): S. 859–876.

Sabatzki, Chr., Kulmer, M. (2002):Optimierung von Injektionsstoffen und Restauriermörtel für Granit. Bericht, unveröffentlicht.

Warscheid, T. (2010):Bericht zu den Ergebnissen der materialmikrobiologischen Untersuchungen im Zusammenhang mit der Anlage einer biozid-behandelten Musterfläche in Hinblick auf den Algenbefall in der Löwengrube am Schleswiger Dom im Rahmen des DBU-Förderprojektes Naturstein Monitoring. Bericht, unveröffentlicht, Wiefelstede.

ZMK (2009):Salzanalyse. Interne Projektinformation, ZMK – Norddeutsches Zentrum für Materialkunde von Kulturgut e.V., Hannover.

5.2 库讷斯道夫，陵墓柱廊

贝贝尔·阿诺尔德（Bäbel Arnold）

勃兰登堡州
梅基施 - 奥得兰县
（Ldk. Märkisch-Oderland）

管辖部门：
巴尼姆 - 奥得沼泽地区，布利斯多夫
（Amt Barin-Oderbruch, Bliesdorf）

图 5.2.1
库讷斯道夫陵墓柱廊

1. 文物标识

地址：Friedhof, Dorfstr., 16269 Bliesdorf-Kunersdorf
坐标：北纬 52° 40′ 18″，东经 14° 9′ 14″

1) 文物描述

库讷斯道夫陵墓柱廊是建筑与艺术上独特的、保存完整的古典主义墓葬文化的建筑群。该陵墓柱廊由 9 个壁龛组成，壁龛中有以不同方式加工的、代表死者的纪念碑。每个壁龛前有两根柱子，柱子上方是通长的古典主义的额枋与檐部。位于壁龛前方的就是那些墓碑，死者长眠其下。该陵墓的设计师是卡尔·戈特哈德·朗汉斯（Carl Gotthard Langhans）。

2) 建造历史

该陵墓始建于 1790 年，最先是从右边的汉斯·西吉斯蒙德·冯·勒斯特维茨（Hans Sigismund von Leistwitz）的殡葬雕塑动工的。这一殡葬雕塑与其左侧紧邻的凯瑟琳·夏洛特·冯·勒斯特维茨（Catherine Charlotte von Leistwitz）的殡葬雕塑都是由戈特弗里德·沙多（Gottfried Schadow）创作的。这两座墓碑被用作骨灰瓮。1803 年，委托人海琳·夏洛特·冯·弗里德兰（Helene Charlotte von Friedland）去世之后，她的女儿亨丽特（Henriette）及其丈夫彼得·亚历山大·冯·伊岑普利茨（Peter Alexander von Itzenplitz）又将陵墓进一步扩建。海因里希·凯乐（Heinrich Keller）是负责执行的雕刻家。下一个建造阶段（大约 1832 年）包括壁龛 4—6，是为伯爵彼得·亚历山大·冯·伊岑普利茨、他的妻子及第一个儿媳妇玛丽安娜·冯·伊岑普利茨（Marianne von Itzenplitz）而建的。当时的创作者是克里斯蒂安·丹尼尔·劳赫（Christian Daniel Rauch）和克里斯蒂安·弗里德里希·蒂克（Christian Friedrich Tieck）。克里斯蒂安·弗里德里希·蒂克为年轻的玛丽安娜·冯·伊岑普利茨设计的墓碑被认为是古典主义墓葬文化中最精美的浮雕之一。最后一个建造阶段大约于 1885 年结束，是为伯爵海因里希·奥古斯特·冯·伊岑普利茨（Heinrich August von Itzenplitz）及他的第二位妻子露易丝·夏洛特·冯·伊岑普利茨（Louise Charlotte von Itzenplitz）、第三位妻子玛利亚·海琳·冯·伊岑普利茨（Maria Helene von Itzenplitz）而建。这些墓碑的雕刻者是胡戈·哈根（Hugo Hagen）。

3) 材料和彩绘颜色

墓碑 1—2：西里西亚大理岩（Schleisischer Marmor）；墓碑 3—9：卡拉拉大理岩；壁龛的镶框，柱子 1—6：西里西亚大理岩；壁龛的镶框，柱子 7—9：波斯塔易北河砂岩；屋顶：波斯塔易北河砂岩。

第一层彩绘颜色（壁龛 1—2）：灰色；第二层彩绘颜色（壁龛 1—3）：金赭色；第三层彩绘颜色（所有壁龛）：灰色；第四层彩绘颜色（所有壁龛）：浅赭色；可视立面：清水石材。

2. 病害特征

以下的病害类型是最初采取修复和保护措施的原因：

- 整个陵园的污染；
- 抹灰砂浆中、灰缝中及屋顶上的病害（湿度分析和盐分分析结果）；
- 清水砂岩区域的层状剥落、粉化剥落和泛盐；
- 大理岩墓碑上的粉化和裂隙。

3. 前期研究

在德国联邦环境基金会课题的框架下，1992—1994 年，人们进行了以下前期研究：
- 对大理岩墓碑进行超声波研究（Labor Köhler，1992）；
- 岩相学研究（Büro Damaschun & Jekosch，1995）；
- 湿度分析和盐分分析（FEAD-GmbH，1994）；
- 环境污染对文物影响的研究（Uni Hamburg，1993）；
- 彩绘研究（Denkmalpflege GmbH，1995）；
- 表面粗糙度测量（KDC Stefan Simon，1992）；
- 吸水性和钻入阻力测量（BLDAM，1997）。

4. 修复历史

1) 修复时期

1997—1998 年

2) 修复者

Steinhof 公司（柏林）

3) 修复措施

表 5.2.1 已完成的保护修复措施

建筑部位	1997—1998 年采取的措施	1997 年的保护手段／采用的保护材料
结构部分	雨水导槽	—
整个陵墓，砂岩	清洗	蒸汽清洗，草根刷
大理岩墓碑	清洗	微细喷砂（2 bar，石灰粉）
檐部和额枋区域，砂岩	固化	增强剂 Funcosil 100 和 Funcosil 300（Remmers 公司）
大理岩墓碑区域	固化	丙烯酸树脂 Paraloid 2%~5%
额枋残缺处，砂岩	修补	修补砂浆 Motema CC（Interacryl 公司）
大理岩残缺处	修补	丙烯酸树脂 Paraloid 5% 溶于乙酸乙酯中，与大理岩粉混合

表 5.2.1（续）

建筑部位	1997—1998 年采取的措施	1997 年的保护手段 / 采用的保护材料
墓碑（凯瑟琳·夏洛特·冯·勒斯特维茨）	粘补	环氧树脂（Hilti 公司），V2A 螺杆
整个陵墓	填缝	石灰砂浆（预制袋装）
屋顶	憎水处理	Funcosil 涂料防水处理 （Remmers 公司） 1.0 l/m²

4）备案

文物的状况、前期研究以及目前为止已采取的修复措施都已在勃兰登堡文物保护局和州考古博物馆（BLDAM）备案，档案由下列部分组成：

· 对前期状况、中期状况和后期状况的描述和图片记录；
· 对已采取的措施的描述；
· 已采取修复措施的图示。

5. 文物现状描述

可分为四类：大理岩墓碑的污染、壁龛的拱形砂岩门框的泛盐、砂岩额枋上石材修补剂的个别裂隙和风化的灰缝。

6. 已采取措施及其结果

以下是由本节提及的、开展前期研究的机构完成的各项措施的效果评估。

表 5.2.2 研究纲要

建筑部位	1997—1998 年采取的措施	2009 年进行的研究	2009 年的研究结果
结构部分	雨水导槽	湿度危害	良好的干燥度
整个陵墓	清除水泥灰	湿度分析和盐分分析	良好的干燥度，只有表面附近还有水溶盐
整个陵墓，砂岩	清洗，51.7 m²	图示，照片，灰度卡	轻度污染，以灰度卡开始监测
檐部和额枋区域，砂岩	加固，3.2 m²	图示，钻入阻力，毛刷检测法测定粉化	平稳的钻入阻力曲线，毛刷测定时无粉末
额枋残缺处，砂岩	修补，0.8 m²	图示，钻入阻力，毛刷检测法测定粉化	平稳的钻入阻力曲线，涂刷时无粉末，未检测到空鼓部位，8% 的修补受损
大理岩墓碑	清洗，7.4 m²	图示，照片，灰度卡	轻度污染
大理岩墓碑区域	加固，1.4 m²	图示，超声波，毛刷检测法测定粉化，共振探头	超声波通过时间减少了18%，毛刷测定时无粉末
大理岩残缺处	修补 0.02 m²	图示，毛刷检测法，共振探头	毛刷测定时无粉末，未检测到空鼓部位，50% 的修补受损
大理岩的裂隙	1.63 m	裂隙宽度测量仪	开始监测
墓碑(凯瑟琳·夏洛特·冯·勒斯特维茨)	粘补	图示，共振探头	未检测到空鼓部位
整个陵墓	填缝，8.4 m	图示，目视勘察	31.5% 的灰缝劣化
屋顶	憎水处理32.4 m²	图示，吸水性	毛细吸水系数 ω 值：0.58 kg/(m²·√h)

1) 图示

以图 5.2.2（a & b）中的 4 号壁龛为例，阐述测绘结果。在这些图示的基础上，将1998 年所采取措施的费用与 2009 年对新病害所采取措施的费用进行比较（表 5.2.3）。

鼻尖上的裂隙已经修补

修复措施图示

	砂岩，蒸汽清洗	0	0.00 m²
	大理岩，蒸汽清洗	1	0.54 m²
	砂岩，空鼓修复	3	0.35 m²
	大理岩，空鼓修复	3	0.08 m²
	砂岩，加固	2	0.37 m²
	大理岩，加固	11	0.18 m²
	砂岩，脱盐	0	0.00 m²
	砂岩，砂浆修补／嵌边	1	0.01 m²
	大理岩，砂浆修补／嵌边	1	0.00 m²
	砂岩，勾缝	7	1.12 m
	砂岩，憎水处理	1	2.45 m
	砂岩，新增构件替换	0	0.00 m²
	大理岩，新增构件替换	0	0.00 m²
	砂岩，裂隙修补	0	0.00
	大理岩，裂隙修补	1	0.03 m

所有砂浆表面和大理岩表面皆用清水刷洗过，
但未在图中标记。

砂岩修补材料：
修补砂浆 Motema CC
大理岩修补材料：
B72+ 大理岩粉

砂岩固化：
1 遍 KSE 100 预加固，1~2 遍 KSE 300 至饱和

大理岩固化：
2% B72 预加固，5% B72 再加固

Lestwitz-Itzenplitz家族坟墓建筑 Kunersdorf/勃兰登堡	
4号壁龛 Itzenplitz伯爵	
1998年修复措施图示	
1998年5月17日	比例 1:20
施丹豪夫文物修复工作室 柏林迪芬巴赫街35号 邮编：10967	负责人： Andreas Rentmeister Jasmin Engelhardt

修复措施图示

	砂岩残缺	0	0.00 m²
	大理岩残缺	1	0.00 m²
	大理岩 A 型裂隙	1	0.10 m
	大理岩 B 型裂隙	0	0.00 m
	大理岩 C 型裂隙	0	0.00 m
	砂岩 A 型裂隙	0	0.00 m
	砂岩 B 型裂隙	0	0.00 m
	砂岩 C 型裂隙	0	0.00 m
	砂岩 A 型灰缝缺损	3	0.64 m
	砂岩 B 型灰缝缺损	0	0.00 m
	砂岩 C 型灰缝缺损	1	0.11 m

黑变和污蚀情况未在图中标记

所有固化均未有损；
毛刷检测表明所有砂岩和大理岩表面均未出
现新的粉化剥落现象；
顶部憎水处理完好无损。

A 型裂隙：
1998 年修缮后新产生的裂隙
B 型裂隙：
1998 年修缮时未修复的裂隙
C 型裂隙：
1998 年修复后 2009 年再次开裂的裂隙

A 型灰缝：
1998 年修缮后新产生的灰缝缺损
B 型灰缝：
1998 年修缮时未修复的灰缝缺损
C 型灰缝：
1998 年修复后 2009 年再次缺损的灰缝

V1–V4：污蚀监测
R1–R3：裂隙监测
2010 年 1 月 12 日

Lestwitz-Itzenplitz家族坟墓建筑 Kunersdorf/勃兰登堡	
4号壁龛 Itzenplitz伯爵	
2009年病害图示	
2010年1月21日	比例 1:20
施丹豪夫文物修复工作室 柏林迪芬巴赫街35号 邮编：10967	负责人： Andreas Rentmeister Lena Ignatzi-Molz

b

图 5.2.2

1998 年的措施测绘和 2009 年的病害测绘

图 a 和图 b:4 号壁龛, 墓主彼得·亚历山大·冯·伊岑普利茨, 逝世
于 1834 年, 雕刻者为 C. D. 劳赫; 2009 年新的病害形式为灰缝的
风化和大理岩中的浅表性裂隙

表 5.2.3 1998 年采取的措施与 2010 年采取的必要的维护措施所耗费用对比，两次费用都按照如今的单价计算

序号	项目	数量	单位	净单价（欧元）	净总价（欧元）
1998 年的修复措施					
1	砂岩，蒸汽清洗	51.67	m^2	4.50	232.52
2	大理岩，蒸汽清洗	4.63	m^2	4.50	20.84
3	砂岩，空鼓修补	3.04	m^2	940.00	2 857.60
4	大理岩，空鼓修补	0.51	m^2	940.00	479.40
5	砂岩，降盐	2.92	m^2	240.00	700.80
6	砂岩新增构件替换（底座、门框）	3.00	个	1 400.00	4 200.00
7	新的写有碑文的大理岩墓碑	2.00	块	2 800.00	5 600.00
8	砂岩，勾缝	7.00	个	180.00	1 260.00
9	保护：金属固定	1.00	个	70.00	70.00
10	砂岩，砂浆修补／嵌边	0.85	m^2	1 800.00	1 530.00
11	大理岩，砂浆修补／嵌边	0.02	m^2	2 200.00	44.00
12	砂岩，裂隙修补	0.28	纵长米	80.00	22.40
13	大理岩，裂隙修补	0.05	纵长米	120.00	6.00
14	砂岩墓碑粘补、销合	1.00	次	840.00	840.00
15	砂岩屋顶憎水处理	32.40	m^2	42.00	1 360.80
16	砂岩硅酸乙酯固化	3.15	m^2	62.00	195.30
17	大理岩丙烯酸酯固化	1.35	m^2	78.00	105.30
18	砂岩檐部重新安置	1.00	次	3 200.00	3 200.00
19	砂岩重新灌浆	8.37	纵长米	21.00 净总价 19% 的增值税 毛总价	175.77 22 900.72 4 351.14 27 251.86
2010 年采取的维护措施					
1	砂岩，蒸汽清洗	51.67	m^2	4.50	232.52
2	大理岩，蒸汽清洗	4.63	m^2	4.50	20.84
3	砂岩，砂浆修补／嵌边	0.07	m^2	1 800.00	126.00
4	大理岩，砂浆修补／嵌边	0.01	m^2	2 200.00	22.00
5	砂岩，裂隙修补	1.59	纵长米	80.00	127.20
6	大理岩，裂隙修补	2.84	纵长米	120.00	340.80
7	砂岩重新嵌缝	9.41	纵长米	21.00 净总价 19% 的增值税 毛总价	197.61 1 066.96 202.72 1 269.68

2）8 号壁龛的湿度危害和水溶盐污染

　　1997 年，陵墓的前后立面都是水泥抹灰，且陵墓没有雨水导槽。正面墙壁潮湿，而且受到了水溶盐污染。如今，由于在水溶盐污染尤其严重的地方重新涂抹了一层牺牲性性涂层（石灰砂浆）并在背面铺设了雨水导槽，墙壁的湿度只是平衡湿度。水溶盐从表面渗出（参见图 5.2.3b）。

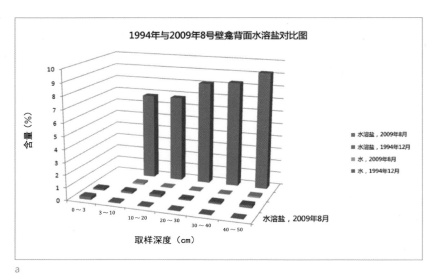

a

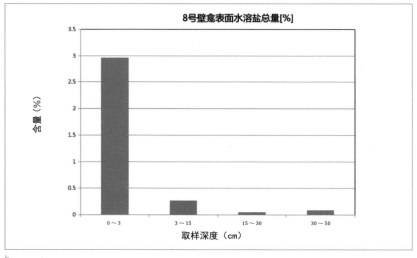

b

图 5.2.3

8 号壁龛背面水溶盐 1994 年与 2008 年的对比和表面水溶盐总量

3）超声波速测量

　　无论是在未加固区域，还是在已加固区域，超声波的通过时间都减少了。尤其是西里西亚大理岩，超声波通过时间减少了 21%，已加固区域的卡拉拉大理岩减少了 18%（图 5.2.4）。目前为止还无法解释西里西亚大理岩的超声波速提高的原因。

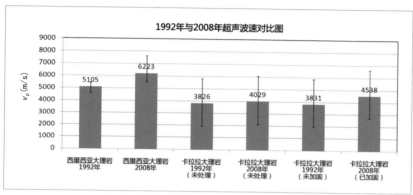

图 5.2.4
超声波通过时间的对比（Labor Köhler）

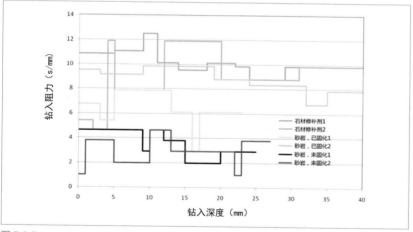

图 5.2.5
砂岩已固化区域、未固化区域及石材修补剂的钻入阻力曲线

7. 文物现状评价

　　由此可见，1997 年采取的修复措施是卓有成效的，而且大部分措施都持续有效。无论是已加固的还是未加固的砂岩，它们都是完好的，并没有粉化剥落。用含丙烯酸盐的石材修补砂浆 Motema CC 修补的部分只有 8% 受损。图 5.2.5 展示了平滑的曲线。

屋顶憎水处理效果降低了,ω 值为 $0.58 \text{ kg}/(\text{m}^2 \cdot \sqrt{\text{h}})$,比临界值 $0.5 \text{ kg}/(\text{m}^2 \cdot \sqrt{\text{h}})$ 略高一些。屋顶长满了藓类和地衣。

1997 年修复时,用石灰砂浆填补了被破坏的灰缝。这些修复的灰缝之中,约 30% 的灰缝再次风化了。在墓碑上,用一种丙烯酸盐基的石材修补剂进行嵌边,总面积达 200 cm^2。将丙烯酸树脂 Paraloid 5% 溶于乙酸乙酯中,与大理岩粉混合,根据大理岩不同的色彩,用不同的颜料上色。在 7 号壁龛的十字架的垂直边上,石材修补剂修补过的地方又风化了。1997 年,人们在大理岩墓碑上一共测绘到总长为 16 cm 的裂隙,其中主要是毛细裂隙。在这些裂隙中,有 5 cm 的裂隙存在于原先的修补石材与大理岩之间,分别分布在 4 号和 5 号壁龛浮雕的鼻子上,人们用丙烯酸树脂分散体填补这些裂隙。修补过的地方在后期检查时仍然是完好的。为了长期观察未填补的毛细裂隙和之后在 2009 年的研究,人们用裂隙宽度测量仪得到 3 个典型病害场景的照片记录(图 5.2.6)。

图 5.2.6
4 号壁龛,墓主彼得·亚历山大·冯·伊岑普利茨,逝世于 1834 年,雕刻者:C. D. 劳赫,卡拉拉大理岩,用裂隙宽度测量仪进行裂隙监测,Arnold 摄于 2010 年

图 5.2.7
4 号壁龛,彼得·亚历山大·冯·伊岑普利茨,逝世于 1834 年,雕刻者:C. D. 劳赫,易北河砂岩,用灰度卡监测污染,Rentmeister 摄于 2010 年

人们利用灰度卡开始监测（图 5.2.7），以观察新的污染。这些测量是未来进行比较研究的基础。大约 5 年之后，分析的结果才是有意义的。

1) 推荐措施

推荐实施以下五项措施：

· 清洗整个陵墓柱廊；
· 修复背面的灰缝和抹灰砂浆；
· 修理雨水导槽的排水管；
· 重新对屋顶的憎水处理；
· 观察监测裂隙和灰缝。

参考文献

所有研究的备案文件都保存在勃兰登堡文物保护局和州考古博物馆（BLDAM）。

5.3 弗莱德斯罗，前圣布莱斯和玛利亚修道院教堂

埃尔温·施达德保尔（Erwin Stadlbauer）

下萨克森州
弗莱德斯罗区，莫林根镇

所有者：
汉诺威修道院协会
（Klosterkammer Hannover）

图 5.3.1
弗莱德斯罗前圣布莱斯和玛利亚
修道院教堂

1. 文物标识

地址：37186 Moringen, Ortsteil Fredelsloh, Am Klosterhof

坐标：北纬 51°44′10″，东经 9°47′28″

负责的文物保护部门：下萨克森文物保护局（NLD）

1）文物描述

　　罗马三殿式长方形大教堂，圣坛及耳堂旁是半圆形后殿，西边是双塔式建筑及半圆形后殿式阶梯塔。建筑长度约 52 m，耳堂宽度约 27 m。外墙由建筑石料仔细砌成，灰缝十分狭长。如今，建筑物的一部分作为天主教教区礼拜堂使用。

2) 建筑历史

大约建于1132年至1172年，标志着美因茨市奥古斯丁主教区修道院的成立。自中世纪晚期以来，教堂西部的中厅与侧厅隔离。大约于1660年该教堂被废除，部分地方作为粮仓使用。18世纪、19世纪修缮部分区域的外墙。

3) 材料

威悉河砂岩，颜色为有层次过渡的棕红色、灰红色、灰黄色；毛细吸水系数 $\omega > 10$ kg/(m^2·√h)，孔隙度（体积比）25%，双轴抗折强度1~2.5 MPa，静态弹性模量2~6 GPa，湿膨胀率0.3~1 mm/m。

无早期的彩绘／涂料／泥浆的痕迹。

2. 病害特征

2005—2006年对整个西边横梁进行的以保护措施为导向的测绘显示：

· 水泥砂浆灰缝非常坚硬，相邻石材边缘出现残损或完全缺失；
· 风化导致的漏斗形扩张缝；
· 粉化剥落，尤其是侧面灰缝的粉化剥落；
· 层状剥落，排水不利的部位特别严重；
· 风化所致的表面或材质缺损，浮雕状风化；
· 裂隙及碎片状残损；
· 原修补材料受损；
· 部分区域严重的藻类定植现象，局部深色结壳以及部分区域风化。

3. 前期研究

2005年9月，Remmers公司文物部门与不来梅官方材料检测协会（MPA Bremen）合作（偏振光显微镜检查），在北塔的北立面进行采样，并进行了下列的实验室研究，为试验面保护做准备：

· 表面附近石膏含量较高，可能是因为用超声波法测得的动态弹性模量明显偏大，但是，石膏对水汽平衡没有影响；

·导致病害的湿膨胀率最大达到 1 mm/m（在 3 个钻芯处），可以用"降膨胀剂"将深度曲线中的膨胀均值降低一半；

·毛细吸水能力很高，达 11~16 kg/(m² · √h)，具有良好的石材保护剂的吸入能力；

·没有对硅酸乙酯处理法的效果进行研究。

4. 试验面的修复

1) 修复时期

2005 年 9—11 月

2) 修复者 / 修复公司

雷根斯堡修复及文物保护石材工作室（Steinwerkstatt Restaurierung & Denkmalpflege, Regensburg）

3) 修复措施

试验面沿着支架细分为 3 个水平横条，从上到下处理强度减小（从最大到最小）。

表 5.3.1 已完成的保护修复措施

建筑部位	措施	保护剂／工法
北塔北面的试验面	固化	Remmers 硅酸乙酯 100，Remmers 硅酸乙酯 100- 硅酸乙酯 300
	减少膨胀系数	未实施
	回填，嵌边，粉刷	Remmers 硅酸乙酯模块系统
	嵌边	Remmers AC
	修补和嵌缝	Remmers 低强度修补砂浆,Remmers AC
	平色	硅酸盐白垩，Keim 特殊白垩固着剂

4）备案

· G. 西尔贝特（G. Hilbert）对 2005 年 10 月 14 日及 2005 年 11 月 25 日建筑会议进行记录。

· Remmers 公司 ZOA（项目中心）于 2006 年 4 月 3 日，完成弗莱德斯罗地区罗马式修道院教堂检测报告 051-05（报告 100 页，包括建筑西面所采取措施的一览表）。

· 雷根斯堡石材工作室（Steinwerkstatt Regensburg）于 2008 年 11 月对试验面所采取的事后测绘（距离采取措施的时间间隔为 3 年）。

5. 文物现状描述（2009 年）

· 外观状态不统一：由于不利的排水导致墙壁表面严重绿变，但是非常突出的修补表面未出现这一现象（因为其毛细吸水能力低很多）。

· 修补处的硅酸盐白垩平色效果完好。

· 所有处理过的表面都耐磨，但是存在部分层状剥落（主要是未保护的部位）。

· 部分嵌边出现空洞现象。

6. 已进行的研究（2008 年 12 月至 2010 年 3 月）

以下研究由希尔德斯海姆／霍尔茨明登／哥廷根应用技术和艺术学院文化遗产保护系（Erhaltung von Kulturgut）的学生和员工以及下萨克森文物保护局完成。

表 5.3.2 已进行的研究

视觉图片实录	状态测绘与图示 照片备案	采样数量
机械弹性性能	用 Durabo 机器测钻入阻力	现场 67 次测量
	Power Strip® 法测剥离阻力	现场 25 个测量点
	不同深度的超声波动态弹性模量	9 个钻芯
	双轴抗折强度／静态弹性模量	9 个钻芯
湿度特征／ 孔隙特征	卡斯特瓶法测毛细吸水系数	现场 56 次测量
	米洛斯基瓶法测毛细吸水系数	现场 20 次测量
	按照德国工业标准的毛细吸水能力	9 个钻芯
	饱和吸水率，孔隙度	9 个钻芯

1) 研究结果概要

在用硅酸乙酯 100 固化的区域，毛细吸水能力仍然很强，未出现粉化剥落及过度固化的迹象。额外再用硅酸乙酯 300 固化且以硅酸乙酯 500 STE 为黏合剂刷浆处理的区域，其表面附近部分区域的动态、静态弹性模量和钻入阻力值明显提高。硅酸乙酯在这类具有强吸水能力的岩石中的渗透深度明显不足。在硅酸乙酯刷浆层测定的毛细吸水能力的结果离散很大，在不变与明显降低之间波动。

在事先限制性地筛选需处理的层状剥落的前提下，在硅酸乙酯模块系统中填补开裂空洞的工法大部分是成功的。硅酸乙酯嵌边材料 40% 出现空洞，钻入阻力非常小（≤ 1/5）。丙烯酸盐修补剂 AC 具有良好的吸附力和钻入阻力，然而，其钻入阻力曲线非常不统一且多变；毛细吸水能力极低至不吸水。低强度的矿物修补砂浆具有良好的吸附力和剥离阻力；静态弹性模量剧烈提高（约 3~6 倍），双轴抗折强度比红砂岩高约 3 倍，钻入阻力曲线中总体而言波动较大，部分波动发生突然；毛细吸水能力只有红砂岩的 1/10。

7. 文物现状分析

必须要改善塔顶不利的排水状态。尤其是已用硅酸乙酯或将用硅酸乙酯固化的区域，进行降低膨胀系数的处理似乎就足以预防由于加固导致的弹性模量的上升带来的不良影响。但是，这需要进行前期研究。

含水泥的修补砂浆由于其高刚度、高强度和低吸水能力，并不适用于红砂岩。丙烯酸盐修补剂 AC 由于强度不稳定和缺乏吸水能力，也不适用砂岩修补。

所有在建筑西部将要采取的保护措施必须保证，已处理的和未处理的墙面的毛细吸水能力相似。

对于预期的保护措施，必须先完成进一步的、目标明确的前期研究（减少膨胀系数、固化、修补）。

参考文献

本节"备案"中提到的所有文件收藏于汉诺威修道院协会（Kloster Hannover）及希尔德斯海姆／霍尔茨明登／哥廷根应用技术和艺术学院文化遗产保护系。

本节"已进行的研究"中提到的关于 2008—2009 年后期研究的报告、照片和测绘资料，收藏于希尔德斯海姆／霍尔茨明登／哥廷根应用技术和艺术学院文化遗产保护系。

5.4 施泰因富特，施泰因富特宫

卡琳·基什纳（Karin Kirchner）

北莱茵 - 威斯特法伦州

所有者：
S. D. 克里斯蒂安（S. D. Christian），本特海姆
（Bentheim）- 施泰因富（Steinfurt）侯爵

图 5.4.1
施泰因富特宫主城堡西立面上的圆肚窗

1. 文物标识

地址：Burgstrasse 16, 48565 Steinfurt

说明：圆肚窗位于主城堡，二层式的 "瓦尔布格（Walburg）伯爵夫人的宫殿" 区域

坐标：北纬 52° 08′ 44″，东经 7° 20′ 31″

管辖部门：威斯特法伦 - 利珀景观协会（Landschaftsverband Westfalen-Lippe），威斯特法伦 - 利珀景观协会文物保护部门（LWL-Amt für Denkmalpflge）

1）文物描述

施泰因富特宫位于施泰因富特市东南海滩边。1559 年，在主城堡区域修建了一个带有丰富多彩的文艺复兴早期的装饰花纹的圆肚窗，由来自明斯特的约翰·布拉本德（Johann Brabender）题名。它被安装在"瓦尔布格伯爵夫人的宫殿"上——在如今的起居室区域。

2）建筑历史 (Dehio, 1986)

1129 年，施泰因富特宫第一次被提及；1164 年，被阿什贝格的领主们毁坏后，重建了一座高大的圆形城堡主楼、一堵坚固的环形围墙，以及正方形的住宅塔；13 世纪，在"新施泰因宫"里修建骑士大厅，在环形围墙旁修建城堡小教堂；1556 年起，伯爵夫人瓦尔布格·冯·布雷德洛德（Walburg von Brederode）进行了大量的修建活动；1559 年，来自明斯特的约翰·布拉本德安装了圆肚窗，其上有丰富多彩的文艺复兴早期的装饰花纹，如动物面具、人类面具、徽章、铭文，以及一个刻有建造者——瓦尔布格伯爵遗孀及其子阿诺尔德三世（Arnold III.）浮雕的壁龛；16 世纪至 18 世纪，修建了大量住宅建筑，1850 年起，采光窗（即圆肚窗）上部节点坍塌，表现在三阶式三角形楣饰、带有半圆形节点和球状镶边部位；1967 年，采取了有力的修复措施。

3）材料

包姆贝格石灰砂岩；明显的历史上多次修复的痕迹；人造石材替换，部分装有铜加筋。

2. 病害史

直到 1896 年保存完好。

1965 年，石材变薄，受到侵蚀，粉化剥落严重。出现隆起，开裂和层状剥落，使用"化学 - 物理"溶液（清洁）后出现严重的结壳现象，尤其是在中央的铭文牌匾周围，底座区域出现病害。

显著的风化痕迹，尤其是在底部浮雕部分，伯爵夫人的左手和她的儿子的右手在这里断裂开来。

1983 年，硅酸乙酯 - 砂子配制的石材修补剂和用硅酸乙酯／甲基硅烷处理过的石材重新出现病害，甲基硅烷的憎水效果似乎逐渐消失。

3. 前期研究

没有前期研究的材料。

4. 修复历史

1) 修复时期

1965 年，飘窗（即圆肚窗）成为用硅酸乙酯／甲基硅烷加固和修补的第一个"试验文物"。

1983 年 9 月至 10 月，对飘窗进行重新修复。

2) 修复者／公司

修复者：埃伯哈德·沃尔西（Eberhard Worch）[地址：Gut Insel 29, 44 Münster（曾经的修复工厂）]

3) 修复措施

表 5.4.1（部分）已完成的保护措施（选自项目提案）

建筑部位	措施	保护剂／工法
1965—1966 年：圆肚窗为第一个"试验文物"对建筑构件没有进一步描述	固化	硅酸乙酯／甲基硅烷
	修补	硅酸乙酯／甲基硅烷
	没有进一步描述	用硅酸乙酯和合成树脂添加剂处理 硅酸乙酯 - 砂土 - 镶板
	胶黏	聚酯树脂
	人工石材修补	使用铜加筋
1983 年 9—10 月 对建筑构件没有进一步描述	清洗	方法未知
	浸渍处理	Wacker 190
	固化	硅酸乙酯 OH（Wacker），部分混合丙烯酸树脂混合物
	裂纹注射黏结	丙烯酸树脂
	小型石材修补	硅酸乙酯 - 丙烯酸树脂混合物
	人工石材破损部位的修补	方法未知
	浸渍处理	Wacker 190
	平色	硅氧烷半透明涂层

4) 备案

无现存资料。

5. 现状描述

用共振探头检测的结果表明，主要在上方区域存在大量空鼓。还测绘到其他病害现象，即层状剥落、皮屑状剥落、残缺和裂隙。这些病害现象出现在大量的装饰花纹、雕刻和刻有瓦尔布格伯爵夫人和她的儿子阿诺尔德三世的浮雕的壁龛上。因此，已于2009年采取了紧急抢救性保护措施。

6. 已进行的研究

已进行的研究内容包括超声波速测量、毛细吸水能力（卡斯特瓶法）测定、剥离阻力测量、钻入阻力测量、颜色测定（芒塞尔土壤色卡）。

1) 超声波速测量

用硅酸乙酯处理过的、风化的包姆贝格石灰砂岩文物的超声波速的平均值在 2 540 m/s ~ 2 700 m/s。新开采的、未处理过的、在设定条件 (23 ℃ /50% 相对空气湿度)下的包姆贝格石灰砂岩的超声波速平均值为 4 200 m/s,明显更高。修补石材的超声波速平均值为 2 300 m/s,比风化的包姆贝格石灰砂岩的超声波速略低(图 5.4.2)。

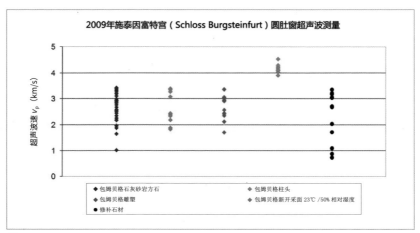

图 5.4.2
旧材料、新材料、替代材料的超声波速

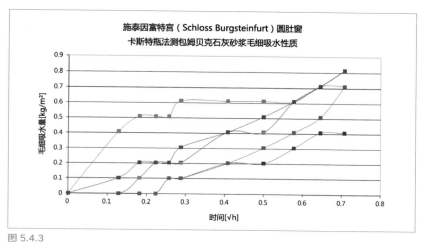

图 5.4.3
测量毛细吸水性质

现场测量的包姆贝格石灰砂岩的毛细吸水系数平均值为 1.2 kg/（m² · √h）。与此相比，新开采的、在设定条件下（23 ℃ /50% 相对空气湿度）的包姆贝格石灰砂岩的毛细吸水系数平均值为 6.3 kg/（m² · √h）（图 5.4.3）。出现这一现象的原因可能是，密集的保护措施堵塞了表面孔隙，这也可能是这些曲线出现不寻常走向的原因。吸水现象在一定时间的延迟后才会发生。

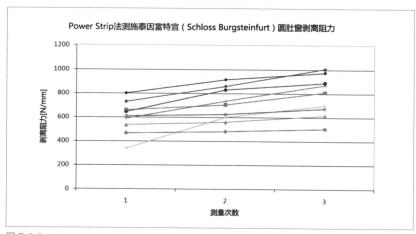

图 5.4.4
施泰因富特宫包姆贝格石灰砂岩的剥离阻力

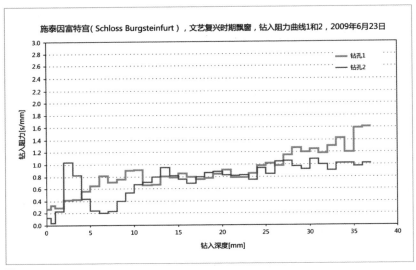

施泰因富特宫（Schloss Burgsteinfurt），文艺复兴时期飘窗，钻入阻力曲线1和2，2009年6月23日

图 5.4.5
施泰因富特宫砂岩钻入阻力测量结果

　　剥离阻力的测量在测量曲线上出现了平稳的上升，各个测量点之间不存在显著区别（图 5.4.4）。

　　图 5.4.5 中钻孔 1 的测量曲线是由外到里强度逐渐增长的典型走向，与此相反，测量曲线 2 是层状剥落的曲线。在钻孔深度达到 11 mm 之后，两条曲线的走向十分相似。显然，在表面附近的很小范围之内，也要考虑到石材变化的特性。没有看出由于早期的保护措施导致的过度固化。粉化剥落（毛刷检测法）的试验中断了，因为没有材料剥落。

7. 文物现状分析

　　从视觉上就可以确定，从 1983 年最后一次采取保护措施以来，病害又重新出现了。由于密集地使用保护措施（固化措施和憎水措施），石材的表面十分坚硬且呈现脆性。位于下方的岩石开始发生皮屑状剥落，部分还具有憎水特性，且往往水溶盐含量丰富。由于密集的层状剥落和浅表性裂隙，病害表层与基材之间几乎失去黏附力。

　　此外，通过不同的铆钉固定的石材修补砂浆（水泥砂浆）也从基材上脱落了。

　　为了防止原始石材的物质肌体进一步剥落——这里主要指的是那个浮雕——并排除掉落构件的风险，人们在进行研究活动的同时，采取了紧急保护措施，这些措施是卓有成效的。人们还去除了松动的石材修补材料，小心地除去浮雕板上的石材层状剥落，用毛刷刷去盐聚合物，接着用合适的砂浆注浆，使其重新与基材相连。

　　由于以前采取的（不利于今天再处置的）修复措施，文艺复兴时期飘窗可选的修复方法受到了很大的限制。

　　只能通过定期的保养——以两年为周期，利用升降平台或脚手架对飘窗进行检查鉴定——及时消除细微的浅表性裂隙和层状剥落，以此阻止水分进入和防止由此导致的病害再发展。

参考文献

Dehio, G (1986): Handbuch der deutschen Kunstdenkmäler, Nordrhein-Westfalen, II. Westfalen – 97 ff, Deutscher Kunstverlag, München.

未发表的资料可以在威斯特法伦 - 利珀景观协会文物保护部门查阅。

5.5 马格德堡，圣母修道院

珍妮娜·迈因哈特（Jeannine Meinhardt）

萨克森 - 安哈尔特州

管辖部门：
萨克森 - 安哈尔特文物保护和考古局
（Landesamt für Denkmalpflege und
Archäologie Sachsen-Anhalt）

图 5.5.1
圣母修道院禁室西翼的拱券回廊

1. 文物标识

坐标：北纬 52° 07′ 38″，东经 11° 38′ 14″

负责的文物保护部门：萨克森 - 安哈尔特文物保护和考古局（Landesamt für Denkmalpflege und Archäologie Sachsen-Anhalt）

1）文物描述

该拱券回廊由于其完整性，是德国最美的拱券回廊之一。它的四个屋脊构成十字形拱形的侧翼，围合成一个长方形院子，有 34 个宽阔的大拱门朝向院落。每个大拱门的开口中又嵌入两根小柱子形成 3 个小拱门，小拱门的柱头形式多样。

2) 建筑历史

通过仿照在二战中遭到彻底破坏的圣母修道院的禁室西翼进行重建，人们成功地融合了保护、重建与新建的想法，到 1966 年，完成了一部时代文献式的作品，虽然有些细节直到今天仍然受到争议，但它依然被认为是成功而有效的保护措施。人们按照原先的平面图，使用原始材料和埋藏在废墟中的构件，以新的形式修建；人们同时决定按照原先的罗马风格，完全重建源自 12 世纪上半叶后期的拱券回廊。早在 20 世纪 60 年代，人们就已经注意到柱子上的石材病害，尤其是柱头上的石材病害。

3) 材料

监测范围内的建筑石材，主要由岩屑长石砂岩（乌门多夫砂岩、塞豪森砂岩）组成，根据最新的研究成果，这种长石砂岩可能属于贝尔恩布尔格砂岩（红砂岩）。原始建造材料为岩屑长石砂岩。19 世纪修复时，用易北河砂岩和乌门多夫砂岩及贝尔恩布尔格砂岩作为替代材料。

表面没有彩绘。

2. 病害

最初，采取保护措施的原因是出现了这四类病害：粉化剥落、结壳、污染和渐进发展的页片状剥落。

3. 前期研究

1996 年到 1998 年，在德国联邦环境基金会的资助项目（AZ 03056/04）的框架下，不同的人对监测部位进行了研究，研究内容包括：

- 超声波研究；
- 弹性模量测定；
- 岩相学研究；
- HG 孔隙度测定方法，孔喉直径分布，X 射线衍射；
- 钻入阻力测量；
- 扫描电子显微研究和微量分析调查；
- 卡斯特瓶法测毛细吸水能力；

- 水溶盐分析，砂浆分析；
- 湿膨胀系数和热膨胀系数，水蒸气扩散阻力系数，等温吸湿性能；
- 空气湿度测量和材料湿度测量；
- 确定 66 根柱子的底座、柱身、柱头和拱墩的年代。

4. 修复历史

1) 修复时期

　　1996—1998 年

2) 修复者 / 公司

　　瑙姆堡建筑工人和石匠协会（Bauhütte Naumburg），赖兴巴赫修复工作室（Restaurierungsatelier Reichenbach）

3) 修复措施

　　在相关的拱门上，总共采取了以下的措施（表 5.5.1）。

表 5.5.1 已完成的保护措施

建筑部位	措施	保护手段 / 涂装
—	清洗	激光，微粒喷砂
—	固化	浸泡在硅酸乙酯 OH 容器池中，使用毛刷和喷雾瓶以及 Funcosil 300
—	丙烯酸树脂透固法加固	聚甲基丙烯酸甲酯

　　图 5.5.2 是针对被研究拱门的各个部件所采取的固化措施的测绘图示（绿色：硅酸乙酯容器池浸泡，蓝色：丙烯酸树脂透固）。

a

b

c

图 5.5.2

被研究的 3 个拱门各个构件固化措施的测绘（绿色：硅酸乙酯容器池浸泡，蓝色：丙烯酸树脂透固法加固）以及超声波速测量的结果（数值）

其中，图 a：7 号拱门；图 b：8 号拱门；图 c：23 号拱门

4）备案

　　关于文物状况、前期研究和目前已采取的修复措施的备案内容丰富。备案由以下内容组成：

- ·前期状况的模拟描述和照片；
- ·图示；
- ·关于措施的详细备案；
- ·关于前期研究的详细备案。

5. 文物现状描述

- ·拱门石材和拱墩区域的嵌边部分出现空洞。
- ·16 号柱出现严重的粉化剥落（用硅酸乙酯浸泡，在进行保护之前没有脱盐）。
- ·柱头和拱墩丙烯酸树脂透固的部分地方出现小型砂化区域（层状剥落回填和硅酸乙酯浸泡）。

6. 监测时完成的研究工作

　　监测时完成的研究工作包括：超声波速测量；毛细吸水能力测定；视觉评估和测绘分析。

1）超声波速测量

　　23 号拱门，45 号柱子：拱墩和柱头丙烯酸树脂透固。最新的超声波速测量结果表明，最初的固化措施已经失效。拱墩由易北河砂岩构成。

　　23 号拱门，46 号柱子：柱头丙烯酸树脂透固。1998 年后期测量检测到的成效如今也同样无法达到了。尚能达到前期测量的值。拱墩和柱头由乌门多夫砂岩和贝尔恩布尔格砂岩构成。

　　7 号拱门，13 号和 14 号柱子：柱头和拱墩丙烯酸树脂透固。最新的测量结果与 1998 年后期测量的结果十分接近。未检测到固化效果的减弱。两个构件都是由乌门多夫砂岩或贝尔恩布尔格砂岩构成。17 号柱子严重砂化，但它测得的数值与看上去和摸上去完好的构件相似（图 5.5.3）。

德国联邦环境基金会监测项目	
地点 马格德堡（Magdeburg）	文物 圣母修道院
建筑部位 7 号拱门（内侧、外侧）	
2009—2010 年病害图示	
日期 2010 年 5 月	测绘人 Reichenbach/ Gühne
比例 1：20	
2009—2010 年病害图例	

粉化剥落

层状剥落

图 5.5.3
选自 2009—2010 年时段内的病害测绘，7 号拱门

2) 毛细吸水能力测定

在用丙烯酸树脂透固的构件上安装一个测量仪器,测到其毛细吸水系数的平均值为 0.18 kg/(m² · $\sqrt{}$ h)。用硅酸乙酯处理的构件: 0.15~0.25 kg/(m² · $\sqrt{}$ h) (严重砂化的柱子无法进行同样的研究)。未处理区域的毛细吸水系数为 0.1~0.3 kg/(m² · $\sqrt{}$ h)。

7. 文物现状分析

7 号拱门: 用硅酸乙酯浸泡的拱门石材,一个位置出现粉化剥落,多块石材出现层状剥落。拱门起始处的石材部分出现层状剥落,部分嵌边空洞。突出区域的丙烯酸树脂透固法加固的拱墩和柱头出现粉化剥落。拱墩的东表面和西表面出现层状剥落,部分嵌边空洞。

8 号拱门: 柱子的所有构件都用硅酸乙酯处理过 (毛刷浸泡,容器池浸泡,喷雾瓶浸泡)。16 号柱子 (柱身和柱头) 出现严重的粉化剥落 (在进行保护之前未脱盐);在粉化剥落的材料中,检测到硫酸根离子和硝酸根离子含量达到中等危害程度 (参照 WTA "砌体诊断技术指南")。15 号柱子的柱头和拱墩的粉化剥落现象同样严重,柱身和底座出现轻微的粉化剥落。

23 号拱门: 45 号柱子,丙烯酸树脂透固法加固的柱头出现极轻微的粉化剥落。用硅酸乙酯浸泡过的区域和未处理区域保存完好。

参考文献

所有关于完成的前期研究和采取的保护修复措施的报告都保存在哈勒市文物诊断和保护机构 (IDK Halle)。

5.6 格尔利茨，圣墓

珍妮娜·迈因哈特（Jeannine Meinhardt）

萨克森州

管辖部门：
萨克森文物保护局
（Landesamt für Denkmalpflege
Sachsen）

图 5.6.1
格尔利茨圣墓

1. 文物标识

地址： 02828 Görlitz, Nikolaivorstadt, Heilige Grab Str. 79
格尔利茨区，地段编号：59/2，45 号地块
说明：作为整个圣墓一部分的圣墓祈祷室
坐标：北纬 51°09′32″，东经 14°58′58″
负责的文物保护部门：萨克森文物保护局（LFDSN）

1）文物描述

圣墓与橄榄山花园、耶稣受难之路（城市里从圣彼得和圣保罗城市教堂到圣墓的街道）一起，被视为朝圣之地。真正的"圣墓"包括圣十字架祈祷室（包括亚当祈祷室和各各他祈祷室）、圣墓祈祷室和圣油室。

圣墓原址位于耶路撒冷，在 19 世纪发生了变化。这里研究的圣墓祈祷室也许是对于未发生变化之前的圣墓的唯一仿作。

圣墓是朴素的砂岩建筑，结构清晰，无抹灰，屋顶平滑，由砂岩板构成，还有开放的穹顶小塔；外墙上有大量的从 16 世纪到 19 世纪的朝圣铭文和划痕。

2) 建造历史

14 世纪，在今圣十字架祈祷室的位置有一座用于为未受洗的孩子和死刑犯祈祷的圣十字架。

1481 年，在格奥尔格·艾马里希（Georg Emmerich，1422—1507 年）的推动下，开始修建圣十字架祈祷室，其建筑师为康拉德·普夫吕格尔（Conrad Pflüger）；1504 年，迈森（Meißen）主教为其举行落成典礼。

大约 1500 年，修建圣墓祈祷室，将它看作是耶路撒冷原作之精确的，也是缩小的复制品（就像原作当时看起来的那样）。

3) 材料

西里西亚砂岩；16 世纪以来，大量用代赭石绘制的朝圣铭文和花纹，以及许多雕刻。

2. 病害

最初，采取修复和保护措施的原因是出现了这四类病害：层状剥落和越来越严重的朝圣铭文的消失、结壳和泛盐、灰缝开裂和脱落、粉化剥落。

3. 前期研究

1994 年，由文物保护问题专业实验室（Fachlabor für Konservierungsfragen in der Denkmalpflege）的 E. 温德勒（E. Wendler）博士和德国联邦研究与技术部萨克森控制中心（BMFT-Leistelle Sachsen）进行了大量的前期研究，运用了以下方法：

- 通过敲击等检测空鼓；
- 测定抗折强度和弹性模量；
- 测量钻入阻力；
- 测定毛细吸水系数、水蒸气渗透性、湿膨胀系数；
- 吸附等温线；
- 深度曲线的湿度测量；

- 水溶盐分析；
- 分析灰缝砂浆；
- 关于层状剥落回填的实验室实验；
- 保护试验。

4. 修复历史

1) 修复时期

1996 年 8 月—1997 年 9 月

2) 修复者 / 公司

Heidelmann & Hein 修复者联盟民法公司

3) 修复措施

表 5.6.1 已完成的保护修复措施

建筑部位	措施	保护剂 / 工法
墙面	清洗	干法，水蒸气
窗台区域的墙面	去除结壳	干法，解剖刀
屋顶，底座	水洗	草根刷，水
墙壁区域，南面（檐部下端及下方壁柱 1 号区域）	排盐	吸附纸浆
粉化剥落的墙壁区域（部分的）	固化	Ddynasil 40（有效成分含量 50%）
层状剥落边缘的风化区域	前期固化	Motema 30
灰缝侧面的风化区域	固化	Remmers 100
墙面，尤其是南面和东面	层状剥落回填	在 Syton X 30 的基础上，逐步使用不同的配方（嵌边，用不含填料的 Syton 喷涂，用含填料的 Syton 注射）；闭合的层状剥落处，通过钻孔注浆；严重缺失的层状剥落处，额外用环氧树脂点状黏结

表 5.6.1（续）

建筑部位	措施	保护剂／工法
北墙和西墙	裂隙灌浆	Kaiser 的系统产品
屋顶区域	灌浆	灰缝清理；采用无机矿物注浆料注浆；面层环氧树脂类黏结剂封护（Remmers 公司产品）
墙面区域（部分的）	嵌缝	水硬石灰砂浆 模拟诊断
屋顶	修补	聚氨酯分散体作为黏合剂的石材修补砂浆填补深洞
墙面，主要是檐部下方	修补	在硅酸乙酯（Remmers 510）的基础上，用石材修补砂浆填补深洞
墙壁区域	平色	颜料＋硅酸乙酯（Remmers 100）

4）备案

关于文物状况、前期研究和目前为止采取的修复措施的备案内容丰富。备案由以下内容组成：

· 前期状况的描述和照片，各式各样的研究报告、图示（Prof. Siedel, TU Dresden）。
· 关于修复措施的描述和照片备案，措施测绘（Dokumentationssammlung LfD Sachsen）。

5. 文物现状描述

病害测绘于 2009 年 5—6 月。在南立面和北立面上选择了监测的试验面，用于病害测绘。只在个别地方出现了新的病害，底座区域由于降水的排水管道不便利，部分地方出现泛盐和生物附生的现象，部分灰缝缺失。

6. 监测过程进行的研究

文物诊断和保护机构进行研究的时期为 2009 年 5—6 月，监测过程中进行了以下研究：

· 对层状剥落回填的视觉评估和敲击诊断，对屋顶灌浆的评估，病害图示的制作；
· 水溶盐分析；
· 毛细吸水能力的测量（卡斯特瓶法）；
· 毛刷检测法测定粉化（粉化剥落）；
· 钻入阻力测量；
· 红外热成像研究。

1) 毛细吸水能力

　　在西墙的石料和南墙上，用卡斯特瓶法测量毛细吸水能力。在西墙的石料上，考虑到粗砂岩和细砂岩的不同种类以及是否有代赭石绘画，选取了几个用于进行固化和层状剥落回填的试验面。

　　1992 年的前期测量（北立面）：毛细吸水系数 0.89~1.59 kg/（$m^2 \cdot \sqrt{h}$）。1993 年的前期测量（所有立面）：粗砂岩与细砂岩的测量结果区别微小，代赭石对于测量结果没有影响；不同的朝向经由不同程度的风化，对结果影响很大，毛细吸水系数为 0.29~4.97 kg/（$m^2 \cdot \sqrt{h}$）。1997 年前期测量（西墙的固化试验面）：只有使用 Dynasil 40（50%）的试验面的测量结果才是令人满意的，毛细吸水系数大约与未固化的石材相当。最新的测量结果证明了毛细吸水系数仍然存在很大的波动。

　　西立面试验面的测量结果如下：

· 测量点 W-1：ω = 4.25 kg/（$m^2 \cdot \sqrt{h}$）[Dynasil 40 （80%）]；
· 测量点 W-2：ω = 5.95 kg/（$m^2 \cdot \sqrt{h}$）（未处理）；
· 测量点 W-3：ω = 2.01 kg/（$m^2 \cdot \sqrt{h}$）[Dynasil 40 （50%）]；
· 测量点 W-4：ω = 6.87 kg/（$m^2 \cdot \sqrt{h}$）（石材修复剂 VP 13）；
· 测量点 W-5：ω = 2.18 kg/（$m^2 \cdot \sqrt{h}$）[Dynasil 40 （50%）]。

南面的测量结果如下：

· 测量点 S-1：ω = 1.39 kg/（$m^2 \cdot \sqrt{h}$）；
· 测量点 S-2：ω = 3.81 kg（$m^2 \cdot \sqrt{h}$）；
· 测量点 S-3（在代赭石上）：ω = 2.44 kg/（$m^2 \cdot \sqrt{h}$）。

222

2) 水溶盐污染

南墙,底座区域,3个取样点:正如前期研究一样,用X射线法检测到石膏(图5.6.2)。

3) 钻入阻力测量

在南立面和西立面的试验面区域进行钻入阻力的测量(图5.6.3)。

图 5.6.2
圣墓的南墙，泛盐采样点

0 未处理
1 VP 13
2 Dynasil 40 (50%)
3 Dynasil 40 (80%)

图 5.6.3
南立面和西立面测量钻入阻力的表面

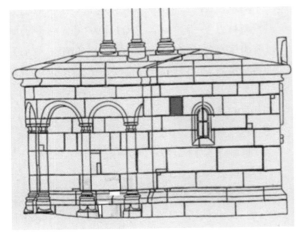

南立面：最接近表面的区域过度固化（2~3 mm），接下来是相对比较均匀的强度曲线，钻入阻力相对较低（1.0 s/mm）。西立面：Dynasil 40（80%）——均匀的强度曲线，钻入阻力相对较低（0.85 s/mm）；VP 13——最接近表面的区域过度固化（2~3 mm），接下来是相对比较均匀的强度曲线，钻入阻力相对较低（0.85 s/mm）；Dynasil 40（50%）——均匀的强度曲线，比 80% 的 Dynasil 40 的钻入阻力略高（1.0 s/mm）；未处理——均匀的强度曲线，钻入阻力十分微小，小于 0.5 s/mm。

4）毛刷检测法测定粉化

在测定钻入阻力的石材上以及东立面、北立面底座区域的两块参照面上研究粉化剥落的情况。南面测量钻入阻力的石材粉末量：4.3 g/m² 和 14.1 g/m²（未处理），12.7 g/m²（VP 13），8.4 g/m²[Dynasil 40（50%）] 和 10.1 g/m²[Dynasil 40（80%）]；底座：31.7 g/m² 和 22.3 g/m²（平均值 27.0 g/m²）。

5）病害测绘

屋顶，灌浆（Epoxiflex）：灰缝状况非常好，只有在少数位置出现灰缝开裂或者轻微的粉化剥落。

立面，嵌缝（专门调配的火山凝灰岩 - 石灰砂浆）：部分位置测绘到灰缝开裂和灰缝缺失（泛盐，严重砂化，空鼓）；底座区域灰缝的病害加强（泛盐，粉化剥落，灰缝空洞）。屋顶缺乏排水管道导致底座的湿度危害。在受遮盖保护区域，灰缝保存完好。

立面，砂岩：位于湿度危害区域的底座区域大面积砂化，出现泛盐和层状剥落。在阴影区域（东北面）的病害也加强了。剩余的立面状况相对良好。1997 年采取的措施使用了一种硅酸胶体回填物质（Syton X 30）。对绝大多数地方的回填状况的评估是稳定的（图 5.6.4）。

使用共振回声探测棒对层状剥落的回填状况进行评估。作为样本，回填区域还会额外用被动的红外热成像在空洞处进行研究（图 5.6.5）。

7. 文物现状分析

从研究的角度来看，采取的保护措施（层状剥落注浆回填、嵌缝、屋顶嵌缝）的效果评估是正面的。然而，立面区域需要采取的小规模应急保护修复措施，如对缺失灰缝的修补，亦需要在短期内进行。同时，也推荐进行部分的敷贴排盐。此外，一些修复保护措施，如对于粉化剥落区域的部分固化和嵌边，应在中期内进行。

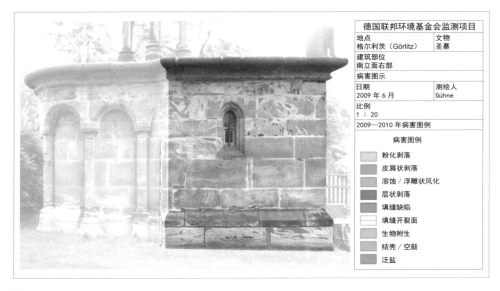

德国联邦环境基金会监测项目	
地点 格尔利茨（Görlitz）	文物 圣墓
建筑部位 南立面右部	
病害图示	
日期 2009 年 6 月	测绘人 Gühne
比例 1 ： 20	
2009—2010 年病害图例	

病害图例

	粉化剥落
	皮屑状剥落
	溶蚀 / 浮雕状风化
	层状剥落
	填缝缺陷
	填缝开裂面
	生物附生
	结壳 / 空鼓
	泛盐

图 5.6.4
格尔利茨圣墓的病害测绘

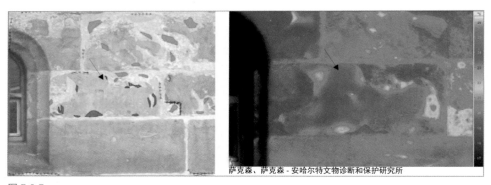

萨克森、萨克森 - 安哈尔特文物诊断和保护研究所

图 5.6.5
病害测绘（以红褐色标识的层状剥落，左图）与对应的红外热
成像图（右图，面层与基层附着力差的区域呈现黄色）的对比

参考文献

Fitzner, B., Heinrichs, K., Siedel, H., Wendler, E. (1995): Herkunft, Materialeigenschaften und Verwitterungszustand des Schlesischen Oberkreide-Sandsteins an der Grabkapelle des Heiligen Grabes in Görlitz. In: Jahresberichte aus dem Forschungsprogramm „Steinzerfall – Steinkonservierung" 1993, Berlin, 261–282.

5.7 米尔豪森，玛利亚大教堂

米夏尔·奥哈斯 (Michael Auras)

图林根州

所有者：
米尔豪森市

图 5.7.1
玛利亚大教堂南立面上的阳台雕
塑群

1. 文物标识

地址: Bei der Marienkirche 9, 99974 Mühlhausen,Unstrut-Hainich-Kreis
坐标: 北纬 51°12′36″, 东经 10°27′17″

1) 文物描述

南翼耳堂大门上方的明亮的阳台上，有 4 个向前倾斜的雕像，它们由贝壳灰岩雕刻而成。它们是神圣罗马帝国皇帝查理四世（Karl IV.）、他的妻子波美拉尼亚的伊丽莎白（Elisabeth von Pommern）以及一位宫廷总管和一位宫女的雕像。它们的上方首先是所谓的朝拜小组（玛利亚和东方三博士），朝拜小组的上方是耶稣与陪同者的雕像（三圣像）。

2) 建造历史 / 产生时间

哥特式，建于 14 世纪中期。

3) 石材类型

贝壳灰岩 ［泡沫状石灰岩来自米尔豪森附近兰古拉山谷（Langulaer Tal）的沃格泰采石场］。

2. 病害特征

1965 年，宫女雕像头部的前方，即宫女的面部区域掉落。这是在 1976 年进行鉴定评估的原因。这次鉴定确定了，由于气候和空气中的有害物质的影响，这一石质文化遗产的结构受到了严重破坏。此外，还观察到黑色的石膏结壳以及由于空洞的风化导致的表面的严重粗糙化。

3. 前期研究

在修复之前，先对石膏污染进行研究。

4. 修复历史

1) 时期

1967 年，霍兰德·默勒（Rolland Möller）进行了保护与修补，保护措施为大量浸泡，部分用硅酸乙酯，部分用环氧树脂胶合物；修补措施为部分用硅酸乙酯，部分用环氧树脂胶合物。1969 年，检查用硅酸乙酯处理过的、重新出现病害的部分，再次用硅酸乙酯进行保护。1971 年再次鉴定，得出结果为用硅酸乙酯进行固化的深度固化情况良好，而硅酸乙酯浇装失效（Möller，1973）。1988 年进行检查，用硅酸乙酯处理过的位置重新出现病害，在只用合成树脂的基础上，重新进行保护（Lang，1992）。

2) 修复者 / 公司

文物保护研究院的修复工作室（Restaurierungswerkstatt des Instituts für Denkmalpflege），埃尔富特工作点（Arbeitsstelle Erfurt），当时正在接受培训的石材修复师也参与了修复。修复措施负责人：霍兰德·默勒（1967—1971 年），西格弗里德·朗（Siegfried Lang）和托马斯·施太穆勒（Thomas Staemmler）（1988 年）。

3) 1988 年采取的修复措施

表 5.7.1 已完成的保护措施

建筑部位 （精确位置）	措施	保护剂 / 工法
皇后，皇帝	建模	—
皇后，皇帝	固化浸泡	环氧树脂溶液 30%
所有雕像	平色	—
皇帝，宫廷总管	最后涂装	丙烯酸树脂分散体 D 340
宫女	最后涂装	D 340 和 9% 的 Paraloid（漆膜混浊，呈泡沫状）
皇后	最后涂装	Paraloid

4) 备案

　　关于 1967—1973 年进行的修复，存在固化措施和修补措施的细节图示和文字描述。关于 1988 年采取的措施，只存留了手工绘图和一些重点措施清单（TLAD，2009）。

5. 文物现状描述

　　总体来看，保存状况非常好。出现了个别裂隙以及较大块砂浆修补剂的脱落。部分地方出现微生物（地衣）附生的现象。背面的涂层磨损较为严重，雕像前面的最终涂层的保存状况各不相同。

6. 监测评估时采用的研究方法

　　1994 年由病害预防和病害研究机构用超声波进行了针对性的后期研究。调查结果表明，雕像的保存状况十分不同。

　　2009 年制备档案和措施备案；由埃尔富特应用技术大学（Fachhochschule Erfurt）进行修复测绘（实况测绘范例可见图 5.7.2，测绘分析可见图 5.7.3）（Staemmler，2010）；由病害预防和病害研究机构进行的超声波速测量和剥离阻力测量。

石材修补材料 67

石材修补材料 88

彩绘层残余现状

涂层（70%~100%）

涂层（35%~70%）

涂层（0~35%）

埃尔福特应用技术大学，建筑保护与修复系
专业方向：保护与修复
修复专业研究重点：雕塑与石质建筑
Staemmler 教授

文物：米尔豪森圣玛利亚大教堂
(Mühlhausen, Kirche St. Marien)
南屋山墙，阳台雕塑群，宫女雕塑

测绘编号：1/1

主题：历史修复现状，彩绘层残余现状
日期：2009 年 4 月 28 日
测绘人：Stefanie Papenheim
绘制人：Eik Lehmann
比例：1 : 2. 5

第 1 页

图 5.7.2
宫女雕像实况测绘，埃尔富特应用技术大学 (Staemmler, 2010)

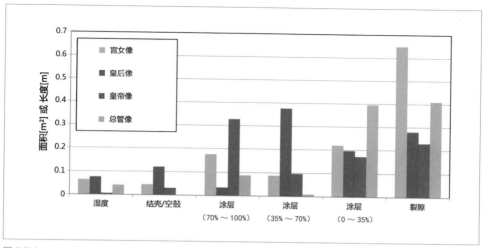

图 5.7.3
现状测绘分析

1) 超声波速测量

　　1994 年对阳台雕像群进行超声波速测量的数据保存下来的很少（n=8~12）。各个雕像的保存状况明显不同。

　　在 2009 年的研究活动中，测量网络得以密集（n=39~51）。由此，可以比较雕像之间的区别。此外，部分 1994 年在雕像上得到的、特别低的测量值无法得到证实。超声波速非常低时，信号衰弱非常厉害，信号变得不明显。也许由于这点导致了错误的解释。

　　以宫女雕像为例，它的头部丢失了，1967 年被用新的头部代替。这点解释了在这个区域超声波速值高的原因。下方的肩膀和胸部区域的测量值很低，这些测量值表明，这里受到过严重的结构破坏（图 5.7.4a）。原因在于，在这个雕像的上方区域，石材结构严重风化，头部的丢失和 1967—1971 年的修复报告说明了这一点。建议再次进行重新固化——如果可能的话。

　　对 1994 年和 2009 年的数据进行统计学的比较，结果表明，3 个雕像的测量中值降低了约 0.5 km/s，这意味着由于风化进一步导致了石材结构的破坏。皇帝雕像的测量结果却表现出相反的趋势，这一趋势很可能是由于前文所述的测量技术问题（超声波速过低时超声波信号衰减）导致的人为错误。

若将单个测量点（如皇后右肩）在 1994 年和 2009 年测量到的值进行比较，结果同样表明超声波速普遍（除了特别低的值以外）下降（图 5.7.5，图 5.7.6）。一些低于 2 km/s 的测量值表现异常是可以理解的，因为它们位于裂隙区域。在裂隙区域，当超声波通过紧密相邻的测量路径时，测量值会有很大差别，这取决于测量路径是挨着裂隙的，还是穿过裂隙的。另外一部分的低值可能是由于信号质量差导致的分析错误。

a

b

图 5.7.4
超声波速测量

其中，图 a：测于宫女雕像，图 b：测于总管雕像
（照片：Tottleben）

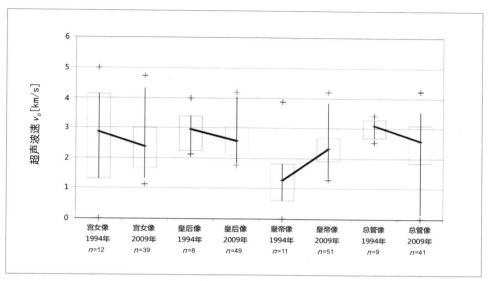

图 5.7.5
1994 年与 2009 年超声波速的变化

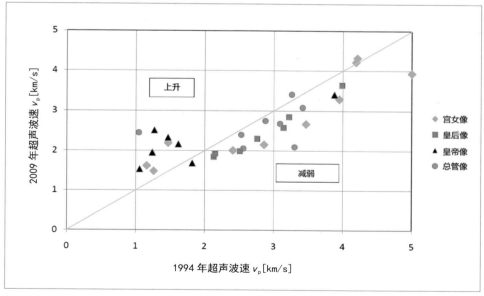

图 5.7.6
对比单条测量路径,1994 年与 2009 年超声波速的变化

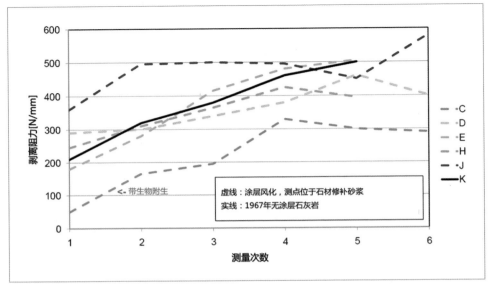

图 5.7.7
石材修补砂浆和石灰岩的剥离阻力的测量

2）剥离阻力

　　在丙烯酸树脂胶合物最终涂层、丙烯酸树脂胶合物石材修补砂浆和石灰岩表面进行剥离阻力的测量。图 5.7.7 示范性地展示了在石材修补砂浆和 1967 年重新替换的宫女雕像的石灰岩头部的测量结果。曲线表现出非常一致的上升趋势，部分达到了最大值。在微生物定植严重的地方，测量值明显下降，显然，微生物侵袭促进了砂浆中颗粒联系的松动。

7. 文物现状分析

　　阳台雕像群的保存状况总体良好。鉴于 1967 年确定的石材结构的严重损坏，令人惊讶的是风化过程竟然减缓到了这种程度。

　　在 1988 年最后一次修复时，最后涂上的覆盖整体的丙烯酸树脂胶合物涂层肯定为这一长期的成效做出了贡献。向前倾斜的雕像的背面风化严重，涂层在这个地方磨损尤其严重，需要替换。

超声波速测量的结果实际上是令人满意的。在部分区域，超声波速低，这说明贝壳灰岩局部软化以及一些砂浆修补剂开始脱离。岩石和石材修补剂之间的接触面是稳定的。

部分区域的表面形成了新的结壳。局部地方在失去表面涂层或表面涂层受损之后，出现了微生物侵袭的现象，微生物侵袭促进了石材修补砂浆的分解。

参考文献及其他资料来源

Lang, S. (1992): Zur Erhaltung von Muschelkalkskulpturen der Marienkirche von Mühlhausen in Thüringen. In: Steinschäden – Steinkonservierung. Berichte zu Forschung und Praxis der Denkmalpflege in Deutschland. Hannover, S. 40–43.

Möller, R (1973): Steinkonservierung. In: Denkmale in Thüringen. Weimar, S. 172.

Staemmler, T. (2010): Mühlhausen, St. Marien, Südquerhausgiebel, Altangruppe und Anbetungsgruppe – Untersuchungen zum Zustand durchgeführter Konservierungs- und Restaurierungsmaßnahmen. Fachhochschule Erfurt, Fakultät Bauingenieurwesen und Konservierung/Restaurierung.

TLAD (2009): Maßnahmendokumentationen im Thüringischen Landesamt für Denkmalpflege und Archäologie, Erfurt.

5.8 格尔恩豪森，皇帝行宫

恩诺·施泰因德贝尔格 (Enno Steindlberger)

黑森州

管辖部门：
巴特洪堡，国家宫殿和花园管理处
(Verwaltung der Staatlichen
Schlösser und Gärten, Bad
Homburg)

图 5.8.1
格尔恩豪森皇帝行宫

1. 文物标识

地址： Burgstrasse 14, 63571 Gelnhausen, Main-Kinzig-Kreis

坐标：北纬 50°12′00.30″，东经 9°11′43.90″

所有者及管辖部门：巴特洪堡，国家宫殿和花园管理处（Verwaltung der Staatlichen Schlösser und Gärten, Bad Homburg）

1) 文物描述

格尔恩豪森皇帝行宫建于神圣罗马帝国皇帝腓特烈一世（Friedrich I. Barbarossa）时期，是一整排的斯陶芬城堡的一个重要组成部分。它显示了凸起的方石防御围墙，例如门塔和精雕细琢的、开放的拱门以及艺术上高品质的装饰的混合。尤其是在城堡的主要建筑上，有例如以柱头和柱础的形式呈现的最后的罗马式雕刻。最初，格尔恩豪森皇帝行宫是一座水上城堡，与一座位于当时的帝国城市格尔恩豪森的东南边的岛屿分隔。如今，它位于老城区之中。

2) 建造历史

建造时间大约为 1170—1195 年。

3) 材料

所有现存的构件都是由一种当地的红砂岩建成。装饰粉刷或彩绘装饰没有流传下来。

2. 病害特点

由于水溶盐污染和湿度危害加重，尤其是在原先开放的墙顶帽盖区域，出现了粉化剥落现象，甚至出现沿层理发育的孔洞状风化，以及较深的掏蚀现象，但是砂岩只在局部区域形成层状剥落。由于分层元素或者是气候导致的角落位置的干湿交替，使得砂岩出现了浅表性裂隙和微细裂纹。灰缝砂浆严重分解。

3. 前期研究

未进行深入的、科学的前期研究。进行了泛盐部位小规模的水溶盐测定。

4. 修复历史

1) 修复时期

1995—1997 年

2) 修复者 / 公司

来自班贝格（Bamberg）的 Bauer-Bornemann 公司

3) 修复措施

表 5.8.1 已完成的保护修复措施

建筑部位	措施	保护剂／工法
城堡主要建筑和城堡主楼的局部区域	排盐	膨润土吸附法
	清洗	JOS 法（旋转喷射粒子法）
	石材修补／嵌边	Motema CC，Interacryl 公司
	固化	Motema 28/29
城堡主要建筑物	重新勾缝	石灰砂浆
城堡主要建筑物，柱头	浇铸复制	—
城堡主要建筑物的局部	层状剥落回填	Motema CC，Interacryl 公司
墙顶盖帽，突出部位	隔水镶板，排水	铅板

4) 备案

修复工作等的图示、图像资料和往来信件大量保存在国家宫殿和花园管理处及黑森州建筑管理处。

5. 文物现状描述

首先是较大块的砂浆修补剂出现裂隙或空鼓，砂岩边界区域由于湿度较高和水溶盐密集而受损或风化。尤其是角落位置，例如圆柱与其他构件交接部位等，经常还有微型裂隙贯穿石材，部分方石分层中有裂隙分布。石材表面部分区域出现轻微的粉化剥落或者皮屑状剥落。受到湿度危害的围墙区域出现了绿变。

6. 监测时完成的研究工作

监测时完成的研究工作如下：

· 基础数据和现状测绘用以补充前期状况备案；
· 超声波速；

- 主动的红外热成像（检测层状剥落）；
- 水溶盐分析（X 射线衍射）；
- 毛刷检测法测定粉化；
- 剥离阻力；
- 共振回声探测棒。

1）研究结果

　　城堡主要建筑物的柱子的图示是模拟当前的措施备案，按照比例尺 1 ：5 绘制的。图 5.8.2 以 4 号柱础为例，展示测绘结果。

L16 1996年 裂隙修补
L18 1996年 灌浆粘补
F4 1996年 表层注浆
L16 2009年 浅表层裂隙
F3 2009年 皮屑状剥落
F4 2009年 层状剥落
F5 2009年 残缺
F1 2009年 砂浆粉化剥落

图 5.8.2
4 号柱础，城堡主要建筑物的墙壁
1996 年采取的措施（左）和 2009 年确定的病害（中）的图示

　　大面积的修补材料出现了显著的空洞和浅表性裂隙，由于潮气和水溶盐转移，相邻边界部位的石材受到了严重损害（图 5.8.3）。与此相反，小面积的修补大部分未出现病害现象。一些通过以前的修复已经闭合的裂隙，由于处于石材的脆弱区，重新开裂。尤其是暴露在自然气候下的石材装饰花纹（圆柱、柱头等）出现了一些微型裂隙，此外还有轻微的粉化剥落或皮屑状剥落。这些病害无法与修复时采取的处理措施（固化、嵌边）（图 5.8.4）产生直接的联系。这些浅表性裂隙是一开始的时候并未察觉，还是没有被处理，或者说是在后来才产生的，无法得到明确的证明。

图 5.8.3

城堡主要建筑物围墙内的柱子

大面积旧的修补砂浆重新出现病害
　（图片上方），相邻部位石材由于
　潮气和水溶盐转移出现了严重病害

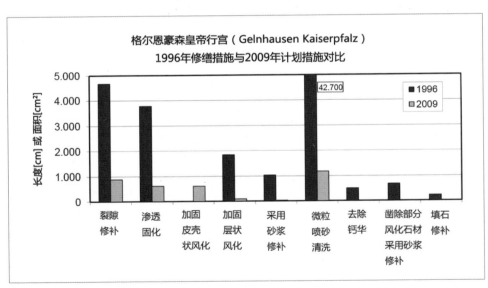

图 5.8.4

1996 年修缮措施与 2009 年由于新病害计划采取措施的对比

柱座和柱头测绘汇总

在不同情况下对石材内部以及与修补砂浆连接处进行超声波速测量，从强度和结构稳定性角度来说，多数时候结果是良好的，明显的病害区域有单块修补材料开始松动或是明显与基体分离（图5.8.5）。

主动的红外热成像的结果与通过测绘以及通过共振回声探测棒检测到的空鼓十分一致（参见2.2.8节图2.2.8.4）。

剥离阻力的测量结果证明砂岩的表面当前基本稳定，只在开始的时候，会有附着的灰尘和个别沙粒或小碎屑从表面剥落，仅需几次测量，即可得出砂岩的强度水平。然而，明显软化的表面刚开始时的强度明显较低，为了达到与未风化区域一样的强度水平，需要再进行多次测量（图5.8.6）。

对于不同的风化状况，毛刷检测法测定粉化由于位置原因，没有得到可用的结果（有大量装饰花纹的表面、保存完好的表面未出现粉化剥落）。

图5.8.5
对11号柱座的超声波速测量
不同的颜色标注表明不同的风化状况(红色:病害/软化;
绿色:保持完好)

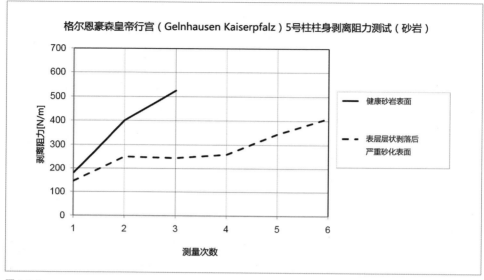

图 5.8.6
剥离阻力测量表明表面的颗粒连接处于不同的稳定状态

7. 文物现状分析

　　总体来说，城堡的主要建筑物围墙以及它那些高品质的装饰在（采取修复措施后的）大约 13 年的使用时间之后，保存状况良好。采取的修复措施具有持久性，从视觉上来看，它们是成功的。上述提及的石材本体的病害以及修补材料的缺失已经备案，需要后期采取处理措施。

参考文献

　　依据前期研究的结果（德国联邦研究与技术部，BMFT）和由石质文物保护研究所（IFS）在修复期间完成的研究（IFS，DC Olching）成果；同时参考了留存于宫殿管理处的多种文件资料。

5.9 伊格勒，伊格勒柱

米夏尔·奥哈斯 (Michael Auras)

莱茵兰 - 普法尔茨州

管辖部门 :
莱茵兰 - 普法尔茨州文化遗产管理
总部 (Generaldirektion Kulturelles
Erbe Rheinland-Pfalz)，城堡、宫
殿、老塔管理处 (Direktion Burgen,
Schlösser, Altertürmer)

图 5.9.1
伊格勒罗马墓柱及雕饰细部

1. 文物标识

地址：Trierer Str., 54298 Igel, Landkreis Trier-Saarburg

坐标：北纬 49° 32′ 32.50″，东经 6° 32′ 58.30″

1) 文物描述

由砂岩构成的罗马墓柱，高 23 m，用浮雕装饰。

2）建造历史 / 产生时间

很可能于公元 250 年左右由布料商所建，墓柱上的浮雕反映了他们的生活。

第一次采取建筑保护措施是在 1765 年，原因是由风化和金属盗贼（偷盗）导致的病害。

进一步的修复发生在 1879 年和 1907—1908 年。

1907 年完成一件人造石材浇铸 [特里尔莱茵河州立博物馆（Rheinisches Landesmuseum Trier）]。

3）石材材料

中等颗粒砂岩，部分为黏土质的颗粒连接，部分为卵石状的颗粒连接（科尔德尔砂岩）。1986 年发现小块的彩绘残留物，部分被研究过。

2. 病害特征

文物上严重的病害是进行修复的原因，尤其是严重的粉化剥落、结壳污染、重度水溶盐污染。在原先的修复中，曾用手工方式填补旧的、大块的残缺（金属盗贼所致），但从美学和做工角度来讲，效果并不令人满意。

3. 前期研究

1983—1984 年间，由巴伐利亚文物保护局（BLFD）进行鉴定和前期研究（Snethlage, Wihr）。

4. 修复

1）修复时期

1984—1986 年

2）修复者 / 公司

慕尼黑的 Bertolin 修复公司修复了墓柱；赛斯历茨（Schesslitz）的 Ibach 石材保护公司对冠饰采用了丙烯酸树脂透固法加固处理。

3) 修复措施

表 5.9.1 已完成的保护修复措施

措施	保护材料／工艺
清洗	—
固化	硅酸乙酯（OH，Wacker 公司）
裂隙注浆	环氧树脂
裂隙封闭	丙烯酸树脂分散体配制的砂浆（Paraloid B52）
石材修补	无机矿物的（Mineros，Krusemark 公司，特殊定制配方） 薄层填补时添加了丙烯酸树脂分散体
重新勾缝	火山灰石灰
憎水处理	硅烷（SN，Remmers 公司）
冠饰：丙烯酸树脂透固法加固	聚甲基丙烯酸甲酯（丙烯酸树脂透固法，Ibach 公司）

4) 备案

备案内容包括：概况测绘、所采取措施的文字描述、照片备案。

所有的资料保存在（莱茵兰 - 普法尔茨州）文化遗产管理总部、美因茨文物保护部（Abteilung Landesdenkmalpflege，Mainz），以及特里尔地产管理和建筑管理州署（Landesbetrieb Liegenschafts- und Baubetreuung，Trier）。

5) 至今为止的后期研究

1995 年由州文物局进行后期检查，由石质文物保护研究所(IFS)进行后期研究（毛细吸水能力、超声波速、水溶盐污染测定）；由 Glossner/Sieverding 修复公司对选定区域进行细节测绘。

2005 年由 Lutgen 修复公司进行后期测绘。

后期研究得出的结论是：

·憎水性明显下降；
·多次测绘的可比性问题；
·从 1995 年到 2005 年，病害明显继续发展。

5. 文物现状描述

大面积的石材修复剂侧面明显出现病害、污染，局部出现严重粉化剥落和皮屑状剥落（图 5.9.2，图 5.9.3）。

6. 进行的研究

研究内容包括：3 个参考面的现状测绘、超声波速测量、毛细吸水能力测定、剥离阻力测量。

研究的重点在于对固化、憎水处理和石材修补剂的持久性的评定。在砂岩上，主要确定了严重的粉化剥落和皮屑状剥落。这些病害是由于风化和水溶盐污染导致的，并且这些病害证明了最后一次用硅酸乙酯对整个面进行的石材固化的效果降低了。剥离阻力和超声波速的测量证明许多地方的石材表面结构明显劣化。

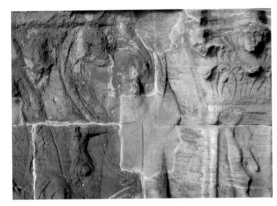

图 5.9.2
矿物石材修补砂浆的边缘砂化，石材侧面保存完好

图 5.9.3
冠饰部分，用丙烯酸树脂透固处理（丙烯酸树脂透固阻止了掏蚀，但重新形成与层理平行的裂纹，地衣和绿色藻类附生）

用 Power Strip® 法在 7 个位置进行了剥离阻力测量。为了得到随深度变化的表面强度曲线，每个位置都用胶带一次次粘贴，粘贴 3~6 次。测量结果在图 5.9.4 中呈现。包括特殊情况的红色曲线在内，在砂岩上重复进行的测量表明，剥离阻力十分迅速地上升。这说明了，前面几次测量主要是去除灰尘，以及石材结构只受到轻微损害。红色曲线是在一块严重砂化的石材表面测量的。剥离阻力上升缓慢，证明石材结构病害严重。石材修补砂浆在表面的剥离阻力低于砂岩，然后以差不多的速度上升。这些测量值与对于表面的触觉评定及视觉评定有很大的关联。是堆积物（灰尘、微生物附生）的影响，还是风化导致的结构病害的影响，这点无法得到明确区分。

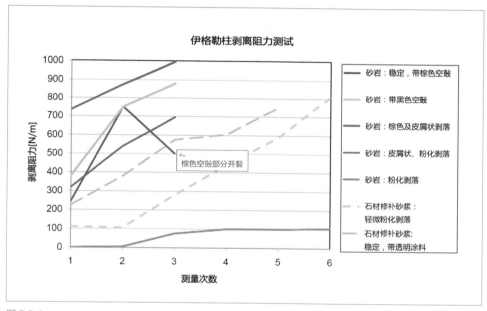

图 5.9.4
剥离阻力测量结果

图 5.9.5
南面，主要区域，小半柱，超声波速

超声波速可以在小范围内变化。它们反映了各自风化和保护措施的情况。这点能以图 5.9.5 的小半柱为例进行说明。小半柱的上方区域保存完好（已固化），中间区域小范围地用丙烯酸树脂提炼的修补剂修复过，修补剂与砂岩连接良好。下方区域风化进一步发展，小半柱在下方区域出现垂直的毛细裂隙，这些毛细裂隙导致超声波速偏低，而且导致部分位置信号传播中断。

1995 年已经可以证明憎水性降低了，从那之后，憎水性进一步降低（参见 3.1 节图 3.1.2）。

石材修补剂的效果参差不齐。在与砂岩的连接处，无机矿物石材修补剂严重粉化剥落，而相邻的砂岩表面则保存完好；显然，石材修补砂浆因其良好的吸水能力和松软的特性吸收了水溶盐，屏蔽了风化作用对文物本体的侵袭。在因金属盗贼导致的残缺处，大块的矿物基石材修补剂很可能是由两层构成，一层是坚固的底层砂浆，一层是较松软的石材修补砂浆；它们部分状况良好，部分出现了裂隙和空洞。曾经用丙烯酸树脂为黏合剂的砂浆对裂隙和小块的石材修补处进行填补；这一层丙烯酸树脂胶合物砂浆如今大部分面积出现病害、空洞，已与地基分离。用火山灰石灰砂浆填补的灰缝也出现大面积病害。

7. 文物现状分析

有必要重新进行保护修复。

参考文献及其他资料来源

Meissner, J.: Die Restaurierung der Igeler Säle. In: Denkmalpflege in Rheinland-Pfalz 1985/1986,S. 339–342.

关于前期研究、修复和后期研究的所有报告储存于莱茵兰 - 普法尔茨州文化遗产管理总部（Generaldirektion Kulturelles Erbe Rheinland-Pfalz）、美因茨文物保护部（Abteilung Landesdenkmalpflege, Mainz），以及特里尔地产管理和建筑管理州署（Landesbetrieb Liegenschafts- und Baubetreuung, Trier），大部分也同时保存于美因茨石质文物保护研究所（Institut für Steinkonservierung e.V., Mainz）。

5.10 萨勒姆，大教堂

弗里德里希·格林纳（Friedrich Grüner）

巴登 - 符腾堡州

管辖部门：
巴登 - 符腾堡州财产和建筑管理部门
（Vermögen und Bau Baden-
Württemberg）

图 5.10.1
萨勒姆大教堂北立面

1. 文物标识

地址：88682 Salem, ehemalige Salem, Regierungsbezirk Tbingen, Landkreis Bodenseekreis

坐标：北纬 47°47′，东经 9°17′

文物保护专业部门：图宾根政府总局（Regierungspräsidium Tübingen）26 号部门，州文物局 83 号部门。

1) 文物描述

萨勒姆大教堂的建筑主体融入修道院四方形的场地之中。它是哥特式盛期的巴西利卡式大教堂，其耳堂及仪仗巡行的圣坛并不突出，大约建于 1285 年到 15 世纪 20 年代。萨勒姆修道院教堂是德国西多会最重要的哥特式盛期的建筑之一。教堂中厅和耳堂前面的纪念碑式山墙在建筑艺术上意义重大。如今，它是萨勒姆天主教教区圣母升天礼拜堂。

2) 建造历史

　　第二座修道院教堂的建造大约是在 1285 年，由修道院院长赛尔芬根的乌尔里希二世（Ulrich II. von Seelfingen）开始的。大教堂的修建从东边开始，1319 年，耳堂和圣坛已经修建完毕并封顶。由于资金问题和 1348 年左右在南德爆发的瘟疫，大教堂的修建停工大半，直到 1400 年左右才重新开始。在 15 世纪 20 年代大教堂的建造工作完工之前，还由萨尔茨堡的大主教埃伯哈德三世（Eberhard III.）在 1414 年康斯坦茨宗教会议之时为其行落成礼。

3) 材料

　　修筑时使用的当地的磨拉石砂岩因其岩相学的多样性而引人注目，有黄灰色、浅绿色和浅棕色 3 种，磨拉石砂岩的多样性反映了磨拉石盆地不同的沉积关系，对于风化的稳定性产生了很大的影响（Grassegger 等，1996；Weis，1993）。在 19 世纪（1883—1894 年）一次全面的、大规模的修复中，也使用了来自瑞士罗尔沙赫（Rorschach）的磨拉石砂岩。根据已有的资料，建筑饰面一直为清水石材。

2. 病害特征

　　1997 年借助病害测绘进行的现状登记表明，萨勒姆大教堂的磨拉石砂岩产生了严重的病害。其中很高的比例是层状剥落和已经出现的残缺，残缺主要出现在罗尔沙赫砂岩上。罗尔沙赫砂岩是 20 世纪作为替代砂岩被砌入的。在山墙西面区域，由于支柱保护层和灰缝受到病害，使得湿气渗透，形成了特别严重的层状剥落。例如由粉化剥落导致的掏蚀，主要出现在直棂上，部分由中世纪黄棕色的磨拉石砂岩构成的几何形窗花格上也经常出现病害。与材料和朝向无关，在各个立面上都有大面积的石材表面粉化剥落现象。

3. 前期研究

　　1960 年起，对石材的病害进行了第一批前期研究。萨勒姆大教堂构成了 1992—1995 年德法研究项目的一个重点，对磨拉石砂岩风化原因的研究由斯图加特大学（Universität Stuttgart）的建筑研究和材料检测机构（FMPA）进行。在这个项目的框架下，修复者 E. 凯泽（E. Kaiser）将新研发的、用于层状剥落回填的材料和新研发的石材修补剂应用于试验面，来自慕尼黑的 Ettl & Schuch 实验室对此进行研究和评价。关于这些主题的总结性报告发表在德国联邦研究与技术部的研究协会和"德法项目——共同的财产，共同维护"的出版物上。

4.修复历史

1) 修复时期

　　北翼耳堂立面的修复工作包括准备工作于 1997 年至 2002 年期间展开，石材修复工作于 1998 年至 2001 年年底展开。

2) 修复者 / 公司

　　来自班贝格的 Bauer-Bornemann 公司负责大教堂立面（东立面、西立面、北立面）；来自斯图加特附近的莫格林根（Möglingen）的修复师阿尔贝特·基法勒（Albert Kieferle）负责项目监测。

3) 修复措施

表 5.10.1　已完成的保护措施

建筑部位	措施	保护材料 / 工法
北翼耳堂立面（重点）	清洗	先人工清洗鸽粪堆积物，刷去松动的污泥，再用低压微蒸汽喷射清洗
	固化，预固化	硅酸乙酯 OH，多次施工直到达到饱和
	石材修补	用石材修补砂浆修补残缺处，有必要时采用不锈钢铆钉加固
	嵌补，嵌边	硅溶胶为黏合剂的石材修补剂
	刷浆	硅溶胶为黏合剂的刷浆层
	裂隙注浆，层状剥落背面喷涂固化	硅溶胶为黏合剂砂浆，可喷射，用环氧树脂额外进行点状粘补，用玻璃纤维塑料棒缝合，用环氧树脂粘补
	天然石材更换	罗尔沙赫砂岩
	灰缝重塑	在修复工程后期，用天然水硬石灰 NHL 的石灰砂浆和火山灰石灰砂浆替代水泥砂浆
	憎水处理	未采用

4）备案

关于文物现状，前期研究和目前为止采取的修复措施的备案内容丰富，保存在位于埃斯林根的州文物局修复专业领域档案室。大量作者的总结性出版物见本节参考文献。

5. 文物现状描述

自从 1998—2002 年间最后一次采取石材修复措施以来，没有再对固化、层状剥落回填、嵌边和嵌补的状况进行研究。视觉上来看，北翼耳堂的山墙立面只出现轻微病害。在下方的、持续潮湿的底座区域，可以看到白色的盐霜。主要在未保护的、持续潮湿的区域可观察到粉化剥落。在山墙区域，在供参观的回廊的高度，可以找到一些磨拉石砂岩的碎片，它们显然是从山墙后壁剥落下来的。大量支柱和栏杆的底座出现粉化剥落。在北翼耳堂立面那面巨大的花窗上，几乎所有的灰缝边缘都出现了裂隙，在未处理的部分也是如此。由此可以推断出建筑物存在轻微位移。对窗花格的修补保存完好，只是在灰缝区域出现裂隙。在窗户下方的斜顶上，虽然已对边缘进行嵌补，层状剥落的情况依然加剧了，因此出于保障交通安全的原因，必须将其取下。

6. 进行的研究

为了客观评价石材表面及已投入的修复材料的变化，2009 年春天，斯图加特大学建筑史学院文物保护和建筑物修复专业（Institut für Architechturgeschichte der Universität Stuttgart）的学生们在州文物局奥托·韦尔贝特（Otto Wölbert）先生以及斯图加特大学材料化验室（MPA Universität Stuttgart）格拉赛格 - 舍恩博士（Dr. Grassegger-Schön）的领导下，对山墙供参观的区域（回廊上方和底座区域）进行了一次病害测绘。2009 年 11 月，州文物局修复专业的韦尔贝特先生利用脚手架进行了补充测绘。

此外，2009 年秋天，还进行了无损雷达探测，采用微波法测量含水率。这些测量在大教堂北立面和西立面的 3 个试验面进行，它们在德法研究项目中，已经被布鲁姆（Blum）、莫拉特（Morat）和弗里克（Frick）研究过。当时在大教堂北立面的测量曲线表明，地面附近的湿度高，在大约 1.4 m 的高度内，波动的测量值明显下降。在其上方找到了一块同样形状的区域。虽然没有经过大量的计算分析，但可以推测风化面积最大的区域与持续潮湿的底座上方的干湿交替区域有关。在北立面测量到的值普遍高于东立面。这个原因可能和朝向以及较高的基础湿度有关，因为北立面的墙基有时可以接触到地下水。

新的测量是按照时域反射法进行的。对在反射区域进行的无损害的时域反射测量的图示与磨拉石砂岩表面可见的变化达成了高度一致。有白色盐结晶的表面和已经剥落的石材层状剥落的边缘与确定的水溶盐污染加重区域达成了高度一致（图 5.10.2）。无法量化水溶盐污染的程度，但是低测量值与较严重的水溶盐污染有关。仪器的深度分辨率受到微波信号渗透深度的限制，只能达到距石材表面约 3~5 cm 的深度。在北立面 1 号区域栏杆边缘附近，测量到的湿度达 5.3%（质量分数，下同）。在下方砂岩底座边缘的上方，测量值迅速降低到 3.5%，并且湿度分布均匀。在北立面 2 号区域，可以确定角落区域表面的总体水溶盐污染程度较高。湿度在石材表面区域分布相对均匀（1.75%~3.5%）。

在东立面 3 号试验面的构件表面可以特别明显地看到盐霜（图 5.10.3）。阳光照射对温度波动和相对空气湿度波动的影响比总体位于阴暗处的北面强。图示良好地反映了这种光学状态。

a

b

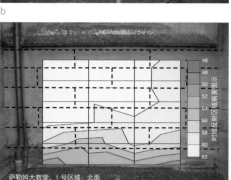

c

图 5.10.2
1 号试验面的时域反射测量，北立面底座区域
其中，图 a: 可见岩石的普通外观，灰缝轮廓突出；
图 b: 湿度分布；图 c: 水溶盐分布

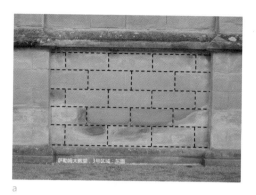

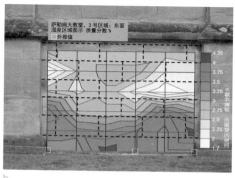

a

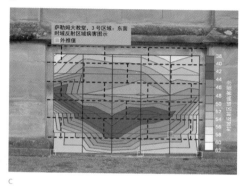

图 5.10.3
3 号试验面的时域反射测量，东立面
其中，图 a: 可见岩石的普通外观，灰缝轮廓突出；图 b:
湿度分布；图 c: 水溶盐分布

c

结合雷达测量结果对理解病害是重要的补充，因为通过雷达法获得了墙壁的结构信息或者风化状况（例如层状剥落）。在图 5.10.4 中呈现了与深度有关的雷达测量曲线分析，从该分析可以看出，在窗户下方深约 25 cm 处，有强烈的反射。这很有可能是 19 世纪替换的附件护板后壁灰缝区域增高的湿度导致的。湿度增高的原因可能是从上方渗透的雨水。

图 5.10.4
北立面 2 号试验面，雷达测量，深
度约 25 cm，从 19 世纪新的附件
护板的界面到历史墙体的反射

对山墙窗腰上方 4 根精雕细琢的柱子进行了超声波通过时间测量。这些柱子上表现出严重的掏蚀劣化和磨拉石砂岩的物质损失。1998—2002 年期间最后一次采取的石材保护措施，对这些柱子上大面积的层状剥落和长长的裂隙进行回填，并进行了小块的嵌补和嵌边。放弃对窗花格支柱进行装修，而是无例外地保留已出现的病害状况。对皮屑状剥落或者严重掏蚀的表面只进行刷浆处理。特别短的超声波信号通过时间是在窗腰上方的喷水处测得的。严重掏蚀的 1 号柱子和 4 号柱子的超声波速特别低，不到 1 km/s。这表明，虽然经过保护处理，仍然出现了严重的结构松动。表 5.10.2 显示了计算出的超声波速，图 5.10.5 展示了所研究的 4 个柱子的外观。

图 5.10.5

测量超声波通过时间的柱子的外观

由图 a 至图 d 可见山墙柱子的物质

劣化缺损（掏蚀）严重程度不同

表 5.10.2 山墙柱子的超声波速

窗腰上方 高度（cm）	1 号柱子 超声波速 （km/s）	2 号柱子 超声波速 （km/s）	3 号柱子 超声波速 （km/s）	4 号柱子 超声波速 （km/s）
5	0.87	1.25	1.48	1.04
10	0.86	—	—	—
15	0.86	1.34	1.20	0.64
20	0.82	—	—	—
25	—	1.40		
30	0.92	—	1.57	0.72
35	—	1.49		0.97
40	0.77	—	—	—
45	—	1.39		0.85
50	1.02	—	1.40	—
55	—	1.48		0.88
60	1.04	—		
65	—	1.48		

　　山墙回廊上方和北立面上总共有 5 个磨拉石砂岩基础采样点，对它们的水溶盐浓度和化学矿物成分进行研究，发现这些采样点的硫酸盐浓度剧烈波动，部分区域硫酸盐浓度特别高的采样点几乎只由石膏构成。硫酸盐浓度最高的是在北翼耳堂立面突出的底座上的一个采样点。此外，在大部分采样点都检测到磷酸盐和草酸盐的痕迹。在一个采样点也发现了亚硝酸盐的痕迹，这说明近期受到了鸽粪的污染。

　　用 X 射线衍射对采样点的材料进行矿物分析，发现砂岩主要是由石英、长石（钾长石和钠斜长石）、方解石、白云石和不同的云母（白云母，锂云母，绿鳞石，可能还有海绿石）和绿泥石矿物（斜绿泥石和鲕绿泥石）构成的组合物。常见的盐是石膏。

7. 文物现状分析

1998—2002 年通过用硅酸胶合的石材修补砂浆回填和嵌边，以保护剥落层，现在只在个别的地方发现轻微的、再次形成的病害。山墙精雕细琢的柱子表面出现了新的皮屑状剥落和粉化剥落。当时进行的嵌补，层状剥落回填，用硅酸胶体材料处理的裂隙，用环氧树脂粘补、用玻璃纤维棒缝补以及用硅酸乙酯 OH 固化的岩石，都保存良好（图 5.10.6）。

层状剥落区域和皮屑状剥落区域表面的刷浆层很大程度上也保存完好。巨大的花窗区域的裂隙处理更困难一些。由于运动（比如风压），花窗区域的灰缝在一侧再次被撕裂，与之紧邻的嵌补材料也产生了单侧的裂隙。

对于山墙最新的测绘节选只展示了几种当前最新的病害形式（图 5.10.7）。作为对比，图 5.10.8 展示了 1997 年对山墙上方进行病害测绘的结果。山墙供参观的回廊的窗腰的底座区域下方再次出现皮屑状剥落。

a

b

c

图 5.10.6

山墙的现状测绘

其中，图 a: 嵌补裂隙; 图 b: 填补裂隙, 最后刷浆, 无可见病害; 图 c: 岩石层状剥落边缘嵌补保存完好, 地衣和藓类再次定植

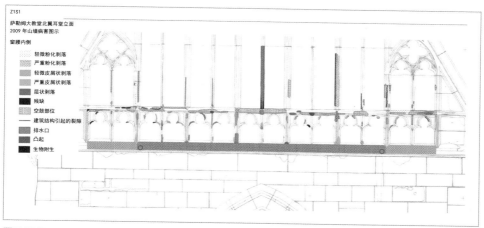

图 5.10.7
山墙最新病害测绘节选

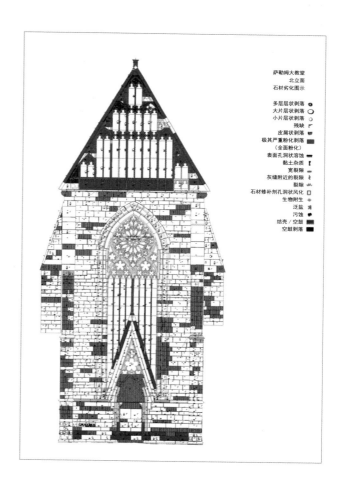

图 5.10.8
1997 年山墙病害测绘节选 (A. Kieferle)

此外，皮屑状剥落存在于中间的、上升的山墙柱子。缺乏保养导致的排水系统无法运行，是回廊出现新的病害的原因。此外，在窗腰的部分区域存在少量的小型层状剥落。

山墙一些柱子的超声波速特别低，说明磨拉石砂岩的结构严重松动，因此，建议在不久的将来对岩石结构进行结构性的固化。

对檐口下方的底座区域的现状测绘表明，在未处理区域，由于大面积的粉化剥落，致使病害进一步发展（图 5.10.9）。新的层状剥落只是非常个别地出现。底座区域下方的 3 块岩石，在 2000—2001 年修复时，由于没有可行的措施而被略过。

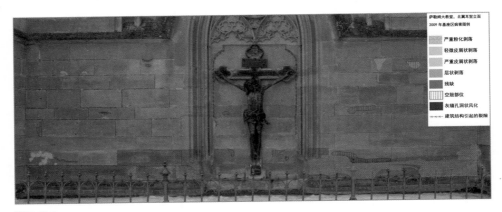

图 5.10.9
北翼耳堂立面山墙底座区域，最下方的 3 块石头未采取修复
措施，病害严重

参考文献

Bauer-Bornemann, U. (2002): Steinrestauratorische Maßnahmen an den Fassaden – Bericht über die durchgeführten Maßnahmen. S. 135–144. In: Eckstein, G. und Stiene, A. (2002): Das Salemer Münster, Befunddokumentation und Bestandssicherung an Fassaden und Dachwerk, Hrsg. Landesdenkmalamt Baden – Württemberg, Arbeitsheft 11, Konrad Theiss Verlag, Stuttgart.

Caesar, V. (2002): Die Münstersanierung eine Jahrhundertaufgabe, S. 15–26. In: Eckstein, G. und Stiene, A. (Hrsg.) (2002): Das Salemer Münster, Befunddokumentation und Bestandssicherung an Fassaden und Dachwerk, Landesdenkmalamt Baden-Württemberg, Arbeitsheft 11, Konrad Theiss Verlag, Stuttgart.

Ettl, H. (2002): Untersuchungen zu Hinterfüllung und Anbindung von Schalen mit kieselgelgebundene Mörteln, S. 87–92. In: Eckstein, G. und Stiene, A. (Hrsg.) (2002): Das Salemer Münster, Befunddokumentation und Bestandssicherung an Fassaden und Dachwerk, Landesdenkmalamt Baden-Württemberg, Arbeitsheft 11, Konrad Theiss Verlag, Stuttgart.

Grassegger, G. (2002): Die Molassesandsteine – Varietäten, Eigenschaften und Ursachen der Verwitterung, S. 47–64. In: Eckstein, G. und Stiene, A. (2002):Das Salemer Münster, Befunddokumentation und Bestandssicherung an Fassaden und Dachwerk, Hrsg. Landesdenkmalamt Baden-Württemberg, Arbeitsheft 11, Konrad Theiss Verlag, Stuttgart.

Grassegger, G., Cerepi, A., Burlot, R., Weiss, G. & Humbert, L. (1996): Varietäten und Verwitterungseigenschaften des Molasse-Sandsteins am Salemer Münster – Petrographie und Petrophysik. In: Filtz, J.-F. (Hrsg.), „Gemeinsames Erbe gemeinsam erhalten", 2. Statuskolloquium des Deutsch-Französischen Forschungsprogramms für die Erhaltung von Baudenkmälern, Bonn, 12.–13.12.1996, 215–227.

Grassegger, G., Eckstein, G., Wölbert, O., Caesar, V. und F. Meckes (2005): Das Münster in Salem. In: Siegesmund, S., Auras, M. und Snethlage, R. (Hrsg.): Stein – Zerfall und Konservierung, S. 232–239, Edition Leipzig.

Grassegger, G. (1999): Der Feuchtezyklus und die Verwitterung des Molassesandsteins am Salemer Münster: ein interdisziplinärer Ansatz zur Immission, Grundfeuchte, Feuchte- und Salzwanderung und Gesteinsschädigung im Mauerwerk. In: Pallot-Frossard, I. und Philippon, J. (Hrsg.): Baudenkmäler und Umwelt, Deutsch-Französische Forschung zur Erhaltung von Natursteinen und Glasmalerei, S. 84–111, exè productions, 75004 Paris.

Kieferle, A. und Wölbert, O. (2002): Detaillierte Bestandserfassung und Maßnahmenplanung an den Fassaden, S. 97–134. In: Eckstein, G. und Stiene, A. (2002): Das Salemer Münster, Befunddokumentation und Bestandssicherung an Fassaden und Dachwerk, Hrsg. Landesdenkmalamt Baden-Württemberg, Arbeitsheft 11, Konrad Theiss Verlag, Stuttgart.

Kieferle, A. (1996): Eingabe des gesamten Forschungsdatenbestands bis 1996 in die Datenbank „Monodoc", heute Fraunhofer IRB.

Weiss, G. (1993): Determination of Molasse Sandstone Varieties and their properties at the Minster of Salem (FRG) with special regards to geochemistry. Otto-Graf-Journal, 1993, Vol. 4, 300–326, Stuttgart, OGI Eigenverlag.

5.11 比肯费尔德，原修道院

比约恩·塞瓦尔德（Bjön Seewald）

巴伐利亚州，艾施河畔诺伊斯塔特市

管辖部门：
艾施河畔诺伊斯塔特市，建筑管理局（Bauamt）

图 5.11.1
原比肯费尔德修道院东立面

1. 文物标识

地址：Klosterplatz, 91413 Neustadt a. d. Aisch

坐标：北纬 49° 34′ 26″，东经 10° 34′ 14″

文物保护专业部门：巴伐利亚文物保护局（BLFD）

1）文物描述

原圣母玛利亚修道院教堂面向东方，是长长的一殿式建筑，屋顶有一座小塔楼。教堂从南面围合了修道院。它由圣坛和教堂中厅组成。圣坛和教堂中厅的一部分是作为普通教徒的教堂使用的。教堂中厅的西部通过一堵隔墙与普通教徒的教堂分隔开来，供修女使用。这一部分是两层式的，由一间墓穴祈祷室和修女回廊构成。教堂的三段式在建筑外观上体现得非常明显。

2) 建造历史

原比肯费尔德修道院教堂可能建立于 1275 年，作为纽伦堡城堡军事长官的修道院教堂，从属于埃布拉赫修道院。1544—1545 年，这个修道院被废除了。建筑被用作纽伦堡城堡地区军事长官的官邸，直到 19 世纪。之后不再作为官邸，只具有工商业和农业的用途。修女圣坛下方的墓穴祈祷室被当作牛圈和羊圈。

3) 材料

来自附近地区的史符砂岩和气泡砂岩。

2. 病害特征

最初，以下的病害类型是采取修复和保护措施的原因。这些病害只出现在史符砂岩上。

南立面：支柱上和南立面上方部分存在层状剥落、层状剥落之后的皮屑状剥落和碎片分解三类病害。病害形成的原因：屋顶缺少连接（导致渗漏），支柱缺少墩头，史符砂岩材料本身的缺点；在南立面接近地面区域，存在严重的粉化剥落、泛盐、皮屑状剥落与多个位置的薄层状剥落。病害形成的原因：水溶盐从位于曾经的墓穴祈祷室里的牛羊圈里转移出来。

而在西翼山墙，存在层状剥落、层状剥落之后的皮屑状剥落、角落和边缘的霜冻病害及边沿钝化变圆、粉化剥落、原砂浆修补处开裂、灰缝风化和开裂六类病害。

3. 前期研究

H. 韦伯（H. Werber）（1988 年，1989 年）：关于原比肯费尔德修道院的研究报告。

Bayplan 公司：受慕尼黑所有者委托的 2039 号和 2136 号报告，未出版。
前期研究测定了以下内容：

- 氯化物、硫酸盐、硝酸盐含量；
- 按照烘干法测定水含量（重量比）；
- 最大的吸水能力；
- 吸湿吸潮能力（大约 20 ℃ /85% 相对湿度）；

- 总体透湿率；
- 相对含水率；
- 酸溶性成分；
- 水溶性成分；
- 时间对吸水能力的影响（10 s 后，60 s 后，24 h 后）；
- 根据 DIN 52617 测定毛细吸水系数；
- 保护前和保护后天然石材的孔隙率；
- 孔隙填充率。

用不同的化合物进行固化试验和憎水试验：用无憎水添加物的硅酸乙酯化合物进行固化，用高烃基化的硅烷树脂溶液、硅氧烷树脂溶液、硅酮树脂溶液以及含憎水添加物的硅酸乙酯混合物进行憎水处理。测定固化前和固化后的附着强度。通过 X 射线衍射测定矿物质组成。

4. 修复历史

1) 修复时期

1989 年对南立面 3m 以上部分进行修复；1994 年对南立面 3m 以下部分进行修复；1991 年对西翼山墙进行修复。

2) 修复者 / 公司

1989 年：来自下弗兰肯行政区的柯尼斯堡（Königsberg）的修复师佩德罗·席勒（Pedro Schiller），受 Ulrich Bauer-Bornemann 公司的委托。

1991 年：来自上沙因费尔德的修复师艾根·法西乌斯-凯泽（Egon Facius-Kaiser）。

1994 年：来自上沙因费尔德的修复师艾根·法西乌斯 - 凯泽。

3) 修复措施

表 5.11.1 已完成的保护修复措施

修复工程部位	措施	保护剂／工法
南立面 3 m 以上部分	层状剥落回填	Ledan TB 1
	层状剥落处嵌边	Mineros
	层状剥落处加固	聚氨酯铆钉
	石材修补	Wacker OH
	重新嵌缝	石灰水泥砂浆 MG II
南立面 3 m 以下部分	层状剥落处嵌边	砂浆 Syton X 30
	修补	砂浆 Syton X 30
	皮屑状剥落处加固	Syton X 30 和 Wacker OH
西翼山墙	层状剥落处回填	注入砂浆 Syton X 30
	层状剥落处嵌边	修补砂浆 Syton X 30
	层状剥落处加固	刷浆 Syton X 30
	石材固化	Funcosil OH
	憎水	Wacker 290 S

4) 备案

关于文物现状、前期研究和目前为止采取的修复措施的备案是详细的。备案内容包括前期状况和 1989—1994 年间采取的措施的描述及照片（Snethlage 等，1995）。

5. 文物现状描述

南立面 3 m 以下部分：史符砂岩大部分出现病害，主要的病害形式有粉化剥落、皮屑状剥落、层状剥落。灰缝和石材修补砂浆部分区域出现病害（开裂、材料缺失）。

南立面 3 m 以上部分／支柱：没有检测到新的病害，嵌边和灰缝的保存状况非常好，聚氨酯铆钉具有足够的侧面支撑。

西翼山墙：可以看见严重的病害，石材修补剂的多个位置出现缺失的情况，表层呈薄片状脱落，灰缝大部分出现病害。

6. 进行的研究

研究内容如下：

- 水溶盐分析（X 射线衍射和 IC）；
- 声响试验；
- 通过拉力负荷检查聚氨酯销钉；
- 测量耐磨强度；
- 卡斯特瓶法测憎水性；
- 实况测绘、现状测绘和措施分析；
- 热成像仪。

7. 结果和文物现状分析

1) 憎水处理

在西翼山墙进行的憎水测试表明,这个建筑构件急需采取修复措施——其毛细吸水系数与未处理的岩石相近 (图 5.11.2)。从薄薄的、经过憎水处理的石材表层的剥落可以推断出憎水剂渗透不足。

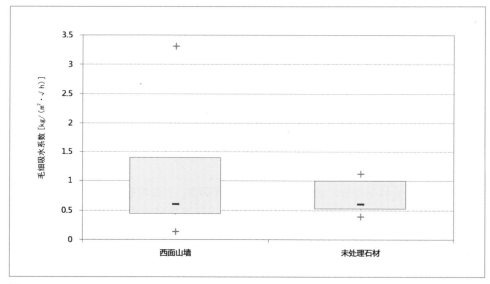

图 5.11.2

经过憎水处理的西翼山墙与未处理石材的 ω 值对比

2) 水溶盐污染

南立面底座区域墓穴祈祷室的窗户区域的病害同样严重。与西翼山墙不同，病害的原因与风化关系不大，而是主要由于墓穴祈祷室一直到 20 世纪 70 年代都作为牛羊圈使用，这导致墙壁的水溶盐污染非常严重。对水溶盐的分析表明，主要污染物是硝酸盐（硝酸钠）、硫酸盐（石膏）和氯化物（氯化钠和氯化铵）（图 5.11.3）。无法确定水溶盐污染是否与以 Syton X 30 作为黏合剂的修补材料之间存在直接联系。引人注意的是，病害特别严重的区域，氯化物污染程度超过平均水平。这证实了人们的怀疑，即氯化钠和氯化铵可能是病害的主要原因。随着空气湿度变化，这些水溶盐也有明显的变化。

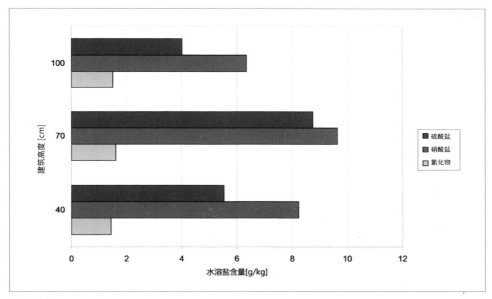

图 5.11.3
南立面的水溶盐曲线（墓穴祈祷室 6 扇窗户的测量平均值）

3) 支柱墩头

与前面的情况相反，南立面上方部分的检查结果令人满意，尤其是支柱墩头部位（图 5.11.4a）。所有在那里实施的措施在今天都表现出非常好的保存状况：检查的所有聚氨酯铆钉都还具有足够的侧面支撑，还牢固钉着（图 5.11.4b）。嵌边处和重新灌浆处未出现新的病害。这点特别令人高兴，因为由于史符砂岩具有显著的冷热、干湿变形特性，本来预计是一定会出现病害的。

a

b

图 5.11.4
支柱墩头（图 a），以及保存状况非常好的嵌边处和聚氨
酯铆钉（图 b）

4）热成像法

若人们将病害测绘图与热成像图进行对比，会发现两者高度一致，尤其是在层状剥落的位置（图 5.11.5，图 5.11.6）。

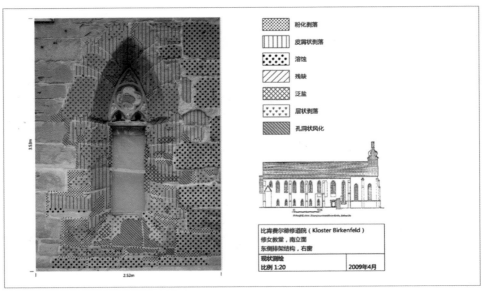

图 5.11.5
原比肯费尔德修道院，修女教堂，南立面东侧排架结构，右窗，病害测绘

图 5.11.6
原比肯费尔德修道院，修女教堂，南立面东侧排架结构，
2010 年 3 月 4 日的热成像图

参考文献

Snethlage, R., M. Auras, H. Leisen (1995): Kloster Birkenfeld, in: R. Snethlage (Hrsg.): Denkmal-pflege und Naturwissenschaft – Natursteinkonservierung I, Verlag Ernst & Sohn, Berlin, S. 277–339.

附录 I 德中专业术语对照表

µ-Wert, m., -e	蒸汽渗透阻	Anstieg, m., -e	上升
Abdeckung, f., -en	保护层	Anstrichsystem, n., e	涂料系统
Abguss, m., ¨ e	浇铸	Antragung, f., -en	修补（石材）
Ablesung, f., -en	读数	Anwendungsbeispiel, n., -e	应用范例
Abplatzung, f., -en	剥落	Apside, f., -n	教堂半圆形（或
Abrieb, m., -e	磨损		多角形）后殿
Absanden, n.	粉化剥落	apsidenförmig	半圆形后殿式
Absandung, f., -en	粉化剥落	Apsis, f., ...den	教堂半圆形后殿
Abschlusslackierung, f., -en	罩面	Architrav, m., -e	额枋
Abschuppen, n.	皮屑状剥落	Archiv, n., -e	档案
Abstimmung, f., -en	调整	Archivunterlage, f., -n	档案文件
Abstrichprobe, f, -n	涂片测试	arenitische Arkose	岩屑质长石砂岩
Abtragung, f., -en	侵蚀	arithm. Mittel	算术平均值
Abzugskraft, f., -e	拉力	Arkade, f., -n	拱门
Acrylatdispersion, f., -en	丙烯酸树脂分散体	Arkose, f., unz.	长石砂岩
Acrylate, n.	丙烯酸酯	armieren	加固
Acrylharz, n.	丙烯酸树脂	atmosphärische Aerosole	大气气溶胶
Acrylharzdispersion, f., -en	丙烯酸树脂分散体	Atomabsorptionsanalyse, f.	原子吸收分析
Acrylharzvolltränkung, f., -en	AVT，丙烯酸	Atomemissionsanalyse, f.	原子发射分析
	树脂透固法	ATP-Bestimmung, f., -en	三磷酸腺苷测定
Acrylharzzusatz, m., ¨ e	丙烯酸树脂添加剂	Aufarbeitung, f., -en	审核
Adneter Rotmarmor	阿德内特红色大理岩	Aufbeulung, f., -en	隆起
Aktenstudium, n., ...dien	档案研究	Aufgabenstellung, f., -en	项目清单
Alge, f., -n	藻类	Auflagerring, f., -en	环形支架
Algenentferner, m., -	除藻剂	Auflagerung, f., -en	堆积物
Algenkartierung, f., -en	藻类测绘	Auflagerwerkstück, n., -e	支架工件
Alkali, n., -en	强碱	Auflichtmikroskopie, f.	反射光显微分析
Altbehandlung, f., -en	已有处理	Auflockerung, f., -en	松动
Alterbestimmung, f., -en	确定年代	Auflösung, f., -en	溶液，分辨率
Ammonitico Rosso	红色菊石瘤状灰岩	Aufnahmegeschwindigkeit, f., -en	吸收速度
Ammonium, n., unz.	铵	Aufplatzung, f., -en	开裂
Ammoniumverbindung, f., -en	铵化合物	Aufrauhung, f., -en	粗糙化
Amphibol, m., -e	闪石	Aufwand, m., unz.	开支
Amplitude, f., -n	振幅	Aufwölbung, f., -en	凸起
Anamnese, f., -n	病史	Augenschein, m., -e	目视勘察
Anbindung, f., -en	黏结，连接	Ausbruch, m., ¨ e	残缺
Anböschung, f., -en	嵌边	Ausfällung, f., -en	析出
Andesit, m., unz.	安山岩	Ausgabemaßstab, m.	比例尺
Andruck, m., unz.	贯入压力	Ausgangsgestein, n., -e	母岩
Andruckgewicht, n., -e	产生贯入压力的重力	Ausgangszustand, m., -e	原始状况
Andruckkraft, f., ¨ e	贯入压力	Ausgleichskurve, f., -n	对比曲线
Andrucklast, f., -en	接触压力	Auslucht, f., -en	圆肚窗
Angemessenheit, f., -en	合适性	Ausnahmefall, m., -e	特例情况
Angriff, m., -e	侵蚀	Aussage, f., -n	信息
Anhaftung, f., -en	吸附力	Außeninstandsetzung, f., -en	外墙翻新
Anion, f., -en	阴离子	Auswertealgorithmus, m., ...men	算法
Anisotropie, f., unz.	各向异性	Auswertung, f., -en	分析计算
Ankopplung, f., -en	耦合	Auswertungsergebnis, n., -se	分析计算结果
anlösen	部分溶解	Authentizität, f., -en	原真性
Anmodellierung, f., -en	建模	Balustrade, f., -n	（有小柱的）栏杆
Anpressdruck, m., -e	钻入力	Basalt, m., -e	玄武岩
Anschliff, m., -e	切片	Basaltlava, f., ...ven	玄武岩熔岩

Basaltmagma, m., ...men	玄武岩岩浆
Basilika, f., ...ken	大教堂，长方形教堂（巴西利卡式）
Baständigkeit, f., -en	耐久性
Bauabschnitt, m., -e	建筑部位
Baukörper, m., -	建筑物
Baumberger Sandstein	包姆贝格砂岩
Bauteil, m., -e	建筑部位
Bauunterhaltung, f., -en	建筑物保养费用
Bauwerkshöhe, f., -n	建筑高度
Bauwerküberwachung, f.,-en	建筑物监测
Bauzier	装饰
Beanstandung, f., -en	缺陷
Befall, m., -e	侵害
Behandlungsalter, n., -	处理年龄（处理后的时间）
Bekrönung, f., -en	冠饰
Belastungsring, m., -e	荷载环
Belüftung, f., -en	通风
Benetzbarkeit, f., -en	湿润性
Bentonit-Kompressen	膨润土压缩
Benzin, n.	汽油
Beprobungspunkt, m., -e	采样点
Bergfried, m.,-e	城堡主塔，城堡主楼
Bernburger Sandstein	贝尔恩布尔格砂岩
Besatz, m., -e	镶边
Beschichtung, f., -en	涂层
Besichtigung, f., -en	现场勘查
Bespannung, f., -en	帷幔
Bestand, m., -e	现状
Beständigkeit, f., -en	耐久性
Bestandsaufnahme, f., -n	现状纪录
Bestandskartierung, f., -en	实况测绘
Beton, m., -e	混凝土
Bewehrungsstahl, m., nur Sg.	加固钢筋
Bewehrungssuchgerät, n., -e	加固材料（钢筋）探测器
Bewertung, f., -en	（分级）评估
Bewertungsschema, n., -s	评估表
Bezugslinie, f., -n	基准线
Biegezugfestigkeit, f., -en	抗折强度
Bildhauer, m., -	雕刻家
Bildhauerwerk, n., -e	雕塑
Bildmaterial, n., ien	图像资料
Bindemittel, n., -	黏合剂
Biofilme, pl.	生物薄膜
biogener Bewuchs	生物附生
Biomassebestimmung, f., -en	生物量检测
Biotit, m., -e	黑云母
Biozid, n., -e	生物杀灭剂
BKS=Baumberger Kalksandstein	包姆贝格石灰砂岩
Blasensandstein, m.	气泡砂岩
Blendarkade, f, -n	壁柱
Blickrichtung, f., -en	视角
Bogen, m., ¨	拱门
Bohrachse, f., -	钻轴
Bohrereindringtiefe, f., -n	钻头的钻入深度
Bohrergeometrie, f.	钻头形状
Bohrhärte, f., -n	贯入硬度
Bohrkern, m., -e	岩芯
Bohrkraft-Mess-System	钻入力测量系统
Bohrmehl, n., -e	钻屑
Bohrmehlmenge, f., -n	钻屑量
Bohrtiefe, f., -n	钻入深度，取样深度
Bohrung, f., -en	钻孔
Bohrwiderstand, m., ¨e	钻入阻力
Bohrwiderstandsprofil, n., -e	钻入阻力曲线
Bossenquader, m., -n	毛面方石
Box-Whisker-Diagramm, n., -e	箱形图
Brachiopoden	腕足动物
Bruchfrisch	新鲜的，新开采的
Bruchkraft, f., -en	折断力
Bruchstück, n., -e	碎片
Brüstung, f., -en	窗腰
Brüstungsinnenseite, f., -n	窗腰内侧
Buckelquadermauerwerk, n., -e	凸起的方石围墙
Buntsandstein, m., -e	红砂岩
Burggraf, m., -en	城堡军事长官
B-Wert	B 值（渗水系数）
Calcitkristall, m., -e	方解石晶体
Calcium, n., unz.	钙
Calciumsulfat, n., -e	硫酸钙
Carbonat, n., -e	碳酸盐
Carbonatisierungstest, m., -e	碳酸盐化测试
Carbonatsande	碳酸盐砂
Carrara Marmor	卡拉拉大理岩
Celadonit	绿鳞石
Chamosit	鲕绿泥石
chemischmineralogische Zusammensetzung	化学矿物成分
Chloride, pl.	氯盐
Chlorit, m., -e	绿泥岩
Chloritmineral	绿泥石矿物
Chor, m., ¨e	圣坛
Chorfassade, f., -n	圣坛立面
Chorherr, m., -en	主教区修道院修士
Chorherrenstift, m., -e	主教区修道院
CIE-Lab-Farbraum, m.	CIE-Lab 色度空间
Cottaer Sandstein	科塔砂岩
Cyclododecan, m.	环十二烷
Dachreiter, m., -	屋脊小塔楼
Dachschiefer, m.	板岩瓦
Dachtraufe, f., -n	屋檐
Dacit, m., -e	英安岩
Dampfstrahlgerät, n., -e	蒸汽喷射设备
Darrmethode, f., -n	烘干法
Darstellung, f., -en	图示描述
Dateneingabe, f., -n	数据录入
Dauerhaftigkeit, f., -en	持久性
DBU(Deutsche Bundesstiftung Umwelt)	德国联邦环境基金会
defekte Fuge	填缝缺陷
Dehnung, f., -en	应变
Dehnwelle, f., -n	膨胀波
Dekorationsgestein, n., -e	装饰石材
Delamination, f., -en	空鼓，劣化，薄弱部位
Denkmalpflege, f., -n	文物保护
Denkmalschutz, m.	文物保护
Denkmalgestein, n.	文物用石材
DGzfP	德国无损检测协会

Diamantbohrer, m., -	金刚石钻头	Erdmantel, m.	地幔
Dichtigkeit, f., -en	密封性	Erfahrungswert, m., -e	经验值
Dicke, f., -n	厚度	Ergussgestein, n., -e	喷出岩
die Königlich – Sächsische Kommission zur Erhaltung von Steindenkmälern	萨克森皇家石质文物保护委员会	Erhaltungsmaßnahme, f., -en	保护措施
Die Königlich Preußischen Museen	普鲁士柏林皇家博物馆	Erstarrungsgestein, n., -e	凝固岩
die präventive Konservierung	预防性保护	Eruptivgestein, n., -e	火成岩
DIN	德国工业标准	ESEM=Environmental Scanning Electron Microscope	环境扫描电子显微镜
DIN EN	欧洲工业标准（以德国工业标准为基础）	Ethylacetat, n.	乙酸乙酯
DIN EN ISO	欧洲国际工业标准	Europäischer Normenausschuss	欧洲标准化委员会
Diorit, m., -e	闪长岩	exponieren	暴露的自然环境
Dioritmagma, m., ...men	闪长岩岩浆	Exposition, f., -en	微环境；朝向
Dislozierung, f., -en	错位	Expositionsbedingung, f., -en	微环境边界条件
Dokumentation, f., -en	文档，存档	expoxidharzgebunden	环氧树脂胶合的
Dolomit, m., -e	白云石	Fallbeispiel, n., -e	案例研究
doppeltürmig	双塔	Farbanstrich, n., -e	彩色涂层
Drehzahl, f., -en	钻头转速	Farbbeschichtung, f., -en	颜料涂层
Dreistafelgiebel, n.,-	三阶式三角形楣饰	Farbcode, m.	颜色代码
Drillbohren, n.	螺旋钻孔	Farbfassung f., -en	彩绘颜色
Dübel, f., -n	销钉，铆钉	Farbkeil, m.	色卡
Dünnschliff, m., -e	切片	Farblasur f., -en	彩色透明层
Dünnschliffmikroskopie, f.	切片显微技术	Farbmittel, n., -	有色材料
Dünnschliffpräparat, n., -e	透明薄片	Farbretusche, f., -n	色彩润饰
Durabo-Gerät	Durabo 机器（一种测定钻进阻力强度的仪器）	Farbwert, m., -e	色值
		Farbwertmessung, f., -en	色值检测
Durchbiegung, f., -en	挠度	Fassade, f., -n	建筑立面
Durchfeuchtungsgrad insgesamt	总相对含水率	Fassungsbestand, m., ⸗ e	彩绘层残余现状
Durchfeuchtungshof, m., -e	渗湿圈	Fast Fourier Transformation	快速傅里叶变换
Durchfeuchtungskörper, m., -	渗湿体积	Federwaage, f., -n	弹簧秤
Durchmesser, m., -	直径	Fehlstelle, f., -n	残缺
Eckdaten, pl.	主要参数	Feinstaub, m.	颗粒物
Edelstahl, m., -	不锈钢	Feldspat, m., -e	长石
EDX=Energiedispersive Röntgenfluoreszenzanalyse	能谱仪分析，即能量分散的 X 射线荧光分析	Festigkeit, f., -en	强度
		Festigkeitseigenschaft, f., -en	强度特性
Effloreszenz, f., -en	泛碱	Festigkeitsprofil, n., -e	强度曲线
Einbettungsharz, n., -e	切透明薄片时石材固定到载物片的胶	Festigung, f., -en	固化
		Feuchtebelastung, f., -en	湿度危害
Eindringgeschwindigkeit, f., -en	钻入速度	Feuchtedehnung, f., -en	受潮膨胀
Eindringtiefe, f., -n	渗透深度	Feuchtefleck, m., -e	湿痕
Einfärben, n.	染色	Feuchtegehalt, m., -e	湿度，含水量
einfassen	固住	feuchtetechnische Eigenschaften	湿度特征
Einsprengling, m., -e	斑晶	Filmbildung, f., -en	起皮
Einzelmessstrecke, f., -n	单个检测距离	Flächeneinheit, f., -en	面积单位
Einzelrautiefe, f., -n	单段粗糙深度	Flankenabriss, m., -e	填缝开裂
Eisenklammer, f., -n	铁夹	flankierende Maßnahmen	加强性措施
Eiskristall, m., -e	冰晶	Flechte, f., -n	地衣
Eklogit, m., -e	榴辉岩	Fluat, n., -e	氟硅酸盐
Elastizitätsmodul, n., -e	弹性模量	Fluoreszenzmikroskopie, f.	荧光显微
Elbsandstein	易北河砂岩	Flüssigkeitsaufnahmekapazität, f., -en	液体吸收量，液体吸收率
elektroakustischer Wandler	电声换能器		
Elmkalk, m., -e	艾尔姆石灰岩	Flüssigkeitsausbreitung, f., -en	液体扩散
Emissivität, f., -en	辐射率，辐射系数	Flüssigkeitsmenge, f., -n	液体量
Empore, f., -n	回廊	Flüssigkeitsvolumen, n., -	液体体积
Endoskopie, f.	内窥镜检测法	Fluten, n.	淋涂法
Endpunkt, m., -e	端点	Folgeuntersuchung, f., -en	后续研究
Ensemble, n., -s	建筑群	Foraminifere, f., -n	有孔虫类
Entfestigung, f., -en	松动，表层强度渐变弱化	Formel, f., -n	计算公式
		Fotodokumentation, f., -en	照片记录
Epoxidharz, n., -e	环氧树脂	Fotopapier, n., -e	照相纸

Fragestellung, f., -en	研究方向
Freibewitterung, f., -en	自然老化
Frequenz, f., -en	频率
Fries, n., -e	带状雕刻
Frost-Tauwechsel, m., -	冻融循环
Früherkennung, f., -en	早期诊断
Frühstadium, n.	苗头
Fuge mit Mörtel	灰缝饱满
Fuge ohne Mörtel	灰缝脱落
Fuge, f.	灰缝
Fugenaufweitung, f., -en	扩张缝
Fugendeckmörtel, m., -	灰缝灌浆
Fugennahe Risse	灰缝附近的裂隙
Fugensanierung, f., -en	灰缝重修
Füllung, f., -en	填充
Fundament, n., -e	墙基
Gabbro, m., unz.	辉长岩
Gabbromagma, m., ...men	辉长岩岩浆
Gefahrenpunkt, m., -e	危险点
Gegenmaßnahme, f., -n	应对措施
Gehalt, m., -e	含量
Genauigkeit, f., -en	精确度
Genzfläche, f., -n	接触面
Gesamtmessstrecke, f., -n	检测总距离
Gesamtsalzgehalt, m., -e	水溶盐总量
Geschiebe, f., -n	漂砾
Gesims, n., -e	飞檐，屋檐
Gestein, n., -e	石材
Gesteinprobe, f., -n	岩石取样
Gesteinsbruchstück, n., -e	岩屑
Gesteinsmatrix, f., ...matrizen	岩石母体
Gesteinsscheibe, f., -n	岩石切片
Gewände, f., -n	门框
Gewicht, n., -e	重力
Giebel, m., -	山墙
Gips, m., -e	石膏
Gipsbelastung, f., -en	石膏污染
Gipsgehalt, n., -e	石膏含量
Gipsmarke, f., -n	石膏饼
Glasfaser, f., -n	玻璃纤维
Glaukonit	海绿石
Gliederungsschema, n., -s	分类表
Glimmer, m.	云母
Gneis m., -e	片麻岩
Golgatha, n., unz.	各各他
Grabanlage, f., -n	坟墓建筑
Grabdenkmal, n., ¨er	墓碑
Grabplastik, f., -en	殡葬雕塑
Grabplatte, f., -n	墓碑
Granit, m., -e	花岗岩
Granitmagma, m., ...men	花岗岩岩浆
Granodiorit, m., -e	花岗闪长岩
Granodioritmagma, m., ...men	花岗闪长岩岩浆
Granulit, m., -e	麻粒岩
Grauskala, f., ...len	灰度卡
Grauwacke, f., -n	杂砂岩
Grauwertmessung, f., -en	灰度值测量
Grobpore, f., -n	粗孔
Große Schalen, pl.	大片层状剥落
Grundmasse, f.	基质
Grundriss m., -e	平面图
Grünsandstein, m., -e	绿砂岩
Grünschiefer, m.	绿片岩
Gummiband, n., ¨er	橡皮带
Haarriss, m., -e	细裂隙
Haftfähigkeit, f., -en	胶黏性
Haftzugfestigkeit, f., -en	附着强度
Halogenheizstrahler, m., -	卤素灯加热器
Haltefeder, f.	止动弹簧
Haltevorrichtung, f., -en	固定装置
Handhabung, f., -en	操作
Hartmetallbohrer, m., -	硬质合金钻头
Häufigkeit, f., -en	频率
Häufigkeitsverteilung, f., -en	频率分布
Heißdampf, m., -e	蒸汽
Heizquelle, f., -n	热源
Helligkeit, f., -en	亮度
HG-Porosimetrie, f.	HG 孔隙度测定方法
Hinterfüllung, f., -en	回填
Hinterspritzen	回喷
hochgotisch	哥特式盛期的
Hohl liegend	孔洞状风化
Hohl liegende Fuge	灰缝孔洞状风化
Hohlliegende Altantragungen	石材修补剂孔洞状风化
Hohlraum, m., ¨e	空腔
Hohlstelle, f., -n	空洞，空鼓部位
Hornblenden, pl.	角闪石
Hüllprofil, n., -e	包络轮廓
Hydraulisch	水硬性
Hydrogencarbonat, n., -e	碳酸氢盐
Hydrophobierung, f., -en	憎水
hygr. Dilatation	湿膨胀系数
hygrische Längedehnung	湿膨胀
hygrisches Quellen	湿膨胀
Hygroskop. Durchfeuchtungsgrad	吸湿导致的相对含水率
Idealkurve, f., -n	理想曲线
Imprägnierung, f.	浸渍
Impulslaufzeitverfahren, n., -	脉冲传输法
in situ	现场，原位
Inaugenscheinnahme, f., -n	目视勘查
Infrarotstrahlung, f., -en	红外辐射
Infrarot-Thermographie, f., -	红外热成像仪
Inhomogenität, f., -en	不均匀性
Innendurchmesser, m., -	内径
Inschrift, f., -en	铭文
Inschriftentafel, f., -n	铭文牌匾
Inspektion, f., -en	检查
Instandsetzung, f., -en	修复
Intensität, f., -en	严重程度
Intervention, f., -en	干预措施
Ionenchromatographie, f.	离子色谱
Ionengehalt, m., -e	离子含量
IR-Heizstrahler, m., -	红外热源
IR-Kamera, f., -s	红外相机
IR-Thermographie, f., -n	红外热成像
ISCS	国际石质文物科学委员会

Isopropanol, n., -e	异丙醇	Kontaktgel, n., -e	接触凝胶
Isothiazolinon, n., -e	异噻唑啉酮	Konzentration, f., -en	浓度
Ist-Kurve, f., -n	实际曲线	Koordinatensystem, n., -e	坐标系
Jagdschloss, n., ̈ er	狩猎行宫	Koppelmittel, n., -	耦合剂
Joch, n., -e	排架结构	Koralle, f., -n	珊瑚
Kalifeldspat, m., -e	钾长石	Kordeler Sandstein	科尔德尔砂岩
Kalium, n., unz.	钾	Kornbindung, f., -en	成粒
Kalkmörtel, m., -	石灰砂浆	Korngestütztes Gefüge	晶粒支撑结构
Kalkpuder, m., -	石灰粉	Korngröße, f., -n	晶粒度
Kalksand, m.	石灰岩砂	Kornlage, f., -n	晶粒层数
Kalksandstein, m., -e	钙质砂岩	Korrelationskoeffizient, m., -en	校正系数
Kalkschlamm, m., -e	石灰泥，石灰浆	Kraftmessdose, f., -n	称重传感器
Kalksinter, m.	钙华	Kreuzgang, m., ̈ e	拱券通廊
Kalkstein Treuchtlingen /	特罗伊希林根石灰岩	Kreuzgangarkade, f., -n	拱券回廊拱门
Treuchtlinger Kalkstein		Kreuzigungsgruppe	耶稣受难塑像群
Kalkstein, m., -e	石灰岩	Kreuzweg, m., -e	苦路，耶稣受难之路
Kalzit, n.	方解石	Kristallisation, f., -en	结晶
Kämpfer, m., -	拱座石，拱墩	Krustenbildung, f., -en	结壳，空鼓
Kantenrundung, f., -en	边沿钝化变圆	Krustenreduzierung, f., -en	空鼓修复
Kaolin, n./m., -e	高岭土	KSE=Kieselsäureester	硅酸乙酯
Kapillargesetzmäßigkeit, f., -en	毛细规律	KSE-Festigung, f.	硅酸乙酯固化
Kapillarkondensation, f., -en	毛细冷凝作用	KSE-Tränkung, f.	硅酸乙酯浸渍
Kapillarporenwandung, f., -en	毛细孔壁	Kugelkopf, m., ̈ e	球节
Kapitell, n., -e	柱头	Kunstharz, n., -e	合成树脂
Karosseriedichtstoff, m., -e	车身密封胶	Kunstharzzusatz, m., ̈ e	合成树脂添加剂
KARSTEN´sches Prüfröhrchen	卡斯特瓶	Kunststein, m.	人造石材
Kartiergenauigkeit, f., -en	测绘精确度	Kupferarmierung, f., -en	铜加筋
Kartierung, f., -en	测绘（结果），（分类）图示	Kurvenschar, f.	曲线簇
Kation, f., -en	阳离子	Laaser Marmor	拉斯大理岩
Kaverne f., -n	空洞	Laborklemme, f., -n	实验夹
kavernös	空洞性的	Laborständer, m., -	实验架
Kenngröße, f., -n	特征值	Lackfilm, m., -e	漆膜
kieselig	多卵石的	Ladezustand, m., -e	充电状态
Kieselsäure, f.	硅酸	lagerförmige Rückwitterungen	掏蚀
kieselsäurearm	硅酸少	Lagune, f., -n	潟湖
kieselsäurereich	硅酸多	Laie, f., -n	普通教徒
kieselsolgebunden	硅酸胶体	Langhaus, n., ̈ er	教堂中厅
Kitt, m., -e	黏合剂	Langzeitbeobachtung, f., -en	长期观测
Kittmasse, f., -n	黏合剂	Langzeitmonitoring, n.	长期监测
Kittwulst, m., -e	黏合剂细圈	Laser, m., -	激光
Klebebandtest, m., -e/-s	胶带测试法	Lasur, f., -en	半透明涂料
Klebeband-Verfahren, n.	胶带测试法	Latex, m., …tizes	胶乳
Klebefläche, f., -n	黏合面	Laufzeit, f., -en	通过时间
Klebestreifen, m.	胶带	Laufzeitnormal, n., -e	标准通过时间
Klebkraft, f., -e	黏力	Leckage, f., -n	侧漏
Klebung f., -en	胶黏	Legende, f., -n	图例，病害图例
Klimafeuchtemessung f. -en	空气湿度测量	Legendenvorlage, f., -n	图标符号
Klinochlor	斜绿泥石	leichtes Absanden	轻微粉化
Klostergeviert n., -e	四方形的场地	Lepidolit	锂云母
Knollenmarmor	块状大理岩	Lettenkohlen-Keupersandstein	莱顿科勒 - 科尔帕砂岩
Kölner Dom	科隆大教堂	Lettner, m., -	隔墙
Kompatibilität, f., -en	兼容性	Lichtdurchlässigkeit, f., -en	透光性
Konche, f., -n	覆盆式建筑，壁龛	Lichtmikroskopie, f.	透光显微镜检查
Kondensationsphänomen, n., -e	冷凝现象	Limonit, m., -e	褐铁矿
Konservierung f., -en	保存，保护	Lock-In Anregung	相位激发器，卤素灯加热器
Konservierungsmittel, n., -	防腐剂，保护剂，保护材料	Lokalisierung, f., -en	定位
		Longitudinalwelle, f., -n	纵波
Konservierungsmittelaufnahme f., -n	保护剂吸入能力	Lösemittel, n., -	溶剂

Lösung, f., -en	溶液	Mikrofeinstrahlgerät, n., -e	微细喷砂机
Luftwechsel, m., -	通风	Mikroflora, f., ...ren	微生物群
Luminanz, f.	亮度	Mikromeißel, m., -	微型凿子
Luminometer, m., -e	照度计	Mikropore, f., -n	微孔隙
Magma, n., ...men	岩浆	Mikrostrahl, f., -en	微粒喷砂法
Magmatische Gesteine	岩浆岩	Mikrowachskombination, f., -en	微晶蜡混合物
Magmatit, m., -e	岩浆岩	Mineralbestand, m., ¨ e	矿物成分
Magnesium, n., unz.	镁	Mineralkomponente, f., -n	矿物成分
Makroaufnahme, f., -n	微距摄影	Mineralparagenese, f., unz.	共生矿物,
makroskopisch	肉眼可见的		矿物共生次序
Mainsandstein, m.	正砂岩	Minimalwert, m., -e	最小值
Malschichtverlust, m., -e	彩绘层脱落	Mittellinie, f., -n	中心线
Marmor, m., -e	大理石, 大理	Mittelwert, m., -e	平均值
	岩, 汉白玉	Mittelwertkurve, f., -n	平均曲线
Marmormehl, n., -e	大理岩粉	Mittenrauwert, m., -e	平均粗糙深度
Maßnahmenkartierung, f., -en	修复措施图示	MMA=Methylmethacrylat, m.	甲基丙烯酸甲酯
Maßtab, m.	比例尺	Modellobjekt, n., -e	样板案例
Maßwerk, n., -e	几何形窗花格	Modellvorstellung, f., -en	设想模型
Materialfeuchtemessung, f, -en	材料湿度测量	Modi, pl.	模式
materialkundlich	材料学的	Molasse, f., unz.	磨拉石
Matrixgestütztes Gefüge	基质胶结构	Molassesandstein, m.	磨拉层砂岩
Mauerkrone, f., -n	墙顶帽盖	momumental	纪念碑式的,
Mauerwerk, n., -e	墙体		纪念碑风格的
Mauerwerkaufbau, m., -e	墙砖结构	Monitoring, n.	监测
Maximalwert, m., -e	最大值	Monitoring-Instrument, n., -e	监测仪器
Mechan. -elastische Eigenschaften	机械弹性性能	Monitoring-Intervalle, pl.	监测时间间隔
Median, f., -e	中值, 中位数	Mörtel, m.	砂浆
Medium, n., ...dien	介质	Mörtelantragung, f., -en	抹灰
Meeresströmung, f., -en	洋流	Mörtelergänzung, f., -en	灰浆修补
Mehrfachschale, f., -n	多层层状剥落	Mörtelkittung, f., -en	砂浆嵌补
Messbereich, m., -e	测量范围, 测定范围	Mörtelspritzer m., -	砂浆污迹
Messdaten, pl.	测定数据	Munsell Soil Solour Chart	芒塞尔土壤色卡
Messen, n., unz.	测量	Münster, m.	大教堂
Messflüssigkeit, f., -en	测量采用的液体	Mürbzone, f., -n	风化软弱带
Messgenauigkeit, f., -en	测量精度	Muschel, f., -n	贝类
Messgerät, n., -e	检测仪器	Muschelkalk, m., -e	贝壳灰岩
Messlatte, f.	标杆	Muskovit, m., -e	白云母
Messmethode, f., -n	检测方法	Muskowit, m.	白云母
Messobjekt, m., -e	测量物	Musterfläche, f., -n	试验面
Messprotokoll, n., -e	检测报告	Nachfestigung, f., -en	再固化
Messpunkt, m., -e	测量点	Nachhaltigkeit, f., -en	可持续性
Messschieber, m., -	游标卡尺	Nachlassen, n.	减弱
Messsignal, n., -e	测量信号	Nachweisreaktion, f., -en	检测反应
Messstrecke, f., -n	测距, 测量路径	Natrium, n., unz.	钠
Messtechnik, f., -en	测量技术	Natriumsulfate, pl.	硫酸钠
Messung, f., -en	测量, 测定, 测点	Naturstein, m., -e	石质文化遗产,
Messverfahren, n., -	检测方法		天然石材
Messvorrichtung, f., -en	测量装置	Natursteindatenbank, f.	石质文化遗产数据库
Messwert, m., -e	测量值	Naturstein-Monitoring	石质文化遗产监测
Messwertkurve, f., -n	测量值曲线	Nebraer Sandstein	内布拉砂岩
Metalldetektor, m., -e	金属探测器	Neuteil, m., -e	新构件
Metalloxidation, f., -en	金属氧化	Neuverfugung, f., -en	重新勾缝
Metallräuber, m., -	金属盗贼	Nische, f., -n	壁龛
Metallvorrichtung f., -en	金属装置	Nitrate, pl.	硝酸盐
Metamorphe Gesteine	变质岩	Nitration f., -en	硝化
Metamorphit, n., -e	变质岩	Nitrit, n., -e	亚硝酸盐
Methylsilan	甲基硅烷	Nutzeffekt, m., -e	实用性, 实用效果,
Migmatite	混合岩	Nutzen m., -	使用, 应用
Mikrobiologie, f., unz.	微生物学	Oberdorlaer Muschelkalk	上多尔拉贝壳灰岩

Obere Grenze	上限	Portal, n., -e	大门
Oberflächenwelle, f., -n	面波	Postaer Sandstein	波斯塔砂岩
Objekt, n., -e	文物	Power Strip® Test	Power Strip® 检测法
Objektdatenblatt, n., ¨ er	案例分析	Probe, f., -n	样品
offene Fugenflanke	填缝开裂面	Probeentnahmestelle, f., -n	采样点
Olivin, n., -e	橄榄石	Probenahme, f., -n	取样
Ooidkalkstein, m., -e	鲕粒灰岩	Probendimension, f., -en	样本尺寸
Opferputz, m., -e	牺牲抹灰	Problematik, f., -en	研究问题
Opferschicht, f., e	牺牲层	Profilfilter, f., -	曲线过滤器
Organisationsstruktur, f., -en	组织结构	Profiltiefe, f., -n	曲线深度
Ornament, n., -e	装饰花纹	Projekt, n., -e	课题，项目
Orthogneis, m., -e	正片麻岩	Proteingehalt, n., -e	蛋白质含量
Oxalat, n., -e	草酸盐	Prozesskontrolle, f., -n	过程控制
Ozon, m./n., unz.	臭氧	Prüffläche, f., -n	检测区域
Palas, m., -se	城堡的主要建筑物	Prüfmethode, f., -n	检测方法
Paragenese, f.	排列	Prüfplatte, f., -n	试验板
Paragneis, m., -e	副片麻岩	Prüfprotokoll, n., -e	检测记录表
Paralleltextur, f., -en	平行纹理	Prüfröhrchen, n.	试管，检测管
Parameter, m., -	参数	Prüfverfahren, n., -	检测方法
Partie, f., -n	部分	PU	聚氨酯
PE-Folie, f., -n	聚乙烯薄膜	PU-Dispersion, f., -en	聚氨酯分散体
Pendelhammer, m., ¨	摆锤	Putz, m., unz.	抹灰砂浆
Penetrationsvermögen, n.	渗透能力	Putzfassung, f., -en	彩色抹灰
Perkussion, f., -en	敲击诊断	Pyroxen, m., -e	辉石
Permeabilität, f., -en	渗透性	Quader, m., -n	方石
Perthometer, m., -	粗糙度仪	Qualitätskontrolle, f., -n	质检
Perzentil, n., -e	分位数	Quarz, m., -e	石英
petrografisch	岩相学的	Quarzader, f., -n	石英脉
Petrograph, m., -en	岩相学家	Quarzsand, m.	石英砂
Pfarrkirche, f., -n	教区礼拜堂	Quarzsandstein, m., -e	石英砂岩
Pflegemaßnahme, f., -n	维护措施	Querhaus, n., ¨ er	耳堂，横厅
Pflegevertrag, m., ¨ e	维护合约	Querschnitt, m., -e	横截面
Phasenbestand, m., ¨ e	相组成	Radius, m., ...ien	半径
Phenolphthalein-Lösung, f., -en	酚酞试剂	Rahmen, m., -	框架
Phosphat, n., -e	磷酸盐	Rauheitsprofil, n., -e	粗糙度曲线
Photometer, m., -	光度计	Rauigkeit, f., -en	粗糙度
Photometrie, f.	光度测量	Rautiefe, f., -n	粗糙深度
Pilz, m., -e	真菌	Rayleigh-Welle, f., -n	瑞雷波
Pinseltest, m., -e	毛刷检测法	Reaktionsharz, m., -e	反应性树脂
Pinseltränkung, f., -en	毛刷刷涂	Referenzfläche, f., -n	参照面
PKD-Bohrer, m., -	PCD 钻头（多晶金刚石钻头）	Reflektionsstrahlung, f., -en	反射辐射
		Reflexionskurve, f., -n	反射曲线
Plagioklas, m., -e	斜长石	Reflexionsspektrum, n., ...ren	反射光谱
Plausibilität, f., -en	可行性	Regenrinne, f., -n	雨水导槽
Plutonit, n., -e	深成岩	Regensburger Grünsandstein	雷根斯堡绿砂岩
PMMA=Polymethylmethacrylat, m.	聚甲基丙烯酸甲酯	Reibungskraft, f., ¨ e	摩擦力
Pointcounter-Verfahren, n., -	计数法	Reichsabtei, f.	帝国修道院
Poissonzahl, f., -en	泊松比	Reichsstadt, f., ¨ e	帝国城市
Polarisationsmikroskop, n., -e	偏振光显微镜	Reinigung, f., -en	清洗
Polarisationsmikroskopie, f.	偏振光显微镜检查	Relief, n., -e	溶蚀，浮雕
Polarisator, m., -en	偏振镜	Reliefbildung, f., -en	溶蚀或浮雕状风化
Polychromie f., -n	多色画法	REM=Rasterelektronenmikroskopie	扫描电子显微镜检查
Polyesterharz	聚酯树脂	Renaissanceerker, m., -	文艺复兴时期飘窗
Porenausfüllung, f., -en	填充孔隙	Reparatur, f., -en	修复
Porengefüge, n., -	孔隙结构	Reproduzierbarkeit, f., -en	可再现性
Porenhalsdurchmesserverteilung, f.	孔喉直径分布	Resonanzfühler, m., -	共振探头
Porenradius, m., ...dien	孔径	Resonanzklangfühler, m., -	共振回声探测棒
Porenraum, m., ¨ e	孔隙面积	Respirationsmessung, f., -en	呼吸作用测定
Porosität, f., -en	孔隙度		

restauratorische Versorgung	修复性护理	Säurelösliche Bestandteile	酸溶性成分
Restaurierung f., -en	修复，修缮	Savonnierekalk, m., -e	萨芬尼尔石灰岩
Restaurierungsgeschichte, f., unz.	修复历史	Schablone, f., -n	模板
Restaurierungsmittel, n., -	修复用黏合剂、保护剂	Schadbild, n., -er	病害图示
Restaurierungsmörtel, m.	修补砂浆	Schadbildkatalog, m., -e	病害图示目录
Rezeptur, f., -en	配方	Schadenart, f., -en	病害类型
Rhätsandstein	拉特砂岩	Schadenkartierung, f., -en	病害图示
Rhyolit, m., -e	流纹岩	Schadenprozess, m., -e	病害过程
Riefe, f., -n	波谷	Schadensanamnese, f., -n	病害史，病害特征
Riegel, m., -	横梁	Schadensausmaß, n., -e	病害规模
Riff, n., -e	礁石	Schadensbild n., -er	病害类型
Ringmauer, f., -n	环形围墙	Schadensdiagnose, f., -n	病害诊断
Rissbildung baukonstruktiver Ursache	建筑结构引起的裂隙	Schadensentwicklung, f., -en	损害发展过程
Rissbildung, f., -en	浅表性裂隙	Schadensintensität, f., -en	损害强度
Rissbreite, f., -n	裂隙宽度	Schadensmechanismus, m., ...men	病害机制
Rissbreitenänderung, f., -en	裂隙宽度变化	Schadensprozess, m., -e	损害过程
Rissbreitenlineal, n., -e	裂隙宽度尺	Schadensursache f., -n	损害原因
Rissbreitenmesser, m, -	裂隙宽度测量仪	Schadenvorsorge, f., -n	病害预防
Rissbreitenmonitoring, n.	对裂纹扩大的监测	Schädigung, f., -en	劣化
Rissinjektion, f., -en	裂隙注浆	Schaft, f., -en	柱身
Risslupe, f., -n	裂隙放大镜	Schalen, pl.	层状剥落
Rissverpressung, f., -en	裂隙灌浆	Schalenbildung, f., -en	层状剥落
Rissverschluss, m, ¨e	裂隙封闭	Schalenhinterfüllung, f., -en	层状剥落回填
Rissversorgung, f., -en	裂隙修复	Schaleninjektion, f., -en	表层注浆
Risszone, f., -en	裂隙区域	Schalenverlust, m., -e	层状剥落
Rohdichte, f., -n	表观密度	Schallgeschwindigkeit, f., -en	超声波速
Röhrchenmündung, f., -en	检测管口	Schälspannung, f., -en	剥离强度
Rollenübersetzung, f., -en	滚轴传动比	Schälwiderstand, m., ¨e	剥离阻力
Röntgendiffraktometrie, f., -n	X射线衍射	Schaumkalk, m., -e	泡沫石灰
Rosso di Verona	维罗纳红色大理岩	Scheibe, f., -n	切片
Rotmarmor	红色大理岩	Schema, n., -s	流程
Rückarbeit, f., -en	表面再处理	Scherfestigkeit, f., -en	抗剪强度
Rückprallhammer, m., ¨	反弹锤	Scherspannung, f., -en	剪切应力
Rückprallhärte, f.	回跳硬度	Scherwelle, f., -n	横波
Rückstand, m., ¨e	残留	Schichtung, f., -en	岩石层
Rückwitterung, f., -en	掏蚀，表面缺损	Schiff, n., -e	（教）堂，厅，殿堂
Ruhpoldinger Marmor	鲁波尔丁大理岩	Schilfsandstein, m., -e	史符砂岩
Rundstab, m., ¨e	圆材	Schlagbohren, n.	冲击式钻孔
Salbhaus, n.	圣油室	Schlamm, m., ¨e	刷浆层
Salz, n., -e	盐	Schleerither Sandstein	施莱里特砂岩
Salzakkumulation, f., -en	积盐	Schleimsubstanz, f., -en	黏液物质
Salzausblühungen	泛盐	Schlesischer Marmor	西里西亚大理岩
Salzbelastung, f., -en	水溶盐污染	Schlesischer Sandstein	西里西亚砂岩
Salzgehalt, m., -e	水溶盐含量	Schnecken, pl.	螺类
Salzkristallisation, f., -en	盐结晶	Schreibstreifen, m., -	纸带
Salzminderung, f., -en	降盐，脱盐，排盐	Schrittweite, f., -n	增量
Salzreduction, f., -en	降盐，脱盐，排盐	Schuppenbildung, f., -en	皮屑状剥落
Salzsäure, f.	盐酸	Schutzfolie, f., -n	保护层
Salzsäuretest, m., -e	盐酸测试	Schwächung, f., -en	变薄
Samtverfahren, n., -	丝绒法	Schwamm, m., ¨e	海绵
Sandstein, m., -e	砂岩	Schwankung, f., -en	波动
Sätteldach, n., ¨er	双坡屋顶	Schwefeldioxid, n., -e	二氧化硫
Sättigung, f., -en	饱和	Schwindriss, m., -e	收缩裂纹
Saugfähigkeit, f., -en	吸水性能	sd-Wert	水蒸气渗透（当量）空气层厚度
Saugfläche, f., -n	吸水面积		
Säulenbase, f., -n	柱座，柱础	Sediment, n., -e	沉积岩，沉积物
Säulenkapitell, n., -e	柱头	Sedimentäre Gesteine	沉积岩
Säulenschaft, f., -en	柱身	Sedimentation, f. -en	沉降
		Sedimentgestein, n., -e	沉积岩

Seehausener Sandstein	塞豪森砂岩
Seeigel, m., -n	海胆
Seilzug, m., -e	绳索传动装置
Seitenschiff, n., -e	教堂侧厅
SEM=Steinersatzmörtel, m.	石材修补砂浆
Sepulkralkultur, f., -en	墓葬文化
Serizit, m., -e	绢云母
Setzdehnungsmesser, m., -	裂缝测量仪
Sichtkontrolle, f., -n	目检
Sichtung, f., -en	整理
Sieblinie, f., -n	筛分曲线
Siedegrenzbenzin, n.	溶剂油
Signalabschwächung, f., -en	信号减弱
Signalgeber, m., -	信号发生器
Signalverstärker, m., -	信号放大器
Silan, m.	硅烷
Silanlösung, f., -en	硅烷试剂
Silikatschmelze, f., -n	硅酸盐熔体
Silikonharzemulsion, f., -en	有机硅树脂乳液
Silikonharzlasur, f., -en	透明硅树脂涂层
Siloxan-Lasur	硅氧烷透明颜料
Sims, m./n., -e	窗台
Skalpell, n., -e	解剖刀
Skulptur, f., -en	雕塑
Sockel, m., -	底座，基础
Sockelzone, f., -n	基础区
Solnhofer Kalkstein	索尔恩霍芬石灰岩
Sorptionsisotherme, f., -n	吸附等温线
Spaltbarkeit, f., -en	裂变度
Spannungs-Verformungs-Kurve, f.	压力-形变曲线
Spatel, m., -	刮勺
Speicheroszilloskop, n., -e	存储示波器
Spektralkurve, f., -n	光谱曲线
Spektralphotometer, m., -	分光光度计
Spitze, f., -n	波峰
Spritzflasche, f., -n	喷雾瓶
Sprühflasche, f., -n	洗瓶
Srebe, f., -n	支柱
Stabwerk, n., -e	直棂
Standardabweichung, f., -en	标准差
starkes Absanden	严重粉化
Steigung, f., -en	斜率
Steinergänzung, f., -en	石材修补
Steinergänzungsstoff, m., -e	石材修补材料
Steinerhaltungsmittel, n., -	石材保护剂
Steinfestiger, m., -	石材固化剂
Steinfestigungsmittel, n., -	石材固化剂
Steingefüge, n., -	岩石结构
Steinprobe, f., -n	石材样品
Steinschutzmittel, n., -	石材保护剂
Steinzerfall, m., unz.	岩石劣化
Stickoxid, n.	氮氧化物
Stoffwechselaktivität, f., -en	物质转化活性
stoffwechselphysiologisch	生理代谢的
Stoppuhr, f., -en	秒表
Strahlung, f., -en	辐射
Strebe, f., -n	支柱
Strebepfeiler, m., -	支柱
Streubreite, f., -n	离散度
Streuung des Mittelwerts	平均值的离散度
Streuung, f., -en	偏差，离散度
Stromatolithen, pl.	叠层石
Strukturelle Festigung	渗透固化
Substanzerhaltung, f., -en	本体材料保护
Südtiroler Marmor	南蒂罗尔大理岩
Suevit	陨击变岩
Sulfatation, f., -en	硫酸化
Sulfate, pl.	硫酸盐
Sulfatsalz, m.	硫酸盐
Systematik, f., -en	体系
Tabellenkalkulation, f.	电子制表软件
Tastschnittverfahren, n., -	电动触针法
Tastverfahren, n., -	电动触针法
TDR (Time-Domain-Reflektometrie)	时域反射仪，石材、土壤的湿度
Tebuconazol, n., -e	戊唑醇
Teilbereich, m., -e	分区
Teleskopstab, m., ̈ e	伸缩杆
Temperaturgradient, m., -en	温度梯度
Temperaturverteilung, f., -en	温度分布
Terminologie, f., -n	术语
Testergebnis, n., -se	试验结果
Teststäbchen, n., -	测试试纸
thermische Längedehnung	热线性变形
thermischer Ausdehnungskoeffizient	热膨胀系数
Thermogramm, n., -e	热谱图
Tiefe, f., -n	深度
Tiefengestein, n., -e	深成岩
Ton, m., -e	黏土
Toneinschluss, m., ̈ e	黏土杂质
tonig	黏土质的
Tonschiefer	泥质板岩
Trachyt, m., -e	粗面岩
Tränkungsmittel, n., -	浸渍剂
Trass, m., -e	浮石凝灰岩
Travertin, m., -e	钙华，石灰华
Treppenturm, m, ̈ e	阶梯塔
Tröpfchentest, m., -e	水滴检测
Tropfenabsorptionsmessung, f., -en	水滴吸收检测法
Tropfenaufsetzmethode, f., -n	水滴滴落法
trutzig	防御
Tuff, m., -e	凝灰岩
Tünche, f., -n	染色，平色
überdachen	封顶
Überfestigung, f., -en	过度固化
Übergangszeit, f., -en	过渡时间
überprüfen	复查
Übersichtsdarstellung, f., -en	概况图示
Überwachung, f., -en	监测
Überzug, m., -	涂层
Ultraschallimpuls, m., -e	超声波脉冲
Ultraschallmessung, f., -en	超声波速检测
Umgang m., ̈ e	仪仗巡行，回廊
Umgebung, f., -en	环境
Umgebungsstrahlung, f., -en	环境辐射
Ummendorfer Sandstein	乌门多夫砂岩
Umrechnung, f., -en	换算

Umzeichnung, f., -en	重新绘制
Unterdruck, m., -e	真空度
Untergrundart, f., -en	石材表面类型
Untergrundzustand, m., -e	石材表面状况
Untersuchung, f., -en	研究，检测
Untersuchungsmethode, f., -n	研究方法，检测技术
Urne, f., -n	骨灰瓮
v. l. n. r.	从左往右
VDE	德国电器工程师协会
VDI-Richtlinie, f.	德国工程师协会导则
Verankerung, f., -en	固定
Verarbeitbarkeit, f. -en	可操作性
Verblechung, f., -en	灌铅
Verdübelung, f., -en	铆合
Verfahrensgrenze, f., -n	方法局限
Verfärbung, f., -en	污染处
Verformung, f., -en	形变
Verfugen, n.	嵌缝
Vergleichbarkeit, f., -en	可比性
Vergleichsmessung, f., -en	比较测量
Vergrauung, f., -en	灰变
Vergrünung, f., -en	绿变
Verkleben, n.	粘补
Vernadelung, f., -en	缝浆
Verpressen, n.	灌浆
Verschleißschicht, f., -en	损耗层
Verschleißzustand, m., -e	磨损状况
Verschmutzung, f., -en	污蚀
Verschwärzung, f., -en	黑变
Verwitterung, f., -en	风化，劣化
Verwitterungsbeständigkeit, f., -en	耐候性
Verwitterungsprozess, m., -e	岩石的风化过程
Videomikroskop, n., -e	视频显微镜
Vierung, f., -en	替换，枝接
VIS-Spektroskopie, f.	可见分光光度法
Vollständigkeit, f., -en	完整性
Volumen, n., -	体积
Vorfestigung, f., -en	预加固
Vorgabe, f., -n	规定
Vor-Ort-Messung, f., -en	现场检测
Vorreinigung, f., -en	预清洗
Vorsatzschale, f., -n	附件护板
Vulkanit, m., -e	火山岩
Wachsauftrag, m., ¨ e	上蜡，打蜡
WAK=Wasseraufnahmekapazität, f., -en	饱和吸水率
Wannentränkung, f., -en	容器池浸泡
Wärmeleitfähigkeit, f., -en	热导率
Wärmeleitung, f., -en	热传导
Wärmestrahlung, f., -en	热辐射
Wartungsarbeit, f., -en	保养工作
Wasserabfluss, m.	排水口
Wasseraufnahmefähigkeit, f., -en	（毛细）吸水能力
Wasseraufnahmekoeffizient, m., -en (ω-Wert)	毛细吸水系数（ω值）
Wasseraufnahmeverhalten, n.	吸水性能
Wasseraufnahmevolumen, n., -	体积吸水量
Wasserburg, f.	水上城堡
Wasserdampfdiffusionswiderstand, m., ¨ e	水蒸气扩散阻力系数
Wasserdampfdiffusionswiderstand, m., ¨ e	水蒸气扩散阻力
Wasserdampfdurchlässigkeit, f., -en	水蒸气渗透性
Wasserdampfpermeabilität, f., -en	水蒸气渗透性
Wasserdampftransport, m., -e	水汽输送
Wassereindringkoeffizient, m., -en	渗入系数
Wassereindringtiefe, f., -en	渗水深度
Wassereindringverhalten, n.	渗水性能
Wasserhof, m., -e	潮湿圈
Wasserlösliche Bestandteile	水溶性成分
Wechselwirkung, f., -en	相互作用
Wegaufnehmer, m., -	距离传感器
Weiberner Tuff	魏贝尔恩凝灰岩
Wellenlänge, f., -n	波长
Welligkeit, f., -en	波度
Welligkeitsprofil, n., -e	波度曲线
Werksandstein, m.	植物砂岩
Werkstein, m., -e	建筑石料
Wertung, f., -en	评级
Wesersandstein, m., -e	威悉河砂岩
Wiederbehandlung, f., -en	再处理
Wiederholungsmessung, f., -en	重复测量
Wirksamkeit, f., -en	有效性
Wirkungsprinzip, f., -ien	作用原理
Wischtest, m., -e	擦拭法
Wissenschaftlich-technische Arbeitsgemeinschaft für Bauwerkserhaltung und Denkmalpflege e.V., München（WTA）	文物保护与既有建筑维护科技工作者协会（慕尼黑）
Witterungseinfluss, m., ¨ e	天气影响
Wurzelbürste, f., -n	草根刷
Xenon Blitzlampe	氙灯
XRD	X射线衍射
Zellstoffkompresse, f., -n	排盐吸附纸浆
Zementputz, m., unz.	水泥抹灰
Zentimeter, m., -	厘米
Zermürbung, f., -en	损坏
zerstörungsarme Untersuchung	微损检测方法
zerstörungsfreie Untersuchung	无损检测方法
Zisterzienser, m., -	西多会
Zusatzmittel, n., -	添加剂
Zuschlag, m., ¨ e	骨料
Zustand, m., -e	状况
Zustanderfassung, f., -en	状况登记
Zuständigkeit, f., -en	管辖权
Zustandskartierung, f., -en	现状测绘
Zylinder, m., -	圆柱体

附录 II 作者列表

贝贝尔·阿诺尔德, 博士
勃兰登堡文物保护局
Dr. Bärbel Arnold
Brandenburgisches Landesamt für Denkmalpflege

米夏尔·奥哈斯, 博士
石质文物保护研究所, 美因茨
Dr. Michael Auras
Institut für Steinkonservierung e.V., Mainz

格哈德·德哈姆, 修复硕士
应用技术和艺术学院, 希尔德斯海姆
Dipl. Rest. Gerhard D'ham
Hochschule für Angewandte Wissenschaft und Kunst, Hildesheim

克里斯托夫·弗兰岑, 博士
萨克森、萨克森 - 安哈尔特文物诊断和保护研究所, 德累斯顿
Dr. Christoph Franzen
Institut für Diagnostik und Konservierung an Denkmalen in Sachsen
und Sachsen-Anhalt e.V., Dresden

安格莉卡·格维斯, 地质学硕士
北德文化遗产材料学研究中心, 汉诺威
Dipl.-Geol. Angelika Gervais
Norddeutsches Zentrum für Materialkunde von Kutlurgut e.V., Hannover

弗里德里希·格林纳, 博士
斯图加特大学材料化验室
Dr. Friedrich Grüner
Materialprüfungsanstalt Universität Stuttgart

多瑞特·居讷, 文学硕士, 理学硕士
萨克森文物保护局, 德累斯顿
Dorit Gühne M.A., M.Sc.
Landesamt für Denkmalpflege Sachsen, Dresden

卡琳·基什纳, 地质学硕士
地质技术研究室, 莫尔斯
Dipl. Geol. Karin Kirchner
Geologisch-Technisches Büro, Moers

托马斯·罗特, 工学硕士
萨克森、萨克森 - 安哈尔特文物诊断和保护研究所, 德累斯顿
Dipl.-Ing. Thomas Löther
Institut für Diagnostik und Konservierung an Denkmalen in Sachsen
und Sachsen-Anhalt e.V., Dresden

珍妮娜·迈因哈特，博士
萨克森、萨克森 - 安哈尔特文物诊断和保护研究所，哈勒
Dr. Jeannine Meinhardt
Institut für Diagnostik und Konservierung an Denkmalen in Sachsen
und Sachsen-Anhalt e.V., Halle

罗尔夫·尼迈耶，化学硕士
下萨克森文物保护局，汉诺威
Dipl.-Chem. Rolf Niemeyer
Niedersächsisches Landesamt für Denkmalpflege, Hannover

史蒂芬·普费弗科恩，工学博士，教授
德累斯顿工程和经济应用技术大学
Prof. Dr.-Ing. Stephan Pfefferkorn
Hochschule für Technik und Wirtschaft Dresden

比约恩·塞瓦尔德，工学硕士
巴伐利亚文物保护局，慕尼黑
Dipl.-Ing. Björn Seewald
Bayerisches Landesamt für Denkmalpflege, München

史蒂芬·西蒙[1]，博士
柏林国家博物馆，拉特根研究实验室
Dr. Stefan Simon
Rathgen Research Laboratory – National Museums Berlin

罗尔夫·斯内特拉格，博士，教授
班贝格
Prof. Dr. Rolf Snethlage
Bamberg

埃尔温·施达德保尔，博士，教授
下萨克森文物保护局，汉诺威
Prof. Dr. Erwin Stadlbauer
Niedersächsisches Landesamt für Denkmalpflege, Hannover

恩诺·施泰因德贝尔格，博士
石质文物保护研究所，美因茨
Dr. Enno Steindlberger
Institut für Steinkonservierung e.V., Mainz

托马斯·瓦沙伊德，博士
LBW Bioconsult 公司，维费尔斯特德
Dr. Thomas Warscheid
LBW Bioconsult, Wiefelstede

尤塔·查曼奇希，工学硕士
德国矿业博物馆，波鸿
Dipl.-Ing. Jutta Zallmanzig
Deutsches Bergbau-Museum, Bochum

---

1 现为美国耶鲁大学教授。——译者注

译后语

　　1994 年在德国过第一个圣诞节时，和我的导师（Prof. Dr. Günter Strübel）讨论了一整天后，我决定以石质文化遗产保护技术作为我的博士论文方向，从此，我与石质文化遗产保护及其相关领域结下姻缘。在德国学习与工作期间，非常有幸参加了德国联邦环境基金会（DBU）砖石建筑保护的研究课题，认识了本书主编之一奥哈斯博士（Dr. Michael Auras）。在 2008 年建设同济大学建筑与城市规划学院的"历史建筑保护实验中心"时又得到了他的技术指导。2013 年，我访问德国时，得知德国近 20 年来的研究成果得以出版，感到无比兴奋，遂决定无论有多忙多困难，也要把这本书翻译成中文，使中国同仁能够分享德国在石质文化遗产保护监测与保后评估方面取得的最新成果。另外，由于德国使用的部分石材保护材料或工艺是通过我介绍到国内的，但是少部分材料和工艺经过科学的监测评估被认为是不可持续或副作用大于保护，这些结果都在本书中得到客观的描述，我有义务把这些评估结果与中国保护界人士分享。

　　本书的意义不仅仅是总结了适用于监测的多种多样的方法与手段（科技含量、技术难度不一）、不同材料使用到石质文化遗产上的可能性和局限性等，更重要的是提醒我们要对应用到文物上的各种技术方法进行反思，既为取得的成就欢呼，也要为犯的错误勇敢担当。

　　此外，本书的"监测"是以分析遗产本体材料的耐久性及评估保护措施的适宜性为导向的，不仅强调了监测过程的费用控制，更是从遗产使用角度提出维护保养的费用控制，对我们今天保护与妥善利用遗产具有参考意义。

　　感谢弗劳恩霍夫协会空间和建筑信息中心出版社（Frauenhofer IRB Verlag）为本书的翻译提供免费版权，感谢同济大学出版社副总编江岱女士的鼓励与支持，更要感谢编辑罗璇女士、朱笑黎女士的接力，使导则的中文版得以面世。感谢黄克忠先生为译本作序。中国文化遗产研究院副总工程师李宏松博士为术语翻译提供了良好建议，徐一娴、施晓平协助翻译了文稿，香港大学格桑博士（Dr. Gesa Schwantes）、德国奥芬巴赫技术学院副院长戴德婷博士（Dr. Tanja Dettmering）等对翻译的完成提供了有益的建议。翻译工作前后持续了接近四年，由衷感谢所有给予鼓励、支持及帮助的同事和朋友。

本书亦获得以下项目（课题）资助：①国家自然科学基金重点项目"我国地域营造谱系的传承方式及其在当代风土建筑进化中的再生途径"（项目批准号：51738008）；②国家自然科学基金面上项目"明砖石长城保护维修关键石灰技术研究"（项目批准号：51978472）③高密度人居环境生态与节能教育部重点实验室（同济大学）开放课题（课题编号：2019010109）。在此一并致谢。

为了在翻译过程中保持术语一致，我们编写了德中术语表。在专业用语等方面，翻译团队尽可能地忠实原文。但是，译本仍然存在一定的问题，主要原因在于本专著是由 19 位作者完成的，每个人专业背景不同，对同一现象或物体的德文用词不同，反之同一德文词，不同作者表达的意思也存在不完全一致的情况。其次，本书为导则，语言比较精炼，对很多术语及前后关系没有详细交代。再次，中德在文化传统、技术发展程度等方面存在差异，不免会发生未能详尽表达原文的内涵等不足或理解偏差，汉语表达上也会出现用词未完全一致等现象，请读者理解，并提出批评指正意见。为方便读者阅读，中文版中对最重要的结论用黑体作了标注。

在翻译过程中也发现一些印刷错误或笔误，已根据上下文关联做出了注释与更正。

如有问题，请直接联系本人：daishibing@tongji.edu.cn。

戴仕炳

德国自然科学博士

同济大学建筑与城市规划学院教授

2016 年 12 月于上海

2019 年 8 月定稿时补充

图书在版编目（CIP）数据

石质文化遗产监测技术导则 ／（德）米夏尔·奥哈斯
(Michael Auras)，（德）珍妮娜·迈因哈特
(Jeannine Meinhardt)，（德）罗尔夫·斯内特拉格
(Rolf Snethlage) 主编；戴仕炳，徐一娴，施晓平译
. -- 上海：同济大学出版社，2020.1
（遗产保护译丛 ／ 伍江主编）
ISBN 978-7-5608-8119-5

Ⅰ．①石… Ⅱ．①米… ②珍… ③罗… ④戴… ⑤徐
… ⑥施… Ⅲ．①古建筑 - 文化遗产 - 保护 - 研究 Ⅳ.
① TU-87

中国版本图书馆 CIP 数据核字 (2019) 第 254089 号

石质文化遗产监测技术导则

Leitfaden Naturstein-Monitoring
Nachkontrolle und Wartung als zukunftsweisende Erhaltungsstrategien

［德］米夏尔·奥哈斯 ［德］珍妮娜·迈因哈特 ［德］罗尔夫·斯内特拉格 主编
戴仕炳 徐一娴 施晓平 译

出 品 人　华春荣
责任编辑　朱笑黎　罗璇
责任校对　徐春莲
书籍设计　钱如潺
出版发行　同济大学出版社 www.tongjipress.com.cn
　　　　　（地址：上海市四平路 1239 号 邮编：200092 电话：021-65985622）
经　　销　全国各地新华书店
印　　刷　上海安枫印务有限公司
开　　本　710mm×1000mm　1/16
印　　张　18.5
字　　数　370 000
版　　次　2020 年 1 月第 1 版　2020 年 1 月第 1 次印刷
书　　号　ISBN 978-7-5608-8119-5
定　　价　128.00 元